U0150557

永磁同步电动机变频调速系统及其控制

袁登科　徐延东　李秀涛　编著

机械工业出版社

本书内容分为基础篇、控制篇、应用篇和进阶篇。从数学模型、仿真建模和应用实例三个层面，从简单实用的角度，较为全面地介绍了永磁同步电动机变频调速系统的主要构成部分的工作原理和控制技术。

本书主要介绍了永磁同步电动机的结构与基本工作原理、数学模型、仿真模型以及有限元建模分析；电压型逆变器的工作原理、仿真建模与PWM控制技术；永磁同步电动机的工作特性及其在正弦交流电压源、电压型逆变器供电下的工作特性；用于电机控制的常见数字微控制器及PWM算法实例；永磁同步电动机的磁场定向矢量控制技术和直接转矩控制技术；永磁同步电动机变频调速系统实例；无位置传感器以及智能控制技术在永磁同步电动机调速系统中的应用；附录提供了部分MATLAB仿真模型、部分源代码、与电机调速系统相关的一些标准目录。

本书适合高等院校电气工程及其自动化专业高年级本科生、电力电子与电力传动方向研究生作为教材，也可供从事电动汽车等交流电机调速的科技人员阅读。

图书在版编目（CIP）数据

永磁同步电动机变频调速系统及其控制/袁登科等编著.
—北京：机械工业出版社，2015.4（2022.1重印）
ISBN 978 - 7 - 111 - 50228 - 9

Ⅰ.①永…　Ⅱ.①袁…　Ⅲ.①同步电动机 – 变频调速
– 研究　Ⅳ.①TM341

中国版本图书馆CIP数据核字（2015）第100572号

机械工业出版社（北京市百万庄大街22号　邮政编码100037）
策划编辑：林春泉　责任编辑：林春泉
封面设计：路恩中　责任校对：胡艳萍　陈秀丽
责任印制：常天培
北京机工印刷厂印刷
2022年1月第1版·第7次印刷
184mm×260mm·27.25印张·655千字
9 001—10 000册
标准书号：ISBN 978 - 7 - 111 - 50228 - 9
定价：79.00元

凡购本书，如有缺页、倒页、脱页，由本社发行部调换

电话服务　　　　　　　　　网络服务
服务咨询热线：010-88379833　机 工 官 网：www.cmpbook.com
读者购书热线：010-88379649　机 工 官 博：weibo.com/cmp1952
　　　　　　　　　　　　　　教育服务网：www.cmpedu.com
封面无防伪标均为盗版　　金 书 网：www.golden-book.com

前　言

电机调速系统的作用是通过各类电动机将电能转换成机械能，为机械负载提供原动力。电机调速系统应用非常广泛，无论在电动汽车、城市地铁、干线铁路等交通工具中，还是在冶金、纺织等工业生产线上，甚至在空调、冰箱等家用电器里，电机调速系统都发挥着不可替代的作用。

交流电机调速系统采用交流电动机提供负载所需原动力，它是电机学、交流电机调速理论、自动控制理论、电力电子技术、微电子技术等学科的有机结合与交叉应用。自20世纪70年代以来，随着上述学科日渐成熟，加之交流电机在体积、重量、维修、可靠性、效率等方面优于直流电机，目前电机调速系统已经从直流电机调速系统转为交流电机调速系统，并处于从传统电机向新型电机过渡阶段。

近些年来，随着永磁材料性能的不断提升和成本的降低，采用永磁材料的各类电机（特别是永磁同步电动机）已经在广受瞩目的电动汽车中得到了较多的应用，并且在新能源风能开发与利用、铁道与城市轨道交通等领域崭露头角。由于在体积、重量、效率等方面有较大优势，永磁同步电动机的应用将会更加普及。

为顺应永磁同步电动机应用发展趋势以及便于读者理解，本书围绕永磁同步电动机变频调速系统及其控制技术，从数学模型、仿真分析和应用实例三个层面，力争做到将理论分析与简单实用、仿真运用、调速应用相结合，从构成调速系统的各基本单元入手编写了四篇内容。

第1章绪论，简要介绍了电机的分类、应用场合与研究方法。

第2~5章是基础篇。其中第2章介绍了永磁同步电动机的结构及其基本工作原理；第3章推导了永磁同步电动机的动态数学模型并对其进行简化；第4章以MATLAB/SIMULINK为仿真平台介绍了永磁同步电动机的仿真建模；第5章介绍了JMAG有限元分析软件在永磁同步电动机电磁分析与仿真建模中的应用。

第6~11章是控制篇。第6章分析了永磁同步电动机的基本工作特性；第7章分析了在理想正弦交流电压源供电情况下永磁同步电动机的工作特性；第8章分析了两电平电压型逆变器的结构与工作原理；第9章讲解了电压型逆变器的PWM控制技术；第10章分析了在电压型逆变器供电情况下，永磁同步电动机调速系统的一些特殊问题；第11章介绍了目前用于调速系统电机控制的数字微控制器。

第12~14章是应用篇。第12章阐述了永磁同步电动机的矢量控制变频调速系统；第13章分析了永磁同步电动机的直接转矩控制变频调速系统；第14章举例介绍了永磁同步电动机调速系统在电动汽车与城市轨道交通轻轨列车中的应用。

第15~16章是进阶篇。第15章介绍了几种典型的永磁同步电动机无位置传感器控制技术；第16章介绍了几种常见智能控制技术在永磁同步电动机变频调速系统中的应用。

书后的附录提供了SIMULINK仿真模型、TMS320LF2407 DSP中SVPWM算例汇编程序、基于MATLAB/SIMULINK模型文件的DSP程序开发实例、与电机及电机调速系统相关的各类标准目录等内容，供读者参考。

结合目前社会对人才多方面素质需求的现状，编者特地找到一些充满正能量的文字附在每章小结处，与读者共享。

本书由袁登科、徐延东、李秀涛编著，陶生桂教授进行审定。徐延东编写了第 14 章，李秀涛编写了第 11 章，袁登科编写了其余各章节并负责全书的统稿。

感谢上海电驱动有限公司高级工程师张舟云、艾迪捷信息科技（上海）有限公司高级工程师姚海兰、罗姆半导体（上海）有限公司周劲先生、三菱电机机电（上海）有限公司龚熙国先生等，他们为本书内容的编写提出了宝贵的意见。

在本书的编写工作中，得到了同济大学电信学院的陈最、寿利宾、胡展敏、武凯迪、高喆、康婷、薛梦觉、宋力、魏天力、杨守建等同学的热心帮助，在此表示衷心感谢。

众多读者就《交流永磁电机变频调速系统》一书的内容与作者进行过交流，提出了许多宝贵意见，在此也一并表示衷心的感谢！

非常感谢机械工业出版社的林春泉编审及其同事们，他们为本书的出版提供了大力支持与帮助。

作者对家人及同事所给予的支持与关怀表示深深的感谢。

本书适合高等院校电气工程及其自动化专业高年级本科生、电力电子与电力传动方向研究生以及从事交流电机调速领域的科技人员参考使用。

由于学识、经验和水平有限，书中难免出现不当之处，敬请广大读者批评指正，并给予谅解。电子邮箱：YWZDK@ 163. COM。作者博客：http://ywzdk. blog. 163. com，本书在机械工业出版社的网址是：http://www. cmpbook. com/stackroom. php？ id = 40719

作者

缩略语及变量符号

AC：交流

ACR：自动电流调节器

ANN：人工神经元网络

ASR：自动速度调节器

BLDCM：无刷直流电动机

CDTC：传统直接转矩控制

CHBPWM：电流滞环脉冲宽度调制

DC：直流

DSP：数字信号处理器

DTC：直接转矩控制

FC：模糊控制

FOC：磁场定向控制

GTO：门极关断晶闸管

IDTC：改进型直接转矩控制

IGBT：绝缘栅双极型晶体管

IPM：内嵌式永磁电动机

MOSFET：金属氧化物半导体场效应晶体管

MTPA：最大转矩/电流

PI：比例积分

PMSM：永磁同步电动机

PWM：脉冲宽度调制

SPWM：正弦脉冲宽度调制

SVPWM：空间矢量脉冲宽度调制

VSI：电压型逆变器

VVVF：变压变频

i_1：定子电流矢量

i_d：定子电流 d 轴分量

i_q：定子电流 q 轴分量

i_{1m}：定子电流矢量幅值

I_{lim}：电流最大值

L_m：定子绕组互感最大值

L_s：定子绕组自感最大值

L_d：定子绕组 d 轴电感

L_q：定子绕组 q 轴电感

n_p：电机极对数

R_1：定子一相电阻

ρ：电机的凸极率

T_e：电机电磁转矩

T_1：电机的负载转矩

U_d：直流电压

U_{lim}：电压最大值

u_1：定子电压矢量

u_{1m}：定子电压矢量幅值

u_d：定子电压 d 轴分量

u_q：定子电压 q 轴分量

ψ_f：转子永磁体匝链到定子绕组的磁链

ψ_d：定子磁链 d 轴分量

ψ_q：定子磁链 q 轴分量

θ：转子电角位置

θ_m：转子机械角位置

ω：转子电角速度

R_{rion}：电机铁耗电阻

目　录

第1章 绪 论

本章对电动机的类型、应用特点、控制策略进行简要介绍，并对电动机变频调速系统常用的研究方法进行简介。

1.1 电动机类型

电动机是一个集电、磁、机械、力、热等能量于一体的复杂物理实体，电动机的研究是一个多物理域内的研究工作。本书从控制与应用的角度入手，主要对电动机的变频调速相关内容进行阐述。

从组成材料上来说，电动机包含导磁材料（如构成磁路的硅钢片）、导电材料（主要是铜、铝等材料）、绝缘材料（如直流电动机换向片之间的云母、漆包线的外层漆、线圈与铁心之间放置的环氧）等。

从运动形式上来说，有静止式的电动机——变压器，还有运动式的电动机，后者又可以分为旋转运动与直线运动的电动机。

从结构上来说，电动机包含有定子与转子两大部分。有的电动机定子在外侧，转子在内侧；而有的电动机则正相反。有的电动机定、转子只有一套，而有的电动机定子或者转子则有两套。

电动机种类繁多，分类方法也是多种多样。大部分情况下可以按照电动机工作时所需的是直流电还是交流电分为直流电动机与交流电动机，如图 1-1 所示。

直流电动机根据励磁绕组与电枢绕组连接方式的不同可分为：他励直流电动机、并励直流电动机、串励直流电动机以及采用两套励磁绕组的复励直流电动机。电动机的励磁源可以是电励磁，也可以是永磁体励磁，近年来出现了两者的混合励磁。

图 1-1　电动机分类图

交流电动机大体上可以分为交流异步电动机与交流同步电动机。前者负载运行时，电动机转子速度与定子绕组产生的旋转磁场的速度不相等，又称为感应电动机，有笼型转子式交流异步电动机与绕线转子式交流异步电动机之分。两者的不同之处在于转子的结构，后者通过改变转子回路参数可以获得较好的起动与调速特性。交流同步电动机稳定运行时，转子速度始终与气隙旋转磁场速度保持同步。交流同步电动机按转子结构的不同可分为凸极式与隐极式电动机，按照励磁方式的不同则可以分为电励磁、永磁式同步电动机和近年来出现的混合励磁型同步电动机。

随着现代电子技术的发展出现了一些结构与传统电动机结构大不相同的新型电动机，如步进电动机（Stepper Motor）、开关磁阻电动机（Switched Reluctance Motor, SRM）等。这些电动机在工作时必须配以相应的电子装置从而构成电子式的电动机，例如配备有位置传感器以及电子换向器的无刷直流电动机（Brushless Direct Current Motor，BLDCM）。从内部运行规律来说，BLDCM 属于交流同步电动机。

永磁同步电动机（Permanent Magnet Synchronous Motor，PMSM）出现于 20 世纪 50 年代。永磁同步电动机的运行原理与普通电励磁同步电动机相同，但它以永磁体励磁替代励磁绕组励磁，使电动机结构更为简单，降低了加工和装配费用，同时还省去容易出现问题的集电环和电刷，提高了电动机运行的可靠性。由于无需励磁电流，没有励磁损耗，提高了电动机的工作效率。早期的研究主要是围绕固定频率供电的永磁同步电动机，特别是稳态特性和直接起动性能的研究。在工频电源供电条件下，永磁同步电动机无自起动能力，一般通过在转子上安装阻尼绕组，依靠其产生的异步转矩，将电动机起动并加速到接近同步转速，然后由永磁体产生的磁阻转矩和同步转矩将 PMSM 牵入同步。随着电力电子技术和微型计算机的发展，20 世纪 70 年代，永磁同步电动机开始应用于交流变频调速系统。逆变器供电的永磁同步电动机与直接起动的电动机基本相同，但一般不加阻尼绕组。PMSM 的典型结构如图 1-2 所示，主要部件是定子铁心、定子线圈、永磁体、转子铁心和轴等。

图 1-2　永磁同步电动机
结构示意图

依靠连续的转子位置信息，控制好定子绕组的正弦波电流，PMSM 理论上可获得平稳转矩。随着永磁材料性能的不断提高和完善，以及电力电子器件的进一步发展和改进，加上永磁电动机研究和开发经验的逐步成熟，目前永磁同步电动机正向大功率（超高速、大转矩）、高性能化、微型化和智能化方向发展。

表 1-1 给出了不同类型电动机的特点。

表 1-1　不同类型电动机的特点比较

比较项目	电动机类型	直流电动机	异步电动机	开关磁阻电动机	永磁电动机	
					无刷直流电动机	永磁同步电动机
起动性能		○	○	○	○	◎
额定运行点峰值效率		△	○		◎	◎
恒功率速度范围	理想	无穷	无穷	2~3	1~2	无穷
	典型	1.5~3	2~3			3~4
	最优	4	4			>7.5
高效率运行区（>85%）占整个运行区50%以上		×	○	○	○	◎
重量功率密度（kW/kg）		×	○	○	◎	◎
转矩波动	低速	○	○	△	○	◎
	高速	○	◎	△	○	◎
电动机可靠性		×	◎	◎	○	◎
NVH（振动噪声舒适性）		△	◎	△	○	◎

1.2 电动机应用概述

不同类型电动机的运行特性不同，因而它们分别适用于不同的应用场合。

在 20 世纪 70 年代以前，由于交流电动机调速系统复杂，调速性能又无法与直流电动机调速系统相比，因而一直存在这样的格局：直流电动机在电气牵引、生产加工等调速领域内占据霸主地位；交流电动机通常用于基本上无需调速的场合中，例如各种风机、水力发电等。但是交流电动机自身优点众多：结构简单，重量轻，体积小，基本无需维护，单机的速度与功率都可以做得很大，所以当交流电动机现代控制理论、电力电子技术、微型处理器及微型控制器技术发展起来后，从 20 世纪后期开始便出现了电气传动交流化的浪潮。目前交流电气传动已经占有统治地位。

以电动客车为例，它对调速性能有较高的要求。早期的电动客车采用直流传动系统。当交流电动机矢量控制系统发展起来后，采用磁场定向矢量控制技术的交流异步电动机调速系统具有了良好的调速性能，加上电动机本身的优点，因而迅速在电动客车上取得了应用。而目前永磁同步电动机有更高的效率、更大的功率体积比，所以采用高性能控制技术的永磁同步电动机在电动客车上的应用成为了近年来的研究热点之一。

图 1-3 给出了某台 PMSM 及逆变器系统的效率 MAP 图，可以看出，在较大的区域内，电动机传动系统都可以保持较高的工作效率。

图 1-3 PMSM 效率 MAP 图

1.3 电动机控制策略

直流电动机的控制方法较简单且成熟，其中调节电枢回路电阻最为简单，但是它属于有级调速，并且耗能较多。后来发展到调节电枢电压调速，电动机的调速性能好，属无级调速，但是需要较为复杂与昂贵的调压装置，其中可以采用的调压装置有旋转变流机组、晶闸管相控整流系统、直流 PWM 斩波系统等；当电动机运行在额定电压且需要进一步提高速度就需要采用削弱主磁场的方式进行弱磁调速。

　　交流异步电动机的调速方法众多，大体上可以根据转差功率的不同分为转差功率消耗型、转差功率回馈型和转差功率不变型三类。早期通常采用第一类方法，例如调节定子电压调速（利用调压装置或者丫/△调速）、调节定子回路或者转子回路电阻、电感等参数调速等。这种方法中电动机的输出功率是通过调节转差功率来实现的，效率较低，现在大部分场合都不采用了。但是在调速要求较低的场合有时会采用晶闸管实现调压（或调功）调速，可以避免起动时产生较大的电流冲击，相应的产品称为电子式软起动器；同时根据机械负载的不同进行简单的电压调节，可以起到提高运行效率的作用。转差功率回馈型交流调速系统主要是串级调速，通过将部分转差功率进行反馈，回送到电网从而可以提高系统效率。而转差功率不变型调速系统主要是变极调速（有级）与变频调速（无级），此时转差功率基本不变，随着输出功率的变化，系统从电网吸收的有功功率也随之变化，始终保持较高的运行效率，并且调速性能也最好。

　　交流同步电动机稳态运行时不存在转差，因而只能通过改变主磁场的运行速度来进行调速——改变电动机磁极数目（有级）或者改变定子频率（无级变频调速）。

　　交流电动机变频调速已经广泛应用于各种场合，本书中永磁同步电动机速度的控制就是围绕变频调速展开的。

　　电动机运行的基本问题（电与磁之间的相互作用）在电动机的控制过程中必须得到很好的处理。由于铁磁性导磁材料存在磁饱和现象，所以希望电动机的磁路工作点处于轻度饱和状态，以便充分利用导磁材料。这样在较大磁场的基础上，相同的电流流过导体就可以有更大的作用力产生。这种控制方法是通过定子电压（U）与定子频率（f）之比（即压频比、伏赫比）保持恒定来实现的，如图 1-4 所示，在较低频率范围内，随着定子频率的增加，定子电压随之成比例上升。

图 1-4　交流电动机变频
调速电压与频率关系

　　而当定子频率上升到一定程度（如图 1-4 中 f_1）时，定子电压由于绝缘或者受到供电电源的限制不能继续上升，那么压频比就不能保持恒定了。在定子电压恒定的情况下，定子频率继续上升，磁场逐渐减小，电动机的转速仍可以进一步增加——这就是弱磁升速（与直流电动机相类似）。

　　进行变频调速的交流电气调速系统可以采用开环控制也可以采用闭环控制。同步电动机在开环控制状态下较易产生失步，从而导致系统的不稳定。这一点可以在后面第 7 章中正弦波供电永磁同步电动机起动过程的仿真中得到验证。为提高系统的稳定性，同步电动机通常采用图 1-5 的自控式变频控制技术——利用转子位置传感器获取转子位置信号，经过运算得到电动机转子的电角位置以及电角速度，然后根据运行指令的要求（电动机转矩、磁链、电流等），由控制系统通过主电路对电动机的位置、速度和电流等实施闭环控制。

　　从运行特性上来说，PMSM 与传统电励磁同步电动机没有太多区别，只不过传统电励磁同步电动机可以通过励磁电流的调节使电动机工作在过励磁与欠励磁的状态，从而可以改变电动机与外界的无功功率交换，用以调节功率因数，同时可以进行弱磁升速的控制；而永磁同步电动机气隙磁场的调节只能通过定子电流中通入额外的去磁电流以抵消转子永磁体在气隙中产生的磁场从而进行弱磁升速。

早期的 PMSM 主要是表面贴装式结构，见图 1-6a。这样，由于永磁体的磁导率与空气相差不大，所以电动机 d、q 轴磁路是对称的（有 $L_d = L_q$），此时电动机相当于传统电励磁同步电动机中的隐极同步电动机。控制中根据转子位置确定定子电流矢量的相位（电流超前转子 90°电角度），定子电流幅值 i_{1m} 根据转矩命令的大小确定，见下式：

$$i_{1m} = T_e / (1.5 n_p \psi_f)$$

图 1-5 永磁同步电动机自
控式变频调速系统框图

图 1-6 表面式与内置
式 PMSM 转子结构

研究发现，如果转子永磁体采用内置式的结构，那么磁路将呈现出不对称，如图 1-6b 所示，从而等效于传统电励磁同步电动机中的凸极同步电动机。不过此时有 $L_d < L_q$，这与传统电励磁同步电动机刚好相反。在电动机控制过程中，如果通入沿 d 轴的负向励磁电流（即弱磁电流）时，一方面可以进行弱磁升速，另一方面又可以增加一个磁阻转矩分量，提高功率密度。随着弱磁控制技术研究的不断深入，该类型电动机在电动汽车等需要大功率输出的场合中得到了越来越广泛的应用。另外，近年来又出现磁体分段式转子结构，不同部分的转子呈现出不同的特性，以便使电动机的整体性能得到进一步提升。

BLDCM 在运行特性上与传统同步电动机有较大区别。从发展历程上来说，在 BLDCM 出现之前首先出现的是无换向器电动机，可以说它是 BLDCM 的雏形。无换向器电动机转子励磁产生的依然是正弦分布的磁场，见图 1-8a，而定子绕组采用电流源逆变器供电，通过循环切换逆变器主开关向定子绕组中通以正负半周各自导通 120°电角度、三相互差 120°的直流电流如图 1-7b 所示。这种情况下，电动机可以产生有效的平均转矩；但是由于反电动势为正弦波如图 1-7a 所示，而定子电流为直流，所以存在着较大的转矩脉动，如图 1-7f 中三相的合成转矩。

各种围绕减小转矩脉动的研究展开之后，出现了气隙磁场为梯形波（类似于直流电动机的主磁场）的同步电动机——BLDCM，如图 1-8b 所示的梯形波气隙磁场可以通过优化永磁体形状产生。

从理论上说，传统三相同步电动机转子产生的气隙主磁场是正弦波，定子电枢绕组中通入的是三相正弦电流，从而电动机可以产生恒定的电磁转矩，图 1-9a ~ 1.9e 分别是 PMSM 电动机的 A 相反电动势与 A 相电流、A 相电磁转矩、B 相电磁转矩、C 相电磁转矩以及总电磁转矩。如果电动机旋转时电枢绕组切割的主磁场是恒定的，并且电枢绕组通入的又是恒定

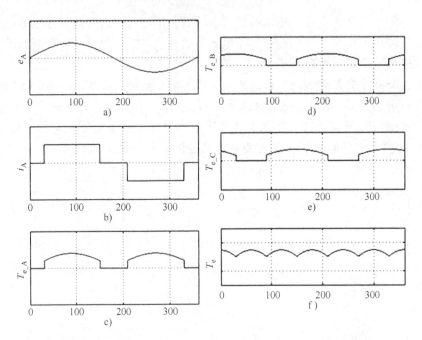

图 1-7　无换向器电动机的电压、电流、转矩波形示意图

的直流电流，那么电动机也可以产生恒定的电磁转矩，图 1-9f ~ 1.9j 分别是 BLDCM 电动机
A 相反电动势与 A 相电流、A 相电磁转矩、B
相电磁转矩、C 相电磁转矩以及总电磁转矩，
图 1-9 的横坐标都是转子电角度。

　　直流电动机的电气调速系统大体上有三种：
转速开环调速系统、转速单闭环调速系统和转
速、电流双闭环调速系统，见表 1-2。为了使交
流电气调速系统具有类似他励直流电动机转速
与电流双闭环系统的良好调速性能，那就不得

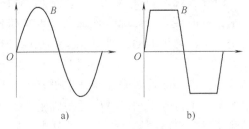

图 1-8　正弦波气隙磁场与
方波气隙磁场波形示意图

不研究高性能的控制技术——磁场定向矢量控制技术（Field Orientation Vector Control，FOC）
和直接转矩控制技术（Direct Torque Control，DTC）。

　　交流电动机的控制性能在 FOC 控制技术问世以后才得到了质的飞跃。FOC 控制提倡的
是励磁电流与转矩电流的解耦控制，从而使磁场控制与转矩控制得到兼顾，克服了交流电动
机自身耦合的不足。直接转矩控制技术也是基于磁场与转矩分别独立控制的思想，但采用的
是比较巧妙的技术——具有继电器特性的砰砰控制和电压矢量查询表。

　　交流电动机是一个非线性、强耦合、高阶、多变量的复杂对象，实际运行工况非常复
杂，诸多电动机参数都会发生着一定程度的变化（受到温度的影响，电阻会发生变化；受
到磁场饱和的影响，定子、转子电感会发生变化；如果使用永磁体励磁，那么温度也会影响
磁钢的特性与励磁的强弱），从而影响着交流电动机的实际控制性能。随着自动控制技术的
发展，参数辨识技术、自适应控制技术、基于神经网络和模糊控制等先进的控制算法逐步融
入到电动机控制技术中，以提高调速系统的快速性、稳定性和鲁棒性。

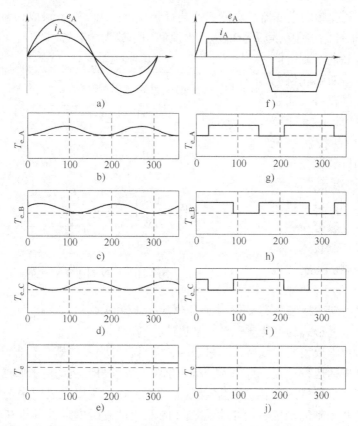

图1-9 PMSM 与 BLDCM 的绕组反电动势、绕组电流与转矩的典型波形

表1-2 性能相当的交直流电动机调速系统

直流电动机调速系统	交流电动机调速系统
转速开环调压调速系统	转速开环恒 U/f 变频调速系统
转速单闭环调压调速系统	转速闭环转差频率控制变频调速系统（异步电动机）
转速、电流双闭环调压调速系统	磁场定向矢量控制与直接转矩控制变频调速系统

此外，目前市场上已有 JMAG、ANSOFT、FLUX 等有限元分析（Finite Element Method，FEM）商业软件，能够对电动机内部的电磁场、电动机的铁耗、磁场谐波、磁路饱和等性能进行准确的分析。

1.4 电动机调速系统的构成及其研究方法

图1-10 给出了一般化的电气调速系统原理框图。实现电动机的电气调速首先需要一个主电路系统，它以电动机为主体，并由受控的电能变换装置向其供电。现代电能变换装置基本上是由电感、电容、二极管和 IGBT 等器件构成的开关式电能变换装置，该装置将外部的电能转换成机械动力源（直流电动机或交流电动机）需要的电能。对直流电动机来说电能变换装置通常是电压可以调节的直流电源；对于实施变频控制的交流电动机来说，电能变换

装置是指可以变压变频的逆变器。电能变换装置受控于控制系统，可以认为该变换装置就是将 IGBT 等开关器件的控制信号进行电压、电流和功率放大的装置。

为了能够很好地控制电能变换装置输出合适的电能供电动机使用，往往需要对电能变换装置施加高性能的闭环控制，见图 1-10 中的控制系统部分。根据电动机的期望运行状态（转速、转矩或者功率等）和传感器得到的电动机实际运行状态进行比较分析，采用合适的电动机控制技术，获得电动机期望的物理量（电压、电流、频率等）。然后，

图 1-10　电气调速系统原理框图

将该物理量通过电能变换装置的 PWM 控制技术转化成开关信号（0 和 1），从而通过控制电能变换装置输出合适形式的电能实现对电动机的控制。

交流电动机数学模型非常复杂，变量众多，并且存在强烈的耦合和非线性，这些因素导致了难以对电动机的运行过程进行深入分析。求解出电动机变量的解析解通常不大现实；强烈的耦合导致了一个变量的变化会引发诸多变量的变化，所以难以对多个变量同时进行分析，增大了理解和控制的难度；由于存在较强的非线性，所以定性分析在小范围内是可行的，在大范围内可能会出现错误。

研究人员长期以来采用各种方法来对交流电动机调速系统的运行过程进行了研究。早期采用了由各种模拟电路搭建的模拟计算机实现对交流电动机的建模与仿真，这种方法使我们对电动机内部各变量的变化规律有较好的理解。但是模拟计算机与生俱来的温度漂移、数值范围比较有限等缺点限制了它的推广。在数字计算机出现以后，采用各种软件来模拟交流电动机从而实现对其内部变量进行数字仿真得到了广泛的应用，除了 MATLAB 软件，像 PSIM、SABER、PSCAD、PSPICE 等软件都可以对交流电动机进行数字仿真。图 1-11 给出了在 MATLAB/SIMULINK 环境下的 PMSM 仿真框图。

计算机仿真可以以其较低的成本帮助我们实现对电动机运行过程的深入分析。而实际调速系统仍需使用各种数字控制器实现实时控制，例如微处理器（Microprocessor）、单片微型计算机、高速数字信号处理器（Digital Signal Processor，DSP）等。目前 TI、Infineon、Freescale、Motorola 等公司的高性能数字信号处理器已经在电动机控制领域得到了广泛的应用，DSP 器件已经成为交流电动机控制器中的首选。

对采用 DSP 控制的实物系统来说，初学者较难上手，并且系统的成本较高，开发起来也不容易。于是出现了 dSPACE 半实物系统仿真：采用 MATLAB 实现控制系统的算法建模，然后将其导入到 dSPACE 硬件平台中，接下来利用 dSPACE 系统提供的接口实现逆变器和交流电动机的控制。所以开发过程较快，成为近些年来较为流行的一种研究方式。图 1-12 给出了一个电动汽车用电动机驱动系统的仿真分析平台。

图 1-11 MATLAB/SIMULINK 环境下的永磁电动机系统仿真框图

图 1-12 电动汽车用电动机驱动系统仿真分析平台

小 结

本章简单介绍了下述内容：电动机的类型、电动机的应用特点及控制策略；电动机变频调速系统的构成和同步电动机的自控式调速系统；PMSM 与 BLDCM 的结构特点；常见的用于电动机仿真的计算机仿真软件、半实物仿真系统的概念。

【生命是逆风飞翔的老鹰，它追寻未知的东西】

练 习 题

1. 常见的电动机有哪些种类？PMSM 属于哪一类，它有何特点，为何应用日益广泛？
2. 电动机的电气调速系统由哪些部分构成，各部分的作用是什么？
3. 采用计算机仿真软件对电动机进行分析有何好处？

第 2 章　PMSM 结构与基本工作原理

2.1　PMSM 结构

根据转子与定子的相对位置，可以划分为内转子与外转子两种 PMSM，本书围绕内转子 PMSM 进行分析。

永磁同步电动机的结构示意图与外形图如图 2-1 所示，主要包括机座、定子铁心、定子绕组、转子铁心、永磁体、转子轴、轴承及电动机端盖等部分，此外还有转子支撑部件、通风孔或者冷却水道、外部的接线盒等。

图 2-1　永磁同步电动机结构示意图与电动机的外形图

2.1.1　定子

PMSM 的定子主要是指定子绕组与定子铁心部分。

一般采用表面绝缘的铜材料先绕制成多匝线圈，将线圈放置在合适的定子槽中，然后将某一相绕组的线圈连接起来，最后将不同磁极下同一相绕组的线圈焊接在一起，从而构成一相绕组，并将其从内部与电动机接线盒中的对应端子相连。

从图 2-2 中可以看出，除导电材料外，需要用各种绝缘材料将线圈之间及其与铁心之间隔离开，同时起到初步固定线圈的作用。

PMSM 的定子绕组目前有分布式与集中式两种结构。分布式绕组与异步电动机的定子多相交流绕组相似，一般希望分布在定子槽中的定子绕组产生的理想磁通势为正弦波，然而实际绕组不会产生理想的正弦波。定义每极每相槽数 $q = Z/(2n_p m)$，Z 为定子槽数，n_p 为电动机极对数，m 为电动机定子绕组相数。若 q 值较大，采用双层短距绕组（即线圈的跨距小于一个极距）可以改善电动势的波形。但是，极数多的电动机和 q 值大的电动机在制造工艺上比较难以实现，并且端部较长的电动机也会增加铜耗。

如图 2-3 所示，与分布式绕组的传统电动机相比而言，集中式绕组的端部较短，工艺相对简单，结构更加紧凑。采用集中式绕组后，绕组端部的铜耗量可以显著减少，特别是电动机的轴向长度很短的时候，效果更加明显。由于其性价比高，分数槽集中绕组永磁电动机受到越来越多的关注。分数槽集中绕组永磁电动机每个线圈只绕在一个齿上，绕线简单且可以自动绕线，所以价格方面会更低。分数槽绕组的极数和齿数需要按合适的比例进行组合。

图 2-2 电动机定子绕组图片

a)   b)

图 2-3 两种形式的定子绕组

a) 整数槽分布式绕组 b) 分数槽集中式绕组

PMSM 的定子铁心与传统电励磁同步电动机相同，采用叠片结构以减小电动机运行时的铁耗。

2.1.2 转子

永磁同步电动机的转子包括永磁体、转子铁心、转轴、轴承等。传统的电网供电异步起动永磁同步电动机的转子会安装有笼形绕组，现代变频调速用永磁同步电动机通常不会安装转子绕组。

为了降低电动机运行时的铁耗，PMSM 的转子铁心通常采用叠片结构。图 2-4a 给出了转子铁心冲片图片，图 2-4b 是对冲片进行加工，将其制作成整体。从图中可以看出在转子铁心的截面中，留有永磁体和转子轴的安装空间，另外还有通风孔等。图 2-4c 是瓦片形状永磁体图片，它常用于插入式永磁同步电动机中。如图 2-5b。

图 2-4　转子铁心与永磁体

a)转子冲片　b)转子铁心的加工　c)瓦片状永磁体

具体来说，根据永磁体在转子铁心中的位置可以划分为表面式与内置式 PMSM，其中表面式 PMSM(SPM)转子结构又可以分为表贴式与插入式两种结构，如图 2-5 所示。

图 2-5a 中电动机极对数为
2，图 b 中电动机极对数为 4，
两幅图中都已经标出了 d 轴线
与 q 轴线的位置。d 轴线与电
动机的转子磁极所在轴线重合，
q 轴线超前 d 轴线 90° 电角度，
即与相邻两个磁极的几何中性
线重合。由于磁极对数不同，
所以 q 轴与 d 轴之间的机械角
度差是不同的，但电角度的差都是 90°。

图 2-5　典型的 SPM 永磁电动机

图 2-5 中 SPM 转子结构的特点是：永磁体贴在转子圆形铁心外侧；由于永磁材料磁导率与气隙磁导率接近，即相对磁导率接近 1，其有效气隙长度是气隙和径向永磁体厚度总和；交直轴磁路基本对称，电动机的凸极率 $\rho = L_q/L_d \approx 1$，所以 SPM 是典型的隐极电动机，无凸极效应和磁阻转矩；该类电动机交、直轴磁路的等效气隙都很大，所以电枢反应比较小，弱磁能力较差，其恒功率弱磁运行范围通常都比较小。由于永磁体直接暴露在气隙磁场中，因而容易退磁，弱磁能力受到限制。由于制造工艺简单、成本低，应用较广泛，尤其适宜于方波式永磁电动机(无刷直流电动机)。

内置式 PMSM(IPM)的永磁体埋于转子铁心内部，其外表面与气隙之间有铁磁物质的极靴保护，永磁体受到极靴的保护；q 轴电感大于 d 轴电感，有利于弱磁升速。由于永磁体埋于转子铁心内部，转子结构更加牢固，易于提高电动机高速旋转的安全性。

IPM 的转子磁路结构又可以分为径向式、切向式和混合式三种。图 2-6a 给出了径向式转子磁路结构示意图。此时，永磁体置于转子的内部，适用于高速运行场合；有效气隙较小，d 轴和 q 轴的电枢反应电抗均较大，从而存在较大的弱磁升速空间。另外，从图 2-6a 中可以看出，d 轴的等效气隙较 q 轴等效气隙更大，所以电动机的凸极率 $\rho = L_q/L_d > 1$。转子交、直轴磁路不对称的凸极效应所产生的磁阻转矩有助于提高电动机的功率密度和过载能力,而且易于弱磁扩速,提高电动机的恒功率运行范围。

图 2-6b 给出了切向式 IPM 的转子磁路结构,相邻两个磁极并联提供一个极距下的磁通,所以可以得到更大的每极磁通。当电动机极数较多时,该结构特点更加突出。采用切向结构电动机的磁阻转矩在电动机的总电磁转矩中的比例可达 40%。

径向式结构的 PMSM 漏磁系数小,不需采取隔磁措施,极弧系数易控制,转子强度高,永磁

图 2-6　径向式与切向式 IPM 转子磁路

体不易变形。切向式结构的 PMSM 漏磁系数大,需采取隔磁措施,每极磁通大,极数多,磁阻转矩大。此外,还有混合式结构的 PMSM,它结合了径向式和切向式的优点,但结构和工艺复杂,成本高。

图 2-7 给出了不同转子结构永磁电动机凸极率的情况。其中表贴式电动机的凸极率最小,其次是表面插入式转子电动机。IPM 电动机转子的结构设计灵活多样,可适用于不同的弱磁控制和恒功率运行范围的要求。其中单层(SINGLE-LAYER)磁钢结构的 IPM 电动机应用广泛,电动机的凸极率 ρ 可以达到 3 左右;双层(DOUBLE-LAYER)磁钢和三层(THREE-LAYER)磁钢结构的 IPM 电动机的凸极率可达到 10 ~ 12;三层以上磁钢的 IPM 电动机采用轴向迭片(AXIALLY-LAMINATED)结构后,凸极率 $\rho > 12$。由此可见,采用多层磁钢转子结构,可以显著提高电动机的凸极率,增加气隙磁通密度。但是,其缺点是结构和制造工艺复杂,制造成本也高。

图 2-7　不同转子结构永磁电动机的凸极率

2.2　旋转变压器

为了提高永磁同步电动机的运行稳定性,通常需要采用位置传感器检测电动机的转子位置用以对电动机进行高性能的控制。这里的位置传感器通常是旋转编码器,从工作原理上可以划分为磁性编码器与光学编码器,根据旋转编码器输出信号的不同又可以划分为绝对值编码器(absolute)和增量式编码器(incremental)。绝对值编码器可以直接测得转子的绝对位置,为转子的不同位置提供独一无二的编码,它不受停电的影响。图 2-8 给出了增量式光学编码

器的工作原理示意图。

图 2-8　增量式光学编码器

增量式编码器在码盘上均匀地刻制一定数量的光栅，在光线的照射作用下，接收装置的输出端便得到频率与转轴转速成正比的方波脉冲序列，从而可用以计算位置与转速。通常情况下，有 A 与 B 两路输出信号，如图 2-9 所示，两路信号的相位信息可以反映转轴的旋转方向。一般情况下，编码器还提供了一个 Z 脉冲信息，码盘旋转一圈过程中仅仅输出一个 Z 脉冲，它可以用来获得编码器的零参考位置。

图 2-9　增量式光学编码器输出信号

旋转变压器是一种基于磁性原理的旋转编码器，它的环境适应性强、响应速度快、可靠性高，在电动汽车驱动电动机的位置检测中应用广泛。旋转变压器通常简称为旋变，其结构如图 2-10 所示，其输出绕组的端电压随转子位置发生变化，可以通过测量该电压获取转子位置信息。

按旋转变压器的输出电压与转子转角之间的函数关系，主要可以分为三类：

1）正—余弦旋转变压器——其输出电压与转子转角的函数关系为正弦或余弦函数关系。

2）线性旋转变压器——其输出电压与转子转角为线性函数关系。

3）特殊旋转变压器——其输出电压与转角为特殊函数关系。

图 2-10　旋转变压器定子与转子

2.2.1   工作原理

旋转变压器的绕组包括励磁绕组与输出绕组。图 2-11 所示旋变结构中,高频正弦交流励磁电压 $E_{R1\text{-}R2}$ 通过集电环输入到位于转子的励磁绕组,它在电动机的内部产生高频脉振磁场,随着转子的旋转,位于定子上的两相正交输出绕组分别感应到相差 90° 电角度的高频交流电压 $E_{S1\text{-}S3}$ 与 $E_{S2\text{-}S4}$。

图 2-11   旋转变压器绕组结构示意图

假定输出绕组与励磁绕组变比是 k,那么输出绕组电压可以近似表示为

$$\begin{cases} E_{S1\text{-}S3} = kE_{R1\text{-}R2}\cos\theta \\ E_{S2\text{-}S4} = kE_{R1\text{-}R2}\sin\theta \end{cases} \quad (2\text{-}1)$$

图 2-12 给出了典型的励磁绕组与输出绕组电压波形,可以看出随着转子角度发生变化(0 ~ 360°),输出绕组的高频电压信号明显受到了转子位置的调制。需要采用合适的解算器从两相输出绕组电压中解算出转子的位置信息。

有一种磁阻式的旋转变压器,其工作原理如图 2-13 所示。与前一种不同的是,磁阻式旋转变压器的转子上没有

图 2-12   旋转变压器绕组电压典型波形

绕组,仅仅是磁阻式转子铁心。励磁绕组通入高频励磁信号后,随着转子旋转,输出绕组与励磁绕组的互感发生有规律的变化,从而可以在输出绕组侧得到经转子位置调制的电压信号,见式 2-2,其中的 X 表示磁阻转子的极对数。

$$\begin{cases} E_{S1\text{-}S2} = kE_{R1\text{-}R2}\cos X\theta \\ E_{S3\text{-}S4} = kE_{R1\text{-}R2}\sin X\theta \end{cases} \quad (2\text{-}2)$$

一般情况下,磁阻式旋转变压器的转子极对数选择与同步电动机极对数相同。由于结构更加牢靠,磁阻式旋转变压器在电动汽车驱动电动机位置检测中应用较多。两种旋转变压器的图片都在图 2-10 中。

一种比较典型的 4 对极磁阻式旋变参数为:励磁电压 7VAC,励磁频率 10kHz,电压比 0.286,位置准确度 <30′。

图 2-13　磁阻式旋转变压器结构示意图

2.2.2　解码电路

旋转变压器的输出绕组提供了经过转子位置调制后的两相高频交流电压信号，需要采用合适的解码电路从中获取转子的绝对位置信息。一般情况下，可以采用专用的解码芯片如AU6802、AD2S80 等，也可以采用高速数字信号处理器（DSP）进行解码。

图 2-14 给出了以 AU6802 为例的解码电路原理图。该电路通过对旋转变压器输出模拟信号的解调来完成电动机转子绝对位置的检测。AU6802 芯片本身可以产生一个 10kHz 的正弦信号，但该信号中存在 2.5V 直流电压的偏置，并且正弦信号峰峰值仅有 2V，信号幅度太小无法提供旋转变压器所需的正常工作电流。所以图 2-14 电路对该正弦信号进行隔直与电压放大后输出给旋转变压器。旋转变压器输出的经转子位置调制后的高频信号经过信号调理后变成大小合适的电压信号（S1 ~ S4）反馈给解码芯片。解码芯片 AU6802 的功能设置见表 2-1。

表 2-1　RDC 芯片 AU6802 的功能设置

引脚信号名称	设置状态	功能说明
MDSEL	L	12 位高分辨率模式
OUTMD	H	12 位并行数据模式
CSB、RDB	L	选通芯片，允许数据输出
INHB	I/O	由 DSP 控制是否锁存数据
FSEL1	L	选择 10kHz 正弦信号频率
FSEL2	H	
ERRSTB	I/O	DSP 控制，对解码芯片进行复位

在电路设计中需要注意的是：当旋转变压器需要大电压信号的励磁电压时，如图 2-14 所示的功放需要工作在大信号条件下，此时需要运放具有较大的转换速率。常用的运放芯片 LM324 等转换速率较小，可以采用 LF353 产生 10kHz 峰峰值约 20V 的正弦信号。另外，功放电路直流工作点的选择也很重要，不合适的工作点会使输出正弦波发生畸变或者功放的功耗过大。

解码芯片与 TMS320LF2407 DSP 接口电路如图 2-15 所示。AU6802 输出 12 位并行数据通过数据总线送到 DSP。但是前者为 5V 系统，而 DSP 是 3.3V 系统，所以需要进行电平的转换。74ACT245 芯片可以接收 3.3V 电平信号同时输出 5V 电平，如图 2-15 中 DSP 的控制信号经它处理后去控制解码芯片。74LVX245 芯片可以接收 5V 电平信号同时输出为 3.3V 的电平信号，图中解码芯片的 12 位数据经过该芯片后接至 DSP 的数据总线。

图 2-14　转子位置检测电路

图 2-15　解码电路与 DSP 的接口电路

2.3　PMSM 加工流程

电机制造厂商利用定子叠片、转子叠片、铜导线以及云母等绝缘材料完成定子装配、转子装配和最后的电机总装。

（1）定子装配流程，如图 2-16 所示。

（2）转子装配流程

领料——→安装垫圈——→安装转子前端板——→安装转子叠片——→安装永磁体——→检验——→安装转子后端板——→清理转子铁心——→预热铁心——→环氧注塑——→校验动平衡——→防锈处理——→检验

（3）电机总装流程

永磁体充磁——→转子轴承装配——→前端盖组件装配——→定、转子合装——→旋转变压器装配——→接线座装配——→信号线装配——→动力线装配——→旋转变压器位置调整——→接线盒装配——→打标记。在整机性能测试合格后，完成成品制造，入库保存。

图 2-16　永磁同步电动机定子装配流程图

2.4　PMSM 基本工作原理

电动机的工作原理是基于定子绕组中的电流与转子磁场的相互作用，定子绕组结构和连接形式以及绕组中的电流和产生的反电动势决定着电动机的工作模式和电动机形式。

这里对电动机定子绕组与转子之间的作用力进行定性的介绍，有助于读者对电动机的转矩建立基本的概念，详细的数学推导见第 3 章。电动机转子的旋转是因为有电磁转矩的原因，这里又可以细分为定子绕组与永磁体以及定子绕组与凸极转子两种电磁转矩。

2.4.1　定子绕组与永磁转子的作用力

如图 2-17 所示，当电动机转子静止时，永磁体产生的磁场是直流磁场，方向沿 d 轴（如图中 N、S 所示），该磁场在空间内是不会旋转的。当三相定子绕组通入直流电，那么也可以产生直流磁场，并且如果合理地控制各相绕组电流大小，那么定子绕组产生的合成直流磁场的位置（可以近似认为是图中合成电流 i_s 的位置）也是不同的。两个直流磁场就如同两块磁铁，它们之间可以产生相互作用力。定子绕组由于固定在定子槽中不能运动，所以转子磁铁受到作用力后就会旋转。

当两块磁铁的相对位置发生变化时，它们之间的作用力将会随之变化而不能够保持恒定。如果希望它们之间的作用力保持恒定，那么就需要在转子磁铁旋转时，在定子绕组中通入正弦交流电从而产生一个等效的旋转磁铁。

转子磁铁由于机械旋转产生了机械旋转磁场；定子绕组虽然静止不动，但通入的正弦交流电流产生了电气旋转磁场，两个磁场是可以保持相对静止的。此时，旋转磁场的转速为

$$n = n_1 = \frac{60f}{n_p} \quad (\text{r/min}) \qquad (2\text{-}3)$$

式中　n——转子的转速（r/min）；

　　　n_1——旋转磁场的转速（r/min）；

　　　f——三相正弦交流电的频率（Hz）；

　　　n_p——电机的磁极对数。

图 2-17　定子磁场与转子磁铁作用示意图

2.4.2　定子绕组与凸极转子的作用力

PMSM 转子凸极的存在使电动机的磁场复杂化，为了便于说明，在图 2-18 中，假定凸极转子铁心的磁场分布在两个轴线上——d 轴与 q 轴，定子绕组也被替换成一个 d 轴绕组（图中的 D_1 与 D_2 两个端子，图中电流方向为正方向）和一个 q 轴绕组（图中的 Q_1 与 Q_2 两个端子，图中电流方向为正方向）。当定子绕组的 d 轴电流 i_d 与 q 轴电流 i_q 分别在 d 轴、q 轴的磁路中励磁，将会分别产生 d 轴的磁通 Φ_d 与 q 轴的磁通 Φ_q。定子绕组与凸极转子之间的作用力是相互的，可以通过分析定子绕组的受力来计算转子的受力。

定子绕组 d 轴电流 i_d 与 q 轴磁路中的磁通 Φ_q 产生作用力 f_1，定子绕组 q 轴电流 i_q 与 d 轴磁路中的磁通 Φ_d 产生作用力 f_2，如下式所示：

图 2-18　定子磁场与凸极转子的作用示意图

$$f_1 \propto B_q i_d l \propto N \frac{N i_q \Lambda_q}{S} i_d l \propto L_q i_d i_q \qquad (2\text{-}4)$$

$$f_2 \propto L_d i_d i_q$$

凸极转子的受力与定子绕组的受力相反，在图 2-18 中，按照转子逆时针方向旋转为正方向，转子受到的电磁转矩可以简单地描述为式 2-5。

$$T_e = R \times (f_2 - f_1) = K \times (L_d - L_q) \times i_d i_q \qquad (2\text{-}5)$$

由于 d 轴磁路的磁导小于 q 轴磁路的磁导，所以 $L_d < L_q$。当 $i_q > 0$ 时，如果希望有正向的电磁转矩产生，那么必须有 $i_d < 0$。即是说图 2-18 中第二象限内的定子绕组合成电流可以牵引凸极转子逆时针旋转，第一象限内的定子绕组合成电流则不能够实现这一点。

上面分析的结果也可以说明，只要定子绕组 d 轴、q 轴电流不变，那么转矩也是恒定的。

实际上，电动机三相定子绕组的对称正弦波电流产生的总电流可以用电流矢量来描述，此时的电流矢量是一个幅值恒定、匀速旋转的矢量，该电流矢量的旋转速度等于正弦电流的电角速度，当该速度与转子电角速度相等时，电动机转子受到的作用力保持恒定——这通常

是我们希望的，电动机调速系统通常需要恒定的转矩对机械系统进行加速或制动。电流矢量的旋转速度通常称为同步速度，电动机稳定运行时的转速也是该速度，这是我们称这种电动机为"同步"电动机的原因。

2.4.3 电动机的基本控制模式

根据电动机的基本运行原理，可以考虑两种方式来控制电动机，使其产生恒定的电磁转矩。一种情况是在不知道电动机转子位置的情况下，给定子绕组通入旋转的电流矢量，利用该电流与转子的相互作用力驱动电动机旋转，条件合适的话，电动机转子可以与电流矢量保持同步旋转，这种情况下称电动机处于他控模式。另一种情况是首先需要知道电动机的转子位置，然后根据该信息控制定子绕组的通电方式和各相绕组的电流值，从而保持定子电流矢量与转子的同步，这种情况下称电动机处于自控模式。

电动机处于他控模式下，有可能会出现定子电流矢量与转子位置关系非常不协调，此时不能产生合适的电磁转矩驱动转子同步旋转，那么电动机就不能进入稳定运行的状态。另外，当电动机稳定运行时，如果转子受到某种扰动而使其位置发生变化，那么电动机的电磁转矩就会直接受到影响。如果电动机转矩不能及时驱动转子进入同步状态，那么电动机将可能会发生失步，不再稳定运行。相比之下，自控模式下的电动机电流矢量可以根据转子位置进行实时控制，所以电动机的工作稳定性可以大大提高。

小 结

本章讲解了 PMSM 的定子与转子结构、用于测量转子位置信息的旋转变压器的工作原理、电动机的制作加工流程、PMSM 的基本工作原理，定性分析了载流定子绕组与永磁体及凸极转子的作用力，并介绍了自控与他控的两种控制模式。

根据转子磁路结构的不同，PMSM 可以划分为隐极式与凸极式，两种电动机有各自的特点，分别适用于不同的场合。后者的电磁转矩中除了永磁转矩外，还有磁阻转矩，故而功率密度更大，更适宜在空间相对狭小的电动汽车等场合中应用。

旋转变压器是一种基于磁性原理的旋转编码器，通常简称为旋变。它环境适应性强、响应速度快、可靠性高，在电动汽车驱动电动机的位置检测中应用广泛。其输出绕组的端电压随转子位置发生变化，可以通过测量该电压获取转子位置信息。

【时间就像一张网，撒在哪里，收获就在哪里】

【人是不能教会的，只能引导他们发现自己】

练 习 题

1. 转子阻尼绕组的作用是什么？是否所有的同步电动机都必须使用阻尼绕组？
2. 隐极式与凸极式 PMSM 的结构与电磁转矩分别有何特点？
3. 电动机的空间机械角度与空间电角度是什么关系？
4. 磁阻式旋变的结构有何特点？解码电路的功能是什么？
5. PMSM 永磁转矩与哪些因素有关，磁阻转矩与哪些因素有关？
6. 什么是自控模式的 PMSM，什么是他控模式的 PMSM？

第3章 PMSM 动态数学模型

3.1 PMSM 的物理模型

首先对交流永磁同步电动机作如下假设：

1）定子绕组 Y 形接法，三相绕组对称分布，各绕组轴线在空间互差 120°；转子上的永磁体在定转子气隙内产生主磁场（对于 PMSM，该磁场沿气隙圆周呈正弦分布；对于 BLD-CM，该磁场沿气隙圆周呈梯形波分布），转子没有阻尼绕组。

2）忽略定子绕组的齿槽对气隙磁场分布的影响。

3）假设铁心的磁导率是无穷大，忽略定子铁心与转子铁心的涡流损耗和磁滞损耗。

4）忽略电动机参数（绕组电阻与绕组电感等）的变化。

三相两极交流永磁电动机的结构如图 3-1 所示。

图 3-1 交流永磁电动机结构原理示意图

a) 定子绕组分布图 b) 定子绕组示意图

图 3-1 中的定子三相绕组 AX、BY、CZ 沿圆周呈对称分布，A、B、C 为各绕组的首端，X、Y、Z 为各绕组的尾端。各绕组首端流出电流、尾端流入电流规定为该相电流的正方向。此时各绕组产生磁场（右手螺旋定则）方向规定为该绕组轴线的正方向，将这三个方向作为空间坐标轴的轴线，可以建立一个三相静止坐标系——ABC 坐标系（A 轴线超前 C 轴线 120°，B 轴线超前 A 轴线 120°），在本书中也称为 3s 坐标系（s 的含义是定子，stator）。如图 3-1b 所示的定子绕组位置示意图，可以简单地说，A 相绕组在 A 轴线上，B、C 相绕组类似。

转子的电角位置与电角速度的正方向选取为逆时针方向。根据转子永磁体磁极轴线 d 轴以及与其垂直的方向确定一个平面直角坐标系——dq 坐标系（固定在转子上，也称之为 2r 坐标系，r 的含义是转子，rotor），其中 d 轴正方向如图 3-1 所示（为磁极 N 的方向）；q 轴正方向超前 d 轴 90°。d 轴线超前 A 轴线角度为 θ，$\theta = 0°$ 意味着 d 轴与 A 轴重合。本书中的速度、角速度都是电气变量，特别说明的除外。

下面简单分析定子 A 相绕组通电后与转子的作用力。如图 3-2 所示，A 相绕组放置于定子铁心的槽中，A 端电流从纸面指向纸外，X 端电流从纸外指向纸面，那么 A 相绕组产生的磁场分布如图中所示。可以看出，S 极与 A 轴正方向重合。在理想空载（负载转矩为 0）的稳态情况下，图 3-1 中转子 d 轴线（即转子的 N 极）应该与 A 轴线重合，此时转子就会保持不动，电动机的电磁转矩与负载转矩相平衡，因而也为 0（假设 A 相绕组的电流值为 i_A，那么可以认为 i_A 全部都是 d 轴分量）。

根据图 3-1 中永磁体在气隙中产生磁场的不同，可以将交流永磁电动机分为具有正弦波磁场分布的 PMSM 和具有梯形波分布的 BLD-CM。尽管气隙磁场不同，但是都具有下面推导的统一化动态数学模型。

图 3-2　定子绕组 A 相电流产生的磁场分布

3.2　三相静止坐标系的 PMSM 动态数学模型

下面从基本电磁关系出发，推导出交流永磁电动机统一化的动态数学模型，为不失一般性，假定电动机的转子具有凸极结构。电动机的数学模型包括四组方程：电压方程、磁链方程、转矩方程与运动方程。因为永磁同步电动机只有定子绕组，没有转子绕组，因此电压方程和磁链方程仅仅需要列写定子侧方程即可。

3.2.1　定子电压方程

在 ABC 坐标系中，可以列出三相定子电压方程矩阵形式为

$$(\boldsymbol{u}_1) = (\boldsymbol{R}) \cdot (\boldsymbol{i}_1) + p(\boldsymbol{\psi}_1(\theta, i)) \tag{3-1}$$

式中：$(\boldsymbol{u}_1)$ 为定子绕组相电压矩阵，$(\boldsymbol{u}_1) = (u_A \quad u_B \quad u_C)^T$，$u_A$、$u_B$、$u_C$ 分别为三相定子绕组相电压（V）；$(\boldsymbol{i}_1)$ 为定子绕组相电流矩阵，$(\boldsymbol{i}_1) = (i_A \quad i_B \quad i_C)^T$，$i_A$、$i_B$、$i_C$ 分别为三相定子绕组相电流（A）；$(\boldsymbol{R})$ 为定子绕组相电阻矩阵，$(\boldsymbol{R}) = \begin{bmatrix} R_1 & 0 & 0 \\ 0 & R_1 & 0 \\ 0 & 0 & R_1 \end{bmatrix}$，$R_1$ 为三相对称定子绕组一相电阻（Ω）；$p = \mathrm{d}/\mathrm{d}t$ 为微分算子；$(\boldsymbol{\psi}_1(\theta, i)) = \begin{bmatrix} \psi_A(\theta, i) \\ \psi_B(\theta, i) \\ \psi_C(\theta, i) \end{bmatrix}$ 为定子相绕组磁链矩阵，$\psi_A(\theta, i)$、$\psi_B(\theta, i)$、$\psi_C(\theta, i)$ 分别为三相定子绕组的全磁链（Wb）；θ 为图 3-1 中 d 轴与 A 轴夹角的空间电角度。

3.2.2　定子磁链方程

三相定子绕组的全磁链($\boldsymbol{\psi}_1(\theta, i)$)可以表示为

$$(\boldsymbol{\psi}_1(\theta, i)) = (\boldsymbol{\psi}_{11}(\theta, i)) + (\boldsymbol{\psi}_{12}(\theta)) \tag{3-2}$$

其中($\boldsymbol{\psi}_{12}(\theta)$)矩阵是永磁体磁场匝链到定子绕组的永磁磁链矩阵。

$$(\boldsymbol{\psi}_{12}(\theta)) = \begin{bmatrix} \psi_{fA}(\theta) \\ \psi_{fB}(\theta) \\ \psi_{fC}(\theta) \end{bmatrix} \tag{3-3}$$

$\psi_{fA}(\theta)$、$\psi_{fB}(\theta)$、$\psi_{fC}(\theta)$分别为永磁体磁场交链 A、B、C 三相定子绕组的永磁磁链分量（Wb），与定子电流无关。对于一台确定的电动机，永磁磁链仅与转子位置 θ 有关。

式 3-2 中的($\boldsymbol{\psi}_{11}(\theta, i)$)是定子绕组电流产生的磁场匝链到定子绕组自身的磁链分量：

$$(\boldsymbol{\psi}_{11}(\theta, i)) = \begin{bmatrix} \psi_{1A}(\theta, i) \\ \psi_{1B}(\theta, i) \\ \psi_{1C}(\theta, i) \end{bmatrix} = \begin{bmatrix} L_{AA}(\theta) & M_{AB}(\theta) & M_{AC}(\theta) \\ M_{BA}(\theta) & L_{BB}(\theta) & M_{BC}(\theta) \\ M_{CA}(\theta) & M_{CB}(\theta) & L_{CC}(\theta) \end{bmatrix} \cdot \begin{bmatrix} i_A \\ i_B \\ i_C \end{bmatrix} \tag{3-4}$$

式中　　　　　L_{AA}、L_{BB}、L_{CC}——三相定子绕组的自感（H）；

M_{AB}、M_{AC}、M_{BA}、M_{BC}、M_{CA}、M_{CB}——三相定子绕组之间的互感（H）。

下面对式 3-4 中的电感系数分别进行分析。

1. 定子绕组的漏自感和自感

永磁同步电动机定子绕组中通入三相电流后，由电流产生的磁通分为两部分：一部分为漏磁通，与漏磁通相对应的电感与转子位置无关，为一个恒定值；另一部分为主磁通，该磁通穿过气隙且与其他两相定子绕组交链，当电动机转子转动时，凸极效应会引起主磁通路径的磁阻变化，对应的电感系数也相应发生变化。在距离 d 轴角度为 θ 的点 Q 处，单位面积的气隙磁导 $\lambda_\delta(\theta)$ 可以足够精确地表示为

$$\lambda_\delta(\theta) = \lambda_{\delta 0} - \lambda_{\delta 2}\cos 2\theta \tag{3-5}$$

式中　$\lambda_{\delta 0}$——气隙磁导的平均值；

$\lambda_{\delta 2}$——气隙磁导的二次谐波幅值。

公式 3-5 描述的气隙磁导与转子位置角 θ 之间的关系描绘在图 3-3 中。当 $\theta = 0°$时，d 轴方向气隙磁导为

$$\lambda_{\delta d} = \lambda_{\delta 0} - \lambda_{\delta 2} \tag{3-6}$$

当 $\theta = 90°$时，q 轴方向气隙磁导为

$$\lambda_{\delta q} = \lambda_{\delta 0} + \lambda_{\delta 2} \tag{3-7}$$

注意，式 3-5、3-6、3-7 与电励磁同步电动机的公式略有不同，因为两类电动机中 d、q 轴的气隙磁导规律不同（永磁同步电动机中，d 轴电感小于或者近似等于 q 轴电感，电励磁同步电动机则反之）。为了更加符合 PMSM 情况，将公式略作修改，但并不影响最终推导的 d、q 轴电感以及磁链和转矩方程的表达式。

所以可以得到

$$\lambda_{\delta 0} = \frac{1}{2}(\lambda_{\delta d} + \lambda_{\delta q}) \tag{3-8}$$

$$\lambda_{\delta2} = \frac{1}{2}(\lambda_{\delta q} - \lambda_{\delta d}) \tag{3-9}$$

$$\lambda_{\delta}(\theta) = \frac{1}{2}(\lambda_{\delta d} + \lambda_{\delta q}) + \frac{1}{2}(\lambda_{\delta d} - \lambda_{\delta q})\cos2\theta \tag{3-10}$$

为了对比的更加清楚，图 3-3 中还绘制了定子绕组三相电流的示意图。这三相电流在转子位置从 0°到 360°的变化过程中都呈现一个周期的变化，在此过程中，因而气隙磁导出现了两个周期。

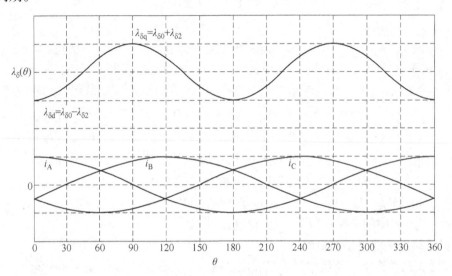

图 3-3　气隙磁导波形图

另外，图 3-3 中所示的三相定子电流中仅含有励磁分量（d 轴分量），不含有转矩分量（q 轴分量）。若希望电动机能够输出非零转矩，那么图中的电流相位必须发生改变。结合后面的转矩公式可以更好地理解这一点。

以 A 相定子绕组为例，当通入电流 i_A 时，在 A 相定子绕组轴线方向的磁动势 F_A 与 Q 点处单位面积的气隙磁导 $\lambda_{\delta}(\theta)$ 对应的 A 相定子绕组气隙磁链 $\psi_{A\delta}(\theta)$ 满足如下关系：

$$\psi_{A\delta}(\theta) = K \cdot F_A \cdot \lambda_{\delta}(\theta) = K \cdot N_A i_A \cdot \left(\frac{1}{2}(\lambda_{\delta d} + \lambda_{\delta q}) + \frac{1}{2}(\lambda_{\delta d} - \lambda_{\delta q})\cos2\theta\right)$$

$$= i_A \cdot \left(\frac{1}{2}(L_{AAd} + L_{AAq}) + \frac{1}{2}(L_{AAd} - L_{AAq})\cos2\theta\right) \tag{3-11}$$

式中　K——气隙磁链和磁动势、气隙磁导的比例系数；

　　　N_A——A 相绕组的匝数。且 $L_{AAd} = K \cdot N_A \cdot \lambda_{\delta d}$，$L_{AAq} = K \cdot N_A \cdot \lambda_{\delta q}$。

根据漏自感和自感的定义，A 相定子绕组的漏自感 $L_{A\sigma}$ 和自感 L_{AA} 分别表示为

$$L_{A\sigma} = \frac{\psi_{A\sigma}}{i_A} = L_l \tag{3-12}$$

$$L_{AA} = \frac{\psi_{A\sigma} + \psi_{A\delta}(\theta)}{i_A} = L_l + \frac{1}{2}(L_{AAd} + L_{AAq}) + \frac{1}{2}(L_{AAd} - L_{AAq})\cos2\theta$$

$$= L_{s0} - L_{s2}\cos2\theta \tag{3-13}$$

两式中，L_1 为漏自感的平均值，与 A 相定子绕组漏磁链 $\psi_{A\sigma}$ 有关，与转子位置无关；L_{s0} 为 A 相定子绕组自感的平均值，L_{s2} 为 A 相定子绕组自感二次谐波的幅值。可以看出，有以下关系式成立

$$L_{s0} = L_1 + (L_{AAd} + L_{AAq})/2 \tag{3-14}$$

$$L_{s2} = (L_{AAq} - L_{AAd})/2 \tag{3-15}$$

由于 B 相定子绕组和 C 相定子绕组与 A 相定子绕组在空间互差 120°，可以认为 A、B、C 三相定子绕组各自的漏电感相等，即有

$$L_{A\sigma} = L_{B\sigma} = L_{C\sigma} = L_1 \tag{3-16}$$

因而将式 3-13 中 θ 分别用 $(\theta - 120°)$ 和 $(\theta + 120°)$ 替代，可以求得 A、B、C 三相定子绕组的自感为

$$
\begin{aligned}
L_{AA} &= L_{s0} - L_{s2}\cos 2\theta \\
L_{BB} &= L_{s0} - L_{s2}\cos 2(\theta - 120°) \\
L_{CC} &= L_{s0} - L_{s2}\cos 2(\theta + 120°)
\end{aligned}
\tag{3-17}
$$

2. 定子绕组的互感

当 A 相定子绕组通入电流 i_A 时，在 A 相定子绕组轴线方向的磁动势 F_A 可以分解为 d 轴方向的直轴磁动势分量 F_{Ad} 和 q 轴方向的交轴磁动势分量 F_{Aq}。

$$
\begin{aligned}
F_{Ad} &= N_A \cdot i_A \cos\theta \\
F_{Aq} &= N_A \cdot i_A \sin\theta
\end{aligned}
\tag{3-18}
$$

直轴磁动势分量 F_{Ad} 和交轴磁动势分量 F_{Aq} 分别产生各自的磁链分量 $\psi_{Ad}(\theta)$ 和 $\psi_{Aq}(\theta)$ 为

$$
\begin{aligned}
\psi_{Ad}(\theta) &= K \cdot F_{Ad} \cdot \lambda_{\delta d} = K \cdot N_A \lambda_{\delta d} \cdot i_A \cos\theta \\
\psi_{Aq}(\theta) &= K \cdot F_{Aq} \cdot \lambda_{\delta q} = K \cdot N_A \lambda_{\delta q} \cdot i_A \sin\theta
\end{aligned}
\tag{3-19}
$$

由于 d 轴与 B 相定子绕组轴线相差 $(\theta - 120°)$，$\psi_{Ad}(\theta)$ 与 B 相定子绕组交链的部分为 $\psi_{Ad}(\theta)\cos(\theta - 120°)$；$\psi_{Aq}(\theta)$ 与 B 相定子绕组交链的部分为 $\psi_{Aq}(\theta)\sin(\theta - 120°)$；因此，A 相定子绕组电流 i_A 经过气隙与 B 相定子绕组交链的磁链 $\psi_{BA\delta}(\theta)$ 表示为

$$
\begin{aligned}
\psi_{BA\delta}(\theta) &= \psi_{Ad}(\theta)\cos(\theta - 120°) + \psi_{Aq}(\theta)\sin(\theta - 120°) \\
&= L_{AAd}i_A\cos(\theta)\cos(\theta - 120°) + L_{AAq}i_A\sin(\theta)\sin(\theta - 120°) \\
&= -i_A\left[\frac{1}{4}(L_{AAd} + L_{AAq}) + \frac{1}{2}(L_{AAd} - L_{AAq}) \cdot \cos 2(\theta + 30°)\right]
\end{aligned}
\tag{3-20}
$$

A 相定子绕组与 B 相定子绕组的互感 M_{BA} 可以表示为

$$M_{BA} = \frac{\psi_{BA\delta}(\theta)}{i_A} = -M_{s0} + M_{s2}\cos 2(\theta + 30°) \tag{3-21}$$

式中　M_{s0}——A 相、B 相定子绕组互感平均值的绝对值；

M_{s2}——A 相、B 相互感的二次谐波的幅值。

它们满足

$$M_{s0} = \frac{1}{4}(L_{AAd} + L_{AAq}) \tag{3-22}$$

$$M_{s2} = \frac{1}{2}(L_{AAq} - L_{AAd}) = L_{s2} \tag{3-23}$$

由于空间的对称性，当 B 相定子绕组通入电流 i_B 时，B 相定子绕组与 A 相定子绕组的互感可表示为

$$M_{AB} = -M_{s0} + M_{s2}\cos2(\theta+30°) \tag{3-24}$$

因而将式 3-20 和 3-21 中的 θ 分别用 $(\theta-120°)$ 和 $(\theta+120°)$ 替代，可以得到 A、B、C 三相定子绕组的互感为

$$M_{AB} = M_{BA} = -M_{s0} + M_{s2}\cos2(\theta+30°)$$
$$M_{BC} = M_{CB} = -M_{s0} + M_{s2}\cos2(\theta-90°) \tag{3-25}$$
$$M_{AC} = M_{CA} = -M_{s0} + M_{s2}\cos2(\theta+150°)$$

将式 3-17、式 3-25 代入式 3-4 定子磁链分量的矩阵方程可得：

$$\begin{pmatrix} \psi_{1A}(\theta,\ i) \\ \psi_{1B}(\theta,\ i) \\ \psi_{1C}(\theta,\ i) \end{pmatrix} = \left\{ \begin{pmatrix} L_{s0} & -M_{s0} & -M_{s0} \\ -M_{s0} & L_{s0} & -M_{s0} \\ -M_{s0} & -M_{s0} & L_{s0} \end{pmatrix} \right.$$
$$\left. + \begin{pmatrix} -L_{s2}\cos2\theta & M_{s2}\cos2(\theta+30°) & M_{s2}\cos2(\theta+150°) \\ M_{s2}\cos2(\theta+30°) & -L_{s2}\cos2(\theta-120°) & M_{s2}\cos2(\theta-90°) \\ M_{s2}\cos2(\theta+150°) & M_{s2}\cos2(\theta-90°) & -L_{s2}\cos2(\theta+120°) \end{pmatrix} \right\} \cdot \begin{pmatrix} i_A \\ i_B \\ i_C \end{pmatrix} \tag{3-26}$$

图 3-4 给出了 PMSM 各定子绕组的自感和互感与转子位置的关系示意图。

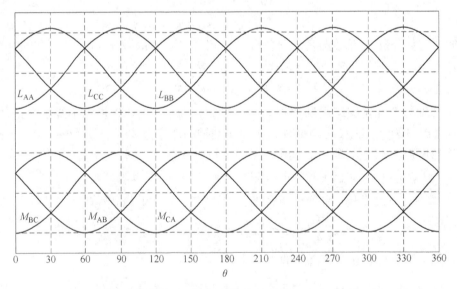

图 3-4　PMSM 定子绕组电感与转子位置关系示意图

3. 定、转子绕组的互感计算

为了便于推导电动机的电磁转矩公式，我们将转子永磁体等效为具有电流 i_f 的转子励磁绕组 f（对于正弦波磁场分布的 PMSM 来说，i_f 是一个恒定值），仅在本部分推导转矩公式时使用。

转子绕组 f 与定子三相绕组之间的互感矩阵 $[\boldsymbol{M}_{sf}]$ 为

$$(M_{sf}) = \begin{bmatrix} M_{Af}(\theta) \\ M_{Bf}(\theta) \\ M_{Cf}(\theta) \end{bmatrix} \tag{3-27}$$

$$(M_{fs}) = (M_{sf})^T \tag{3-28}$$

需要指出的是，不管永磁体产生的是何种分布的气隙磁场，式 3-3 都可以用来表示永磁磁链，即下式成立

$$(\boldsymbol{\psi}_{12}(\theta)) = \begin{bmatrix} M_{Af}(\theta) \\ M_{Bf}(\theta) \\ M_{Cf}(\theta) \end{bmatrix} i_f \tag{3-29}$$

4. 转子绕组的自感

虽然存在转子的凸极效应，但是这并不影响到转子励磁绕组自感 L_{ff}，因为它不随转子位置而变化。这里引入 L_{ff} 也仅仅是为了推导电动机转矩的方便。

3.2.3 电动机转矩方程

运用能量法得出交流永磁电动机运行时，电动机中的磁场储能为

$$W_m = \frac{1}{2} \sum_k i_k \Psi_k \qquad (k = A、B、C、f) \tag{3-30}$$

根据前面分析，有

$$W_m = \frac{1}{2} \sum_k i_k \Psi_k = \frac{1}{2} [\boldsymbol{i}_1^T \quad i_f] \cdot \begin{bmatrix} \boldsymbol{L}(\theta) & \boldsymbol{M}_{sf} \\ \boldsymbol{M}_{fs} & L_{ff} \end{bmatrix} \cdot \begin{bmatrix} \boldsymbol{i}_1 \\ i_f \end{bmatrix}$$

$$= \frac{1}{2}(\boldsymbol{i}_1)^T \cdot (\boldsymbol{L}(\theta)) \cdot (\boldsymbol{i}_1) + \frac{1}{2}(\boldsymbol{i}_1)^T \cdot (\boldsymbol{\psi}_{12}(\theta)) + \frac{1}{2}i_f(\boldsymbol{M}_{fs}) \cdot (\boldsymbol{i}_1) + \frac{1}{2}L_{ff}i_f^2$$

$$= \frac{1}{2}(\boldsymbol{i}_1)^T \cdot (\boldsymbol{L}(\theta)) \cdot (\boldsymbol{i}_1) + \frac{1}{2}(\boldsymbol{i}_1)^T \cdot (\boldsymbol{\psi}_{12}(\theta)) + \frac{1}{2}(\boldsymbol{\psi}_{12}(\theta))^T \cdot (\boldsymbol{i}_1) + \frac{1}{2}L_{ff}i_f^2$$

$$= \frac{1}{2}(\boldsymbol{i}_1)^T \cdot (\boldsymbol{L}(\theta)) \cdot (\boldsymbol{i}_1) + (\boldsymbol{i}_1)^T \cdot (\boldsymbol{\psi}_{12}(\theta)) + \frac{1}{2}L_{ff}i_f^2 \tag{3-31}$$

式中 $(\boldsymbol{L}(\theta))$——自感和互感矩阵；

$(\boldsymbol{\psi}_{12}(\theta))$——永磁磁链矩阵。

根据能量守恒定律，电动机运行时电源输送的净电能 dW_e 应等于电动机中磁场能量的增量 dW_m 加上电动机轴输出机械功率增量 dW_{mech}，即有

$$dW_e = dW_m + dW_{mech} \tag{3-32}$$

另外，$dW_e = \sum_k i_k (u_k - R_k i_k) dt = \sum_k i_k d\Psi_k$

$$dW_m \big|_{[i] = const} = \frac{1}{2} \sum_k i_k d\Psi_k = \frac{1}{2} dW_e \tag{3-33}$$

所以有

$$dW_{mech} = T_e d\theta_m = dW_e - dW_m \big|_{[i] = const} = \frac{1}{2} dW_e \tag{3-34}$$

式中 θ_m 为电动机的机械角位移, 它表明: 当外电源注入电动机的电流恒定时, 电动机磁场能量的增量与电动机输出机械功率分别等于电动机输入净电能的一半。

根据式 3-34 知道, 电磁转矩等于电流不变时磁场储能对机械角位移 θ_m 的偏导数。

$$T_e = \frac{dW_{mech}}{d\theta_m} = \frac{\partial W_m}{\partial \theta_m}\bigg|_{[i]=const} = n_p \cdot \frac{\partial W_m}{\partial \theta}\bigg|_{[i]=const} \tag{3-35}$$

式中 n_p——交流永磁电动机的极对数;

θ——电气角位移。进一步推导转矩, 有

$$\begin{aligned}
T_e &= n_p \cdot \frac{\partial W_m}{\partial \theta}\bigg|_{[i]=const} \\
&= n_p \frac{\partial\left(\frac{1}{2}(i_1)^T \cdot (L(\theta)) \cdot (i_1) + (i_1)^T \cdot (\psi_{12}(\theta)) + \frac{1}{2}L_{ff}i_f^2\right)}{\partial \theta}\bigg|_{(i)=const} \\
&= n_p \cdot \left(\frac{1}{2}(i_1)^T \cdot \frac{\partial(L)}{\partial \theta} \cdot (i_1) + (i_1)^T \cdot \frac{d(\psi_{12}(\theta))}{d\theta}\right) \tag{3-36}
\end{aligned}$$

综合式 (3-26)、(3-36), 交流永磁电动机的电磁转矩可以表示为

$$\begin{aligned}
T_e = &-n_p \cdot \begin{bmatrix} i_A & i_B & i_C \end{bmatrix} \cdot \begin{bmatrix} -L_{s2}\sin 2\theta & M_{s2}\sin 2(\theta+30°) & M_{s2}\sin 2(\theta+150°) \\ M_{s2}\sin 2(\theta+30°) & -L_{s2}\sin 2(\theta-120°) & M_{s2}\sin 2(\theta-90°) \\ M_{s2}\sin 2(\theta+150°) & M_{s2}\sin 2(\theta-90°) & -L_{s2}\sin 2(\theta+120°) \end{bmatrix} \cdot \begin{bmatrix} i_A \\ i_B \\ i_C \end{bmatrix} \\
&+ \frac{n_p}{\omega}\begin{bmatrix} i_A & i_B & i_C \end{bmatrix} \cdot \begin{bmatrix} e_{rA}(\theta) \\ e_{rB}(\theta) \\ e_{rC}(\theta) \end{bmatrix} \tag{3-37}
\end{aligned}$$

式中, ω 为电动机的电角频率 (rad/s), e_{rA}、e_{rB}、e_{rC} 分别是电动机旋转时, 永磁体在定子绕组中产生的反电动势。上述公式中的第一部分转矩对应着磁阻转矩, 第二部分转矩是永磁体与定子电流作用产生的永磁转矩, 该转矩公式对 PMSM 和 BLDCM 都适用。

对于正弦波磁场分布的 PMSM, 公式 3-3 中的永磁磁链可以表示为下式。

$$(\psi_{12}(\theta)) = \begin{bmatrix} \psi_{fA}(\theta) \\ \psi_{fB}(\theta) \\ \psi_{fC}(\theta) \end{bmatrix} = \psi_f \begin{bmatrix} \cos(\theta) \\ \cos(\theta-120°) \\ \cos(\theta-240°) \end{bmatrix} \tag{3-38}$$

注意, 公式 3-38 中的 Ψ_f 指的是定子相绕组中永磁磁链的峰值。公式 3-37 的转矩公式就可以表示为

$$\begin{aligned}
T_e = &-n_p \cdot \begin{bmatrix} i_A & i_B & i_C \end{bmatrix} \cdot \begin{bmatrix} -L_{s2}\sin 2\theta & M_{s2}\sin 2(\theta+30°) & M_{s2}\sin 2(\theta+150°) \\ M_{s2}\sin 2(\theta+30°) & -L_{s2}\sin 2(\theta-120°) & M_{s2}\sin 2(\theta-90°) \\ M_{s2}\sin 2(\theta+150°) & M_{s2}\sin 2(\theta-90°) & -L_{s2}\sin 2(\theta+120°) \end{bmatrix} \cdot \begin{bmatrix} i_A \\ i_B \\ i_C \end{bmatrix} \\
&- n_p\psi_f \begin{bmatrix} i_A & i_B & i_C \end{bmatrix} \cdot \begin{bmatrix} \sin(\theta) \\ \sin(\theta-120°) \\ \sin(\theta-240°) \end{bmatrix} \tag{3-39}
\end{aligned}$$

3.2.4　运动方程

根据牛顿第二定律知道电动机运动平衡方程式为

$$T_e - T_1 = \frac{J}{n_p} \frac{\mathrm{d}\omega}{\mathrm{d}t} \tag{3-40}$$

式中　J——整个机械负载系统折算到电动机轴端的转动惯量($\mathrm{kg \cdot m^2}$);

　　　T_1——折算到电动机轴端的负载转矩($\mathrm{N \cdot m}$)。

综上,交流永磁电动机的电压矩阵方程(式 3-1)、磁链方程(式 3-2、3-3、3-26)和转矩方程(式 3-37)、运动方程(式 3-40)共同组成了交流永磁电动机的一般化动态数学模型。从中可以看出,交流永磁电动机在 ABC 坐标系中的数学模型非常复杂,它具有非线性、时变、高阶、强耦合的特征。为了便于对电动机的运行过程进行深入分析,必须对其进行简化。

3.2.5　基于 MATLAB 的转矩公式分析

本部分内容采用 MATLAB 软件对三相静止坐标系中的电动机转矩公式进行仿真分析。首先将公式 3-37 稍作整理,然后在 MATLAB 命令窗口中逐步键入如下命令(这里以磁阻转矩为例):

```
clear
whos
syms ia ib ic st2;
whos
```

上述语句中第一句清空变量,第二句观察现有变量(应该是没有变量了),第三句定义符号变量用以推导转矩公式,第四句再次观察工作空间的变量,出现如下结果:

name	size	bytes	class	attributes
ia	1x1	60	sym	
ib	1x1	60	sym	
ic	1x1	60	sym	
st2	1x1	62	sym	

可以看出,工作空间中已经出现了 4 个符号变量,其中 st2 表示公式 3-37 中的 2θ,ia、ib、ic 分别表示三相定子电流。然后根据公式 3-37,键入如下命令(公式简化中暂时忽略电动机的极对数与电感等常量):

te1 = − [ia ib ic] * [− sin(st2)　sin(st2 + 60/180 * pi)　sin(st2 + 300 * pi/180);　sin (st2 + 60/180 * pi)　− sin(st2 − 240 * pi/180)　sin(st2 − 180 * pi/180);　sin(st2 + 300 * pi/180)　sin(st2 − 180 * pi/180)　− sin(st2 + 240 * pi/180)] * [ia; ib; ic]

此时,MATLAB 中会出现如下结果,MATLAB 尚未对其进行化简。

te1 =

ib * (ic * sin(st2) − ia * sin(pi/3 + st2) + ib * sin(st2 − (4 * pi)/3)) − ia * (ib * sin(pi/3 + st2) − ia * sin(st2) + ic * sin((5 * pi)/3 + st2)) + ic * (ib * sin(st2) − ia * sin((5 * pi)/3 + st2) + ic * sin((4 * pi)/3 + st2))

然后,键入如下命令:

simple(te1)

随后 MATLAB 界面中出现了采用各种方法（如 simplify、radsimp、simplify(100)、com-bine(sincos)、combine(sinhcosh)、combine(ln)、factor、expand、combine、rewrite(exp)、collect(st2)等）进行简化的结果，在最末端出现最终默认结果，如下：

ans =

sin(st2) * ia^2 − 2 * sin(pi/3 + st2) * ia * ib + 2 * cos(pi/6 + st2) * ia * ic + cos(pi/6 + st2) * ib^2 + 2 * sin(st2) * ib * ic − sin(pi/3 + st2) * ic^2

这个公式已经是比较简单了。然后我们开始新的分析过程，键入如下命令：

clear

whos

syms st2 bt ima

ia = ima * cos(bt)

ib = ima * cos(bt − 120 * pi/180)

ic = ima * cos(bt − 240 * pi/180)

此时，可以看到命令窗口中会出现如下结果，这说明 MATLAB 已经接受了这几个符号变量。

ia =

ima * cos(bt)

ib =

ima * cos(bt − (2 * pi)/3)

ic =

ima * cos(bt − (4 * pi)/3)

上述指令的含义是让三相定子电流为对称三相正弦电流，相电流的峰值为 ima。然后键入如下命令：

te1 = sin(st2) * ia^2 − 2 * sin(pi/3 + st2) * ia * ib + 2 * cos(pi/6 + st2) * ia * ic + cos(pi/6 + st2) * ib^2 + 2 * sin(st2) * ib * ic − sin(pi/3 + st2) * ic^2

在 MATLAB 接受转矩变量以后，再键入如下化简命令：

simple(te1)

同样，在采用各种方式简化后，出现了最终的结果：

$$ans = −(9 * ima^2 * sin(2 * bt − st2))/4 \tag{3-41}$$

依据式 3-41，在上述三相定子电流下，最终的转矩公式从 3-39 可以变换成下式：

$$T_e = −\frac{9}{4}n_p L_{s2} i_{ma}^2 \sin 2(\beta − \theta) + \frac{3}{2}n_p \psi_f i_{ma} \sin(\beta − \theta) \tag{3-42}$$

通过前述一系列 MATLAB 的化简推导与变换，三相对称正弦电流供电下，PMSM 的转矩公式还是比较简单的。需要注意的是公式中的电流与磁链均是指的相变量的峰值。在后面进一步简化后，还需要将前后的转矩公式在一起进行对比，以便深入理解各变量与相关公式。

图 3-2 左侧与图 3-3 下方文字简单说明了该图中的电流产生的转矩为 0，这是因为图中所示相电流波形对应的 β 与 θ 刚好是同相位的，所以图中的定子电流都是励磁电流，不能产

生转矩。公式 3-42 可以很好地解释这一点。为了输出转矩，电动机相电流的相位必须发生变化，以出现产生转矩的电流分量，即后面 3.4 节中所述的 i_q 电流分量。

3.3 坐标变换

在对交流电动机数学模型进行化简的过程中，需要引入不同的坐标系，并将某些物理量在不同坐标系之间进行变换，这就是坐标变换。常用的坐标系如图 3-5 所示。图 3-5a 是一个由 ABC 三个坐标轴构成的三相静止坐标系，它就是图 3-1 中的三相 ABC 定子坐标系(3s 坐标系)，每个坐标轴上有一个等效绕组。图 3-5b 是一个静止的两相平面直角坐标系(2s 坐标系)，其中 α 轴与图 3-5a 中的 A 轴线重合，β 轴超前 α 轴 90°，同样两个坐标轴(α 与 β)上分别各有一个绕组。图 3-5c 给出的是一个以速度 ω 旋转的平面直角坐标系(2r 坐标系)，两个坐标轴(d 与 q，其中 q 轴超前 d 轴 90°)上也分别各有一个绕组。

可以设想：如果电动机的定子三相绕组可以采用图 3-5c 中的绕组等效，并且 dq 坐标系与转子坐标系(图 3-1a 中的 dq 坐标系)重合的话，那么 dq 轴上新的定子绕组与转子就相对静止，它们之间的互感也就不会与转子位置 θ 有关系了，电感矩阵将会得到极大地简化。下面分析三种坐标系中的绕组如何等效，同时分析不同坐标系绕组中的物理量(电压、电流等)之间如何进行等效变换。

图 3-5 不同坐标系及绕组的示意图
a) 3s 坐标系 b) 2s 坐标系 c) 2r 坐标系

电动机内的气隙磁场是进行电磁能量传递的媒介，定、转子间能量的传递正是通过气隙磁场进行的。不同类型的绕组进行变换时，需要保证它们产生的总磁动势不变。只有遵守这一原则，才能保证电动机能量转换关系不变。

图 3-5a 中三相对称定子绕组的每相匝数均为 N_3，那么三相绕组产生的磁动势空间矢量在静止坐标系中采用复数可以表示为

$$f_{3s}^{2s} = N_3 \left(i_A + i_B e^{\frac{2\pi}{3}} + i_C e^{\frac{4\pi}{3}} \right) \tag{3-43}$$

上式中 f_{3s}^{2s} 的下角标 3s 表示该磁动势由 3s 坐标系绕组产生，上角标 2s 表示描述该磁动势的坐标系，这里即是两相静止 αβ 坐标系。本书变量中上角标的含义与此相同。

图 3-5b 中两相静止绕组的每相绕组匝数为 N_2，两相绕组产生的磁动势空间矢量为

$$f_{2s}^{2s} = N_2 \left(i_\alpha + i_\beta e^{j\frac{\pi}{2}} \right) \tag{3-44}$$

图 3-5c 中两相旋转绕组的每相绕组匝数为 N_2，两绕组产生的磁动势空间矢量为

$$f_{2r}^{2s} = N_2 \left(i_d + i_q e^{j\frac{\pi}{2}} \right) \cdot e^{j\theta} \tag{3-45}$$

令 ABC 绕组、$\alpha\beta$ 绕组产生的磁动势相等，即

$$f_{3s}^{2s} = f_{2s}^{2s} \tag{3-46}$$

可以推导出下式：

$$\left(i_\alpha + i_\beta e^{j\frac{\pi}{2}} \right) = \frac{N_3}{N_2} \left(i_A + i_B e^{j\frac{2\pi}{3}} + i_C e^{j\frac{4\pi}{3}} \right) \tag{3-47}$$

上式中，通常取 $N_3/N_2 = 2/3$，这样推导的三相电流与两相电流的幅值是相等的。采用其他的变换系数也是可行的，不过各物理量之间进行坐标变换时较容易弄错，在第 4 章的末尾将会对此通过 MATLAB 仿真进一步对比说明。此时根据式 3-47 推出 3s 坐标系中 ABC 绕组的电流与 2s 坐标系中 $\alpha\beta$ 绕组的电流之间的变换矩阵分别为式 3-48 和式 3-49。

$$C_{3s \to 2s} = \frac{2}{3} \begin{pmatrix} 1 & -1/2 & -1/2 \\ 0 & \sqrt{3}/2 & -\sqrt{3}/2 \end{pmatrix} \tag{3-48}$$

$$C_{2s \to 3s} = \begin{pmatrix} 1 & 0 \\ -1/2 & \sqrt{3}/2 \\ -1/2 & -\sqrt{3}/2 \end{pmatrix} \tag{3-49}$$

可以进行验算，$C_{3s \to 2s} \cdot C_{2s \to 3s}$ 是一个二维单位矩阵；$C_{2s \to 3s} \cdot C_{3s \to 2s}$ 的结果虽然不是三维单位矩阵，但是对于三相三线系统中的一组变量（电压、电流、磁链等），若满足三相变量之和等于 0，其坐标变换结果与三维单位矩阵是等效的。物理量在经过两次变换后均能够保持不变——这样的变换才是正确的。

根据 $\alpha\beta$ 绕组与 dq 绕组产生的磁动势相等，有

$$f_{2s}^{2s} = f_{2r}^{2s} \tag{3-50}$$

可以推导出下式

$$i_\alpha + i_\beta e^{j\frac{\pi}{2}} = i_d e^{j\theta} + i_q e^{j\frac{\pi}{2}} \cdot e^{j\theta} \tag{3-51}$$

根据上式推导出的 2s 坐标系中 $\alpha\beta$ 绕组的电流与 2r 坐标系中 dq 绕组的电流之间的变换矩阵为

$$C_{2r \to 2s} = \begin{pmatrix} \cos\theta & -\sin\theta \\ \sin\theta & \cos\theta \end{pmatrix} \tag{3-52}$$

$$C_{2s \to 2r} = \begin{pmatrix} \cos\theta & \sin\theta \\ -\sin\theta & \cos\theta \end{pmatrix} \tag{3-53}$$

上述的变换关系表明，如果不同坐标系中绕组的电流满足上述变换公式，那么它们产生的磁动势是等效的，遵循了该原则的绕组变换才是有意义的。

3.4　dq 转子坐标系的 PMSM 动态数学模型

3.2 节中分析的 PMSM 动态数学模型是建立在三相静止坐标系的，其中的电感矩阵非常复杂，这是因为三相定子绕组之间的耦合情况与转子的位置密切相关。采用坐标变换可以将该数学模型变换到任意一个两相坐标系中，这样，耦合情况有可能会得到简化。如果选取的两相坐标系是将 d 轴始终定位在转子磁极轴线上的转子坐标系的话，电感矩阵将会简化为常数，数学模型得到极大简化。

3.4.1　dq 坐标系 PMSM 动态数学模型推导

根据 3.3 节的推导，可以利用下述的变换矩阵将 ABC 坐标系中三相静止定子绕组的电流变量变换到 dq 转子坐标系中两相旋转绕组中的电流变量：

$$\begin{bmatrix} i_d \\ i_q \end{bmatrix} = \boldsymbol{C}_{2s\to2r} \cdot \boldsymbol{C}_{3s\to2s} \cdot \begin{bmatrix} i_A \\ i_B \\ i_C \end{bmatrix} \tag{3-54}$$

采用上述坐标变换原理，可以把交流电动机不同的绕组变换为同一个坐标系（dq 坐标系）中的绕组。电动机的电压、磁链等物理量的变换矩阵与上述的电流变换矩阵相同。这样就可以将上一节中复杂的数学模型进行化简，得到下面的永磁同步电动机的数学模型。

1. 定子电压方程

$$\begin{aligned} u_d &= R_1 i_d + p\psi_d - \omega\psi_q \\ u_q &= R_1 i_q + p\psi_q + \omega\psi_d \end{aligned} \tag{3-55}$$

式中　ω——转子旋转电角速度；

p——微分算子。该式可以描述为式 3-56 的矢量形式。

$$\boldsymbol{u}_1^{2r} = R_1 \cdot \boldsymbol{i}_1^{2r} + p\,\boldsymbol{\psi}_1^{2r} + j\omega\,\boldsymbol{\psi}_1^{2r} \tag{3-56}$$

以电压为例，如下式所示，矢量由其实部与虚部共同构成。

$$\boldsymbol{u}_1^{2r} = u_d + ju_q \tag{3-57}$$

2. 定子磁链方程

$$\begin{aligned} \psi_d &= \psi_f + L_d i_d \\ \psi_q &= L_q i_q \end{aligned} \tag{3-58}$$

由于 PMSM 转子永磁体产生的是正弦分布磁场，所以当该磁场变换到转子坐标系以后仅与定子绕组中的 d 绕组匝链（即上式中的 ψ_f 项——一相定子绕组中永磁磁链的幅值），而与 q 绕组没有匝链（BLDCM 则不同）。式 3-58 也可以表述为式 3-59 的矩阵形式和式 3-60 的矢量形式。

$$\boldsymbol{\psi}_1^{2r} = \left[\boldsymbol{L}\right]^{2r} \cdot \boldsymbol{i}_1^{2r} + \boldsymbol{\psi}_f^{2r} \tag{3-59}$$

$$\boldsymbol{\psi}_1^{2r} = (L_d i_d + jL_q i_q) + (\psi_f + j0) \tag{3-60}$$

3. 电磁转矩方程

$$T_e = 1.5 n_p (\psi_d i_q - \psi_q i_d) \tag{3-61}$$

4. 运动平衡方程

$$T_e - T_1 = \frac{J}{n_p} \frac{\mathrm{d}\omega}{\mathrm{d}t}$$

3.4.2　基于 MATLAB 的 PMSM 数学模型化简

1. 三相 ABC 坐标系中对称电流变换到 dq 坐标系电流

在 MATLAB 命令窗口中键入如下命令:

```
clear
whos
syms st bt ima
ia = ima * cos( bt)
ib = ima * cos( bt – 120 * pi/180)
ic = ima * cos( bt – 240 * pi/180)
c2s2r = [ cos( st) sin( st) ; – sin( st) cos( st) ]
c3s2s = 2/3 * [ 1 – 0.5 – 0.5; 0 sqrt( 3)/2 – sqrt( 3)/2 ]
idq = c2s2r * c3s2s * [ ia; ib; ic]
```

其中 st 为转子位置电角度，bt 为定子 A 相电流的电角度，对 idq 进行简化。

```
simple( idq)
```

最后在 MATLAB 中可以得到如下简化形式:

```
ans =
ima * cos( bt – st)
ima * sin( bt – st)
```

将此变换结果采用下式描述。

$$
\begin{aligned}
i_d &= i_{ma}\cos(\beta - \theta) \\
i_q &= i_{ma}\sin(\beta - \theta)
\end{aligned}
\tag{3-62}
$$

从上式中可以看出，恒定的电流矢量变换到转子 dq 坐标系(速度恒定)后还是一个恒定的旋转电流矢量，其幅值没有变化，只不过在原来的相角中减去 dq 坐标系的相角。如果电流矢量旋转速度与 dq 坐标系旋转速度相等，那么式中的相角差(即 bt – st)是一个恒定值。此时，电流矢量在 dq 坐标系中变成了一个恒定的静止的电流矢量，它的两个分量均保持不变。如果可以控制相角差，那么电流的两个分量也就可以控制了。不过这两个电流分量的物理含义需要进一步深入理解。

2. 永磁体匝链到定子绕组的永磁磁链变换到 dq 坐标系

MATLAB 中命令如下:

```
clear
whos
syms st ff
ffa = ff * cos( st)
ffb = ff * cos( st – 120 * pi/180)
ffc = ff * cos( st – 240 * pi/180)
```

$\mathrm{c2s2r} = [\,\cos(\mathrm{st})\ \sin(\mathrm{st})\,;\ -\sin(\mathrm{st})\ \cos(\mathrm{st})\,]$

$\mathrm{c3s2s} = 2/3 * [\,1 - 0.5 - 0.5\,;\ 0\ \mathrm{sqrt}(3)/2 - \mathrm{sqrt}(3)/2\,]$

$\mathrm{fdq} = \mathrm{c2s2r} * \mathrm{c3s2s} * [\,\mathrm{ffa}\,;\ \mathrm{ffb}\,;\ \mathrm{ffc}\,]$

注意，永磁磁链的相位角和转子位置是同一个角，简化 fdq 后，结果如下所示：

simple(fdq)

ans =

ff

0

简化的最终结果如上式所示。可以看出匝链到定子绕组的正弦波永磁磁场在转子 dq 坐标系中的描述非常简单。它仅在 d 轴上有分量，且为一相定子绕组永磁磁链的幅值，q 轴上分量为 0。上述结果可以用下式描述

$$\boldsymbol{\psi}_{\mathrm{f}}^{2\mathrm{r}} = \begin{bmatrix} \psi_{\mathrm{fd}} \\ \psi_{\mathrm{fq}} \end{bmatrix} = \begin{bmatrix} \psi_{\mathrm{f}} \\ 0 \end{bmatrix} \tag{3-63}$$

3. 三相 ABC 坐标系 PMSM 数学模型中的电感矩阵变换到 dq 坐标系

在 dq 坐标系中，式 3-2 的矩阵描述为

$$(\boldsymbol{\psi}_1(\theta, i))^{2\mathrm{r}} = (\boldsymbol{\psi}_{11}(\theta, i))^{2\mathrm{r}} + (\boldsymbol{\psi}_{12}(\theta))^{2\mathrm{r}} \tag{3-64}$$

前面刚刚推导出下式：

$$(\boldsymbol{\psi}_{12}(\theta))^{2\mathrm{r}} = \begin{bmatrix} \psi_{\mathrm{fd}} \\ \psi_{\mathrm{fq}} \end{bmatrix} \tag{3-65}$$

下面着重对定子电流产生的定子绕组磁链部分进行变换，目标是下式中的电感矩阵 $(\boldsymbol{L})^{2\mathrm{r}}$。

$$(\boldsymbol{\psi}_{11}(\theta, i))^{2\mathrm{r}} = (\boldsymbol{L})^{2\mathrm{r}} \cdot (\boldsymbol{i}_1)^{2\mathrm{r}} \tag{3-66}$$

根据前述方法，对式 3-26 的两侧同时进行坐标变换，如下式所示。

$$(\boldsymbol{\psi}_{11}(\theta, i))^{2\mathrm{r}} = \boldsymbol{C}_{2\mathrm{s}\to2\mathrm{r}} \cdot \boldsymbol{C}_{3\mathrm{s}\to2\mathrm{s}} \cdot \begin{pmatrix} \boldsymbol{\psi}_{1\mathrm{A}}(\theta, i) \\ \boldsymbol{\psi}_{1\mathrm{B}}(\theta, i) \\ \boldsymbol{\psi}_{1\mathrm{C}}(\theta, i) \end{pmatrix} = \boldsymbol{C}_{2\mathrm{s}\to2\mathrm{r}} \cdot \boldsymbol{C}_{3\mathrm{s}\to2\mathrm{s}} \cdot (\boldsymbol{L})^{3\mathrm{s}} \cdot (\boldsymbol{i}_1)^{3\mathrm{s}}$$

$$= \boldsymbol{C}_{2\mathrm{s}\to2\mathrm{r}} \cdot \boldsymbol{C}_{3\mathrm{s}\to2\mathrm{s}} \cdot (\boldsymbol{L})^{3\mathrm{s}} \cdot \boldsymbol{C}_{2\mathrm{s}\to3\mathrm{s}} \cdot \boldsymbol{C}_{2\mathrm{r}\to2\mathrm{s}} \cdot (\boldsymbol{i}_1)^{2\mathrm{r}} = (\boldsymbol{L})^{2\mathrm{r}} \cdot (\boldsymbol{i}_1)^{2\mathrm{r}} \tag{3-67}$$

显然，目标电感矩阵 $(\boldsymbol{L})^{2\mathrm{r}}$ 应该按下式进行计算：

$$(\boldsymbol{L})^{2\mathrm{r}} = \boldsymbol{C}_{2\mathrm{s}\to2\mathrm{r}} \cdot \boldsymbol{C}_{3\mathrm{s}\to2\mathrm{s}} \cdot (\boldsymbol{L})^{3\mathrm{s}} \cdot \boldsymbol{C}_{2\mathrm{s}\to3\mathrm{s}} \cdot \boldsymbol{C}_{2\mathrm{r}\to2\mathrm{s}} \tag{3-68}$$

式 3-68 中的电感矩阵 $(\boldsymbol{L})^{3\mathrm{s}}$ 即是式 3-26 中的电感矩阵。在 MATLAB 中键入如下命令逐步进行分析：

clear

whos

syms st ls0 ls2 ms0

$\mathrm{c2s2r} = [\,\cos(\mathrm{st})\ \sin(\mathrm{st})\,;\ -\sin(\mathrm{st})\ \cos(\mathrm{st})\,]$

$\mathrm{c2r2s} = [\,\cos(\mathrm{st})\ \ -\sin(\mathrm{st})\,;\ \sin(\mathrm{st})\ \cos(\mathrm{st})\,]$

$\mathrm{c3s2s} = 2/3 * [\,1 - 0.5 - 0.5\,;\ 0\ \mathrm{sqrt}(3)/2 - \mathrm{sqrt}(3)/2\,]$

c2s3s = [1 0; -0. 5　sqrt(3)/2; -0. 5 -sqrt(3)/2]

l3s = [ls0 -ms0 -ms0; -ms0 ls0 -ms0; -ms0 -ms0 ls0] + ls2 * [-cos(2 * st) cos(2 * st +60/180 * pi) cos(2 * st +300 * pi/180); cos(2 * st +60/180 * pi)　-cos(2 * st -240 * pi/180) cos(2 * st -180 * pi/180); cos(2 * st +300 * pi/180) cos(2 * st -180 * pi/180)　-cos(2 * st +240 * pi/180)]

12r = c2s2r * c3s2s * 13s * c2s3s * c2r2s

然后继续进行简化，如下：

simple(l2r)

MATLAB 中简化的最终结果如下：

ans =

[ls0 -(3 * ls2)/2 + ms0,　　　　　　　0]

[0,　　　　　　　　　　　ls0 +(3 * ls2)/2 + ms0]

参考式 3-14、3-22，该结果描述为

$$L_{d} = L_{s0} + M_{s0} - 3/2L_{s2} = L_{1} + 3/2L_{AAd}$$
$$L_{q} = L_{s0} + M_{s0} + 3/2L_{s2} = L_{1} + 3/2L_{AAq}$$

（3-69）

所以前面分析的目标矩阵$(\boldsymbol{L})^{2r}$就可以表示为

$$(\boldsymbol{L})^{2r} = \begin{bmatrix} L_{d} & 0 \\ 0 & L_{q} \end{bmatrix}$$

（3-70）

4. 三相 ABC 坐标系与 dq 坐标系中电磁转矩公式对比

由于转矩公式非常复杂，这里仅针对三相对称正弦定子电流下的电动机转矩公式对比，前面已经给出了化简后的转矩公式，见式 3-42。dq 坐标系中转矩分析如下：

$$T_{e} = 1.5n_{p}(\psi_{d}i_{q} - \psi_{q}i_{d}) = \frac{3}{2}n_{p}\{(\psi_{f} + L_{d}i_{d})i_{q} - L_{q}i_{q}i_{d}\}$$

$$= \frac{3}{2}n_{p}\{(\psi_{f} + L_{d}i_{ma}\cos(\beta - \theta))i_{ma}\sin(\beta - \theta) - L_{q}i_{ma}\sin(\beta - \theta)i_{ma}\cos(\beta - \theta)\}$$

$$= \frac{3}{2}n_{p}\left\{\psi_{f}i_{ma}\sin(\beta - \theta) + \frac{i_{ma}^{2}}{2}(L_{d} - L_{q})\sin2(\beta - \theta)\right\}$$

（3-71）

对比一下，可以发现公式 3-61 与公式 3-42 完全吻合，转矩公式变换前后保持了一致。当然，式 3-61 形式上更为简单一点，使用频率较多。

必须强调的是：公式 3-61 与 3-71 中的永磁磁链指的是一相定子绕组中永磁磁链的幅值，公式中的 dq 轴电流在三相坐标系与两相坐标系的变换中采用了式 3-48 与 3-49，即这里的电流指的是定子绕组相电流的幅值。当然，也可以采用其他的变换，但是如果上述变量和变换矩阵的使用不统一，那么建立的模型就是错误的，是自相矛盾的，也就无法用来对电动机进行正确的分析。

3.4.3　PMSM 等效电路图

图 3-6 与图 3-7 分别给出了 PMSM 在 d 轴与 q 轴上的动态等效电路，电压方程与磁链方程都体现在电路中。

图 3-6　PMSM 的 d 轴动态等效电路

图 3-6 的 d 轴等效电路中定子侧有旋转电动势（为转子电角速度与 q 轴磁链乘积），另外转子侧有励磁电流，气隙磁场由永磁体与定子 d 轴电枢反应磁场共同构成。

图 3-7 的 q 轴等效电路中定子侧有旋转电动势（为转子电角速度与 d 轴磁链乘积），q 轴气隙磁场为 q 轴定子电枢反应磁场。

当电动机运行于稳态时，dq 轴的电流、磁链与电压均是恒定的直流量，公式 3-55、3-56 中的磁链微分项为 0。所以稳态下，图 3-6 与图 3-7 中虚线两端都处于等电位上。

图 3-7　PMSM 的 q 轴
动态等效电路

3.5　电动机矢量图

交流永磁同步电动机运行特性的分析往往要借助矢量图，矢量图有助于清楚、直观、定性地对各物理量的变化规律及它们之间的相互关系进行分析。下面将永磁同步电动机的磁动势空间矢量与电动势时间矢量画在同一张图上，图 3-8 中根据电动机惯例，磁通滞后于感应电动势 90° 电角度。

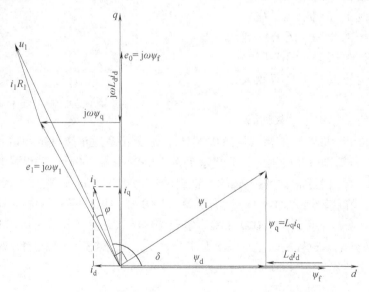

图 3-8　凸极永磁电动机时空矢量图（$i_d < 0$）

凸极转子结构在同步电动机中应用较为广泛，但是由于凸极电动机的气隙不均匀，这使得相同的电枢电流在交轴 q 与直轴 d 上产生的电枢反应是不相同的，加大了分析的难度。应用双反应定理可以有效地解决这个问题：将电枢反应分解成交轴与直轴分量后分别分析，如图 3-8 所示。

转子永久磁钢在主磁路中产生气隙磁场。当定子交流绕组中通过电流 i_1 时将产生电枢反应。将定子电流矢量变换到转子坐标系中并分解成 i_d 与 i_q，它们各自产生 d 轴与 q 轴上的电枢反应。矢量图中定子电压矢量 u_1 与定子电流矢量 i_1 之间的电角度 φ 为功率因数角。图 3-8 所示矢量图为 PMSM 在一般运行情况下的矢量图，图中的定子电流矢量 i_1 存在转矩电流分量 i_q 与励磁电流分量 i_d（图中此时为去磁效果）。但是可以通过电流的闭环控制，使图中的 φ 角控制为 0，即功率因数恒定为 1 的运行工况；也可以使图中的定子电流矢量定位在 q 轴上（即 $i_d = 0$），如图 3-9 所示，这样控制较为简单，一般在隐极电动机中应用较多。

图 3-8 与图 3-9 的本质不同在于 i_d 的不同。在图中可以看出，转子旋转产生的定子绕组反电动势是相同的，去磁电流 i_d 的存在可以使电动机对定子绕组端电压 u_1 的需求大大降低。一方面可以使电动机在更高速度下运行；另一方面较大的电压裕量使得电动机电流的可控性大大提高；再者，从电动机的转矩公式中可以看出（对于凸极 PMSM，有 $L_d < L_q$），此时的磁阻转矩为正，即去磁电流提高了电动机的转矩输出能力。总之，去磁电流 i_d 的存在更加有利于电动机在高速区域的运行。

在电压型逆变器供电永磁电动机变频调速系统的控制中，要注意逆变器输出电压的限制，还要注意逆变器输出电流的限制，这些限制条件对电动机运行的工况会有较大影响。

图 3-9　凸极永磁电动机时空矢量图（$i_d = 0$）

这里给出了一台峰值功率 88kW 的永磁同步电动机参数：定子相电阻为 0.004Ω，定子相绕组永磁磁链峰值 0.055Wb，电动机极对数为 4，折算到电动机轴的转动惯量 J 为 0.048kgm²，定子绕组相漏电感为 20μH，d 轴励磁电感 88μH，q 轴励磁电感 300μH，额定转速为 4000r/min，额定功率为 42kW，额定转矩为 100Nm，峰值转矩为 210Nm。另外，MATLAB 提供的仿真实例中的 100kW 永磁同步电动机的参数为：定子相电阻为 0.0083Ω，定子相绕组永磁磁链峰值为 0.071Wb，电动机极对数为 4，折算到电动机轴的转动惯量 J 为 0.1kg/m²，定子绕组 d 轴电感 174μH，q 轴电感为 293μH，额定转速为 4700r/min，峰值转矩为 256Nm。

小　结

　　本章首先介绍了理想化的 PMSM 的物理模型，然后从基本电磁关系出发，推导了 PMSM 的动态数学模型，包括定子绕组电压方程、定子绕组磁链方程、电磁转矩方程和运动方程。书中借助于 MATLAB 软件，对众多公式进行了推导与化简。

　　由于数学模型较为复杂，通过引入坐标变换的概念，改变问题分析的角度，可以推导出 dq 转子坐标系中的 PMSM 动态数学模型。PMSM 的等效电路图与时空矢量图是分析电动机工作特性的两个有用工具。

　　附录 A 给出了在两相静止坐标系中的 PMSM 的数学模型，读者可以利用坐标变换矩阵和 MATLAB 自行推导。

　　【一种人生，就是一道独特的风景线】

　　【换个角度看问题，问题很容易；换个心态看人生，人生很多彩】

　　【珍惜自己已经拥有的，努力争取实现新的目标】

练　习　题

　　1. 在 PMSM 的数学模型中，如何考虑电动机的磁路饱和？

　　2. 在本章给出的电动机数学模型使用的角度中，哪些是电角度，哪些是机械角度？

　　3. PMSM 的 d 轴电感 L_d、q 轴电感 L_q 的含义是什么？异步电动机中为何不需要区分？

　　4. 电励磁与永磁体励磁的同步电动机的 d、q 轴电感的特点有何不同，由此产生的磁阻转矩的特性又有何不同？

　　5. PMSM 在三相与两相的坐标变换中，需要注意什么？

　　6. 在电动机的时空矢量图中，在不弱磁与弱磁两种方式下，请定性分析 PMSM 的工作性能有何不同？

第4章 PMSM 的 MATLAB 仿真建模

4.1 MATLAB/SIMULINK 简介

MATLAB 是 MATrix LABoratory(矩阵实验室)的缩写,是一款由美国 MathWorks 公司开发的商业数学软件。MATLAB 是一种用于算法开发、数据可视化、数据分析以及数值计算的高级计算语言和交互式环境。除矩阵运算、绘制函数/数据图像等常用功能外,MATLAB 还可以用来创建图形用户界面(Graphics User Interface,GUI)、调用其他语言(包括 C、C++ 和 FORTRAN 等)编写的程序。

MATLAB 的基本数据单位是矩阵,它的指令表达式与数学、工程中常用的形式十分相似,故用 MATLAB 来解算问题要比用 C、FORTRAN 等语言完成相同的事情简捷得多。此外 MATLAB 语言简洁紧凑,使用方便灵活,库函数极其丰富。MATLAB 程序书写形式自由,利用丰富的库函数避开繁杂的子程序编程任务,压缩了很多不必要的编程工作。

MATLAB 大家庭有许多成员,包括应用程序开发工具、工具箱(Toolbox)、数据存取工具、状态流图(Stateflow)、模块集(Blocksets)、代码生成工具等。其中,应用程序开发工具包括 MATLAB 编译器、C/C++ 数学库、MATLAB Web 服务器、MATLAB 运行服务器,这些工具可以建立和发布独立于 MATLAB 环境的应用程序。工具箱实际上是一些高度优化且面向专门应用领域的函数集合,软件提供的工具箱可支持的领域有信号和图像处理、控制系统设计、最优化、金融工程、符号数学、神经网络等,其最大特点是开放性,几乎所有函数都是用 MATLAB 语言写成的(只有少数工具箱的某些函数是使用 C 语言写成的动态库函数),因而可以直接阅读和加以改写,用户也可以自行开发适合特定领域的工具箱。数据存取工具提供了从外部数据源获取数据的简捷途径,这些数据源包括外部硬件和外部数据库(与 ODBC 等兼容)。状态流图是一个专门针对事件驱动系统建模和设计的图形化模拟环境。模块集是面向应用领域的模块(SIMULINK 的基本单位)的集合,这些模块可以直接用于 SIMULINK 模型中。代码生成工具可以从 SIMULINK 模型或状态流图中产生可定制的 C 和 Ada 代码,以便实现快速原型和硬件在线模拟。

MATLAB 系统由 MATLAB 开发环境、MATLAB 数学函数库、MATLAB 语言、MATLAB 图形处理系统和 MATLAB 应用程序接口(API)五大部分构成。

(1)开发环境

MATLAB 开发环境是一套方便用户使用的 MATLAB 函数和文件工具集,其中许多工具是图形化用户接口。它是一个集成的用户工作空间,允许用户输入输出数据,并提供了 M 文件的集成编译和调试环境,包括 MATLAB 桌面、命令窗口、M 文件编辑调试器、MATLAB 工作空间和在线帮助文档。

(2)数学函数库

MATLAB 数学函数库包括了大量的计算算法。从基本算法如加法、正弦,到复杂算法如矩阵求逆、快速傅里叶变换等。

（3）语言

MATLAB 语言是一种高级的基于矩阵/数组的语言，它有程序流控制、函数、数据结构、输入/输出和面向对象编程等特色。

（4）图形处理系统

图形处理系统使得 MATLAB 能方便地图形化显示向量和矩阵，而且能对图形添加标注和打印。它包括强大的二维与三维图形函数、图像处理和动画显示等函数。

（5）应用程序接口

MATLAB 应用程序接口（API）是一个使 MATLAB 语言能与 C、Fortran 等其他高级编程语言进行交互的函数库。该函数库的函数通过调用动态链接库（DLL）实现与 MATLAB 文件的数据交换，其主要功能包括在 MATLAB 中调用 C 和 Fortran 程序，以及在 MATLAB 中与其他应用程序建立客户、服务器关系。

本书采用仿真软件 MATLAB R2009a 版本对永磁同步电动机进行仿真建模，软件界面如图 4-1 所示。

图 4-1　MATLAB 软件界面

SIMULINK 是一个对动态系统（包括连续系统、离散系统和混合系统）进行建模、仿真和综合分析的集成软件包，是 MATLAB 的一个附加组件，其特点是模块化操作、易学易用，而且能够使用 MATLAB 提供的丰富资源。在 SIMULINK 环境中，用户不仅可以观察现实世界中非线性因素和各种随机因素对系统行为的影响，而且也可以在仿真进程中改变感兴趣的参数，实时地观察系统行为的变化。因此，目前 SIMULINK 已成为控制工程领域的通用软件，而且在许多其他的领域（如通信、信号处理、电力、金融、生物系统等）也获得了重要应用。

和 MATLAB 的其他组件相比，SIMULINK 的一个突出特点就是它完全支持图形用户界面（GUI），这样就极大地方便了用户的操作。用户只需要进行简单的拖拽操作就可以构造出复杂的仿真模型，它的外观以框图的形式来呈现，而且采用分层结构。从建模的角度来看，这种方法可以让用户将主要的精力放在具有创造性的算法和模块结构的设计上，而不用把精力放在算法的具体实现上。从分析研究的角度来看，SIMULINK 模型不仅可以让用户知道具体环节的动态细节，而且还可以让用户清晰地了解到各系统组件、各子系统、各系统之间的信息交换。

SIMULINK 启动方式有以下几种：在 MATLAB 的命令窗口（command window）中从键盘键入 simulink（小写，注意 MATLAB 软件环境对字母的大小写敏感）后回车；用鼠标左键单击图 4-1 中的 SIMULINK 按钮。

图 4-2　SIMULINK 软件包界面

启动 SIMULINK 后，会弹出图 4-2 所示的 SIMULINK 库浏览器（Library Browser）。左上方的 SIMULINK 库中包含了众多的子库，其中有常用模块（Commonly Used Blocks）、时间连续模块(Continuous)、时间不连续模块(Discontinuities)、时间离散模块(Discrete)、逻辑与位运算模块(Logic And Bit Operations)、查表模块(Lookup Tables)、数学运算模块(Math Operations)、模型验证模块(Model Verification)、模型扩展实用工具(Model-Wide Utilities)、端口与子系统模块(Ports & Subsystems)、信号属性模块(Signal Attributes)、信号连接模块(Signal Routing)、输入模块(Sinks)、输出模块(Sources)、用户定义函数模块(User-Defined Functions)、补充数学与离散模块(Additional Math & Discrete)。读者完全可以在实际操作中熟悉这些模块,其功能不再详细解释。

如果 MATLAB 软件安装的工具箱比较完整的话,在图 4-2 的界面中可以看到与 SIMULINK 处于并列位置的其他工具箱,如常用的控制系统工具箱(Control System Toolbox)、与 TI 公司 DSP 开发软件 CCS 相链接的嵌入式开发环境(Embedded IDE link CC)、模糊逻辑控制工具箱(Fuzzy Logic Toolbox)、神经网络工具箱(Neural Network Toolbox)、电力系统仿真库(SimPowerSystems)、物理建模仿真库(Simscape)、辅助的 SIMULINK 模块库(SIMULINK Extras)、状态流图工具箱(Stateflow)、系统辨识工具箱(System Identification Toolbox)等等。

在 SIMULINK 中对永磁同步电动机进行仿真建模通常可以采用以下三种方法:

1) 使用 SIMULINK 库里已有的分立模块进行组合来搭建电动机模型,该方法思路清晰、简单、直观,但需要调用较多的模块,连线较多且不利于查错(尤其是复杂的数学模型)。因此本方法一般较适用于简单的、小规模系统的仿真建模。如果利用它提供的 from 与 goto 模块代替连线,可以大大减少连线出错。

2) 用 S 函数(S-Function)模块构造模型。该方法建模接近数学解析表达式,容易修改,方式灵活。这种模型处理能力强,可以方便地构建极其复杂的连续、离散动态系统和对采样时间有较高要求的模型,非常适合 PMSM 的分析。

3) 使用 SIMULINK 内部提供的 PMSM 模型,它包含在电力系统仿真库(SimPowerSystems)的电动机库(Machines)中。这种方法简单、方便,适于快速构建永磁同步电动机调速系统。但由于模型已经封装好,不能随意进行修改,同时也不方便研究 PMSM 内部变量之间的关系。另外,SimPowerSystems 中的模块性质与 SIMULINK 中模块性质是不同的,因此它们之间的连线需要经过特别的接口模块(如受控电压源 (Controlled Voltage Source)、受控电流源(Controlled Current Source)、电压检测模块(Voltage Measurement)、电流检测模块(Current Measurement)等才能顺利建模。

下面分别对三种建模方法进行详细阐述。

4.2　基于分立模块的 PMSM 仿真建模

SIMULINK 的子模块库——连续(Continuous)模块的子库中有传递函数(Transfer Fcn)和状态空间方程(State-Space)模块,可用来方便地搭建线性多输入多输出系统。根据 PMSM 的 dq 轴数学模型(式 3-55、式 3-58、式 3-61)可以看出 PMSM 系统为高阶、非线性、多输入多输出系统,所以传递函数模块不适用于这里。PMSM 模型只能用其他分立模块实现,打包封装后的仿真模型见图 4-3a,其内部结构图如图 4-3b 所示。

图 4-3b 中的电动机模型建立在电动机转子 dq 旋转坐标系,图中 abc2dq 子系统利用转子位置角将三相静止坐标系的正弦电压变换到 dq 坐标系;PMSM_nons 利用电动机的电压

a)　　　　　　　　　　　　　　　　　　　b)

图 4-3　基于分立模块的 PMSM 模型

a)打包封装后的模块　b)双击模块后显示的内部结构图

方程、磁链方程、转矩方程、运动方程对电动机进行建模，根据 dq 坐标系的电压与负载转矩求解出电动机的转速、转矩、定子电流的 dq 轴分量和转子位置角。

图 4-4 给出了 abc2dq 子系统的内部结构图，里面采用了一个 Mux 模块将 4 个输入信号合成为一个；然后采用两个函数模块（Fun）进行 ABC 坐标系到 dq 坐标系的旋转变换（输出为 ud 与 uq）。图 4-5 给出了双击 PMSM＿nons 子系统后出现的参数设置对话框界面，通过该界面可以直接对电动机的电感、电阻、磁链、极对数、转动惯量等参数以及电动机电流、转速、位置的初始值进行设置。

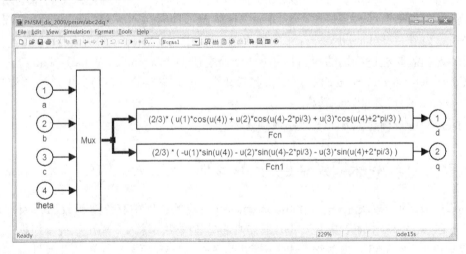

图 4-4　abc2dq 内部结构图

图 4-6 给出了 PMSM＿nons 子系统的内部结构图，可以将鼠标右键单击 PMSM＿nons 子系统，然后在菜单中选择 Look Under Mask，即可出现该界面。

图 4-5　PMSM_nons 对话框

　　附录 B 给出了采用分立模块搭建的永磁同步电动机仿真模型，可以看出，图中用来进行变量传递的连线太多，不太容易检查与纠错。在图 4-6 中，为避免出现众多连线的交叉，使用了 SIMULINK 模块库的信号连接（Signal Routing）子库下的信号跳转（Goto）模块和信号接收（From）模块进行变量值的传递。整个模型分为 4 个区域：输入部分、输出部分、计算部分和电动机参数输入部分。计算部分包括 5 个子系统（Subsystem）：i_d 计算（calculate id）子系统、i_q 计算（calculate iq）子系统、ω 计算（calculate wr）子系统、T_e 计算（calculate te）子系统、θ 计算（calculate theta）子系统。请参考本书 412 页将本例中 goto 模块中的变量作用范围设置为 global。

　　i_d 计算（calculate id）子系统：

　　由式 3-55 和式 3-58 可以推出 i_d 的导数为

$$\frac{\mathrm{d}i_d}{\mathrm{d}t} = \frac{u_d}{L_d} + \frac{L_q}{L_d}\omega i_q - \frac{1}{L_d}R_1 i_d \tag{4-1}$$

　　上式经过积分环节可得出 i_d。这个过程在 SIMULINK 中可以用如图 4-7 的形式实现。图中使用了 SIMULINK 连续模块（Continuous）子库中的积分（Integrator）模块。

　　同理可以得出其他计算子系统的模型，分别如图 4-8、图 4-9、图 4-10 和图 4-11 所示。需要提醒的是图 4-10 中计算的是机械角速度。

图 4-6   PMSM＿nons 内部结构图

图 4-7 i_d 计算(calculate id)子系统内部图

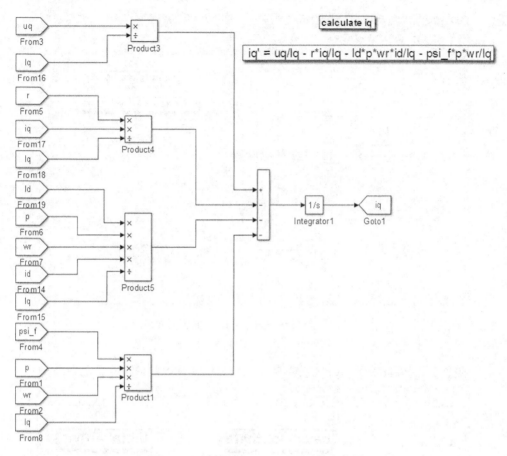

图 4-8 i_q 计算(calculate iq)子系统内部图

图 4-9 T_e 计算(calculate te)子系统内部图

图 4-10　ω 计算(calculate wr)子系统内部图

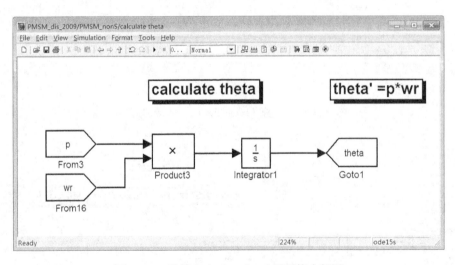

图 4-11　θ 计算(calculate theta)子系统内部图

图 4-12 将 dq 坐标系的定子电流变换到三相 ABC 静止坐标系中，并且通过 mux 模块后合成一个信号输出。

图 4-13 给出了 PMSM_nons 模块的封装与变量相互传递的对应关系图。图 4-3a 中 PMSM_nons 子系统封装(mask)过程出现的变量编辑界面如图 4-13 右上角界面所示。图 4-6 中的 Constant 常数模块如图 4-13 左上角所示，双击后出现对话框见图 4-13 左下角界面，Constant 的数据来源于电动机参数输入对话框(图 4-13 右下角，PMSM_nons 在封装完毕后，当鼠标双击该模块后即会出现此对话框)，并输出到分解(Demux)模块分解信号以后输出到各个信号跳转(Goto)模块，以用于各子系统的模型中。

图 4-12　dq2abc 子系统内部结构图

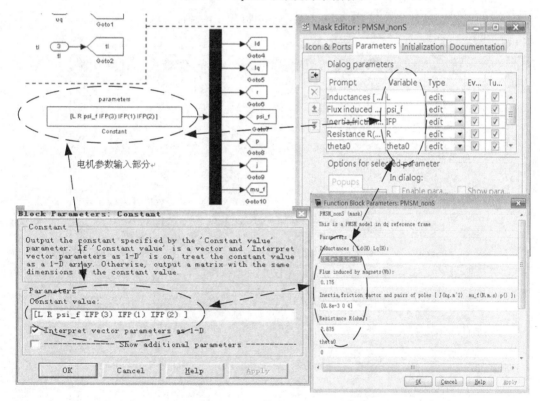

图 4-13　电动机参数对应关系图

　　针对图 4-3a 的电动机模块，采用恒压恒频的正弦交流电驱动该电动机，仿真程序如图 4-14 所示。

　　图 4-14 中的正弦波模块(Sine Wave)的参数设置如图 4-15 所示，图 4-16 给出了电动机的负载转矩设置对话框。图 4-17 给出了仿真时间 1 秒内的仿真波形图，从上到下分别为电动机的机械角速度(rad/s)、电动机转矩(Nm)、dq 轴电流(A)、三相 abc 电流(A)。

图 4-14　正弦波供电仿真程序界面

图 4-15　输出三相正弦波信号的参数设置

图 4-16　电动机负载转矩设置

图 4-17　仿真波形图

4.3　基于 S-Function 的 PMSM 仿真建模

S-Function 是 MATLAB 系统函数(System Function)的简称，是指采用非图形化的方式(即计算机语言，区别于 SIMULINK 的系统模块)描述的一个功能块。用户可以采用 MATLAB 代码、C、C++、FORTRAM 或 Ada 等语言编写 S 函数。S 函数由一种特定的语法构成，用来描述并实现连续系统、离散系统以及混合系统等动态系统；S 函数能够接受来自 SIMULINK 求解器的相关信息，并对求解器发出的命令做出适当的响应，这种交互作用非常类似于 SIMULINK 系统模块与求解器的交互作用。

S 函数作为 MATLAB 与其他语言相结合的接口，可以使用各种编程语言提供的强大能力。例如，MATLAB 语言编写的 S 函数可以充分利用 MATLAB 提供的丰富资源，方便地调用各种工具箱函数和图形函数；使用 C 语言编写的 S 函数可以方便地实现对操作系统的访问，如实现与其他进程的通信和同步等。

S 函数模块位于 SIMULINK 模块库的用户自定义函数(User-Defined Functions)子库下，使用 S 函数可以方便地构建 SIMULINK 模型。

采用 S-Function 函数模块来实现 PMSM 的仿真建模，与前一种方法的区别仅仅是在图 4-3b 中的 PMSM _ nons 子系统的内部结构，如图 4-18 所示。其中的 S 函数模块中使用了 PMSMdq.m 的 S 函数，双击图中的 s 函数模块，出现图 4-19 所示的参数设置对话框，里面除了对 S 函数的函数源文件进行设置，还需要以数组形式设置 S 函数使用的参数：[L R psi _ f IFP(3) IFP(1) IFP(2)]，[id0, iq0, wr0, theta0]。

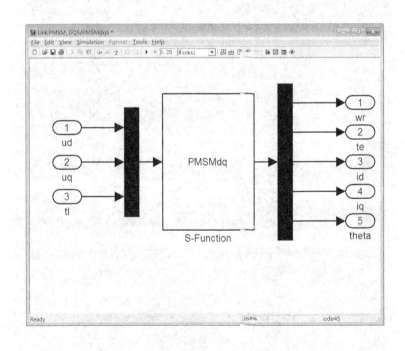

图 4-18　S 函数对 PMSM 建模的内部结构图

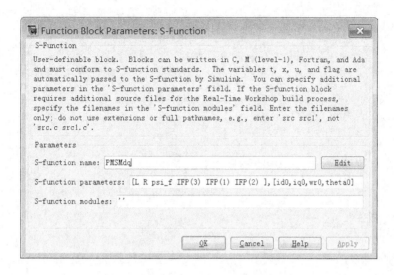

图 4-19　S 函数参数设置对话框

为使用方便，把图 4-18 的模型建成子系统，同时为方便输入电动机的各项参数，使用封装子系统(Mask Subsystem)功能建立接口变量，如图 4-20 所示。封装后的子系统被鼠标左键双击后会提供电动机参数输入的对话框，如图 4-21 所示。

图 4-20　封装图 4-18 的参数对话框

图 4-21　电动机参数输入对话框

SIMULINK 在每个时间步(time step)内会多次调用 S 函数, 每次调用时通过传入标志(flag)参数通知 S 函数分别进行模块初始化、变量输出和状态变量的更新等任务。从附录 C 的程序中可以看出模型主要使用了标志(flag): 0、1、3。当 flag 为 0 时, S 函数执行初始化部分; 当 flag 为 1 时, S 函数计算连续状态变量的微分值; 当 flag 为 3 时, S 函数执行程序的输出部分。

由于 PMSM 模型包含 4 个一阶微分方程, 可以选择 i_d、i_q、ω、θ 4 个变量为状态变量, S 函数内容详见附录 C。该函数的输入依次为:

t: 时间;

x: 状态变量;

u: 输出;

flag: 标志变量;

parameters: 电动机的参数, 与图 4-19 中的参数设置对话框相对应;

x0_in: 状态变量初始设定值, 如图 4-19 所示。

函数的输出依次为:

sys: 系统变量, 同一时间步中, 在不同标志(flag)下的 sys 含义不同;

x0: 状态变量初始值;

str: SIMULINK 保留位置, 默认设置为空;

ts：S 函数的采样时间（Sample Time），用于离散系统。

上述 S 函数的 PMSM 数学模型是建立在 dq 旋转坐标系中的，因此输入的电压也必须是旋转坐标系的变量，使用到的变换矩阵同图 4-4。

4.4　基于 SimPowerSystems 的 PMSM 仿真建模

在 MATLAB 环境下，打开 SIMULINK 后，可以找到电力系统库（SimPowerSystems）工具箱，在电动机（Machines）子库下可以找到永磁同步电动机模块（Permanent Magnet Synchronous Motor），如图 4-22 所示。鼠标左键单击浏览库（SIMULINK library browser）上的新建文件后，出现一个新的 mdl 文档界面，用鼠标左键将电动机模块拖放到 mdl 文档界面中，如图 4-23 所示。图中还从同一个子库中拖出了电动机的测量模块（Machines Measurement Demux）到 mdl 文档中。

图 4-22　SimPowerSystems 在 SIMULINK 位置

图 4-24a 给出了双击图 4-23 中电动机模块后出现的界面，在 configuration 中对电动机的总体概况进行设置，例如图中显示的是正弦波反电动势的永磁电动机（sinusoidal）；机械端口的输入为转矩（Torque Tm）。在图 4-24b 的 parameters 中可以设置电动机的定子电阻（stator

图 4-23　在一个 mdl 图形文档界面中放置 PMSM 模块

phase resistance Rs)、dq 轴电动机电感(inductance)、电动机的磁场参数(永磁磁链、电动机常数或者转矩常数三种方式可以选择其一)、电动机的转动惯量(inertia)、摩擦系数(friction factor)和极对数(pole pairs)、电动机旋转机械角速度(wm)、机械角位置(thetam)和电流(ia, ib)的初始条件。

有关电动机磁场参数的设置解释如下：第一种方式是永磁体在定子相绕组中产生的磁链峰值 K_1(Wb)，第二种方式是电动机被原动机拖动在 1000r/min 速度下时的开路线电压的峰值 K_2(V/krpm)，第三种方式是峰值为 1A 的定子电流产生的电动机转矩 K_3(Nm/A)，它们之间的关系是：$K_2 = K_1 \times n_p \times \sqrt{3} \times 1000/9.55$，$K_3 = K_1 \times n_p \times 3/2$，其中的 n_p 是电动机的极对数。

研究 SIMULINK 提供的模型帮助文档可知，定子三相绕组在内部连接至中性点(即星型连接)，且中性点没有外接连线。图 4-23 电动机模型的第一个输入 T_m 是等效到电动机转轴处的机械负载转矩，后三项(A、B、C)为定子绕组的外部接线端。若输入的负载转矩大于零，则模型为电动机；若输入的负载转矩小于零，则模型为发电动机。

图 4-23 电动机模块的输出 m 包含了多个变量(如电动机的电压、电流、转速等变量)，这需要连接一个合适的测量模块——电动机测量模块，如图 4-23 右侧模块所示。双击该模块后，出现图 4-25 所示的参数设置对话框。在其中首先需要选择待测量的电动机类型，这里选择 Permanent Magnet Synchronous。然后选择待输出的信号(选择不同的电动机类型会出现不同的输出信号与电动机类型相对应)。待测量的信号共有 13 个：

1-3：定子 A、B、C 三相的相电流，单位为 A；

4-5：q 轴、d 轴电流，单位为 A；

6-7：q 轴、d 轴电压，单位为 V；

8-10：检测电动机转子位置的 Hall 传感器信号(图 4-26 给出了 Hall 传感器信号与电动机三相绕组反电动机波形之间的关系)；

11：转子机械角速度，单位为 rad/s；

12：转子机械角位置，单位为 rad；

13：电磁转矩，单位为 Nm。

a)

b)

图 4-24　电动机模块的参数设置

a)电动机总体概况设置　b)电动机具体参数设置

图 4-25 所示的是仅仅选择了定子 qd 轴电流、转子机械角速度和电动机的电磁转矩。

图 4-25　电动机测量模块测量的信号

以正弦波反电动机为例，图 4-26 给出了电动机测量模块提供的 A 相 Hall 信号与电动机 A 相定子绕组的永磁磁链、定子绕组的 A 相反电动势、AB 线反电动势之间的关系曲线。图中的角度是通常方式定义的电角度(0 度表示转子 d 轴与 A 轴线重合)。注意 SimPowerSystems 中电动机测量模块提供的转子电角度(机械角度乘以极对数)需要减去 90°才是通常定义的转子电角度。可以看出 AB 线反电动机与 Hall 信号是同相位的。

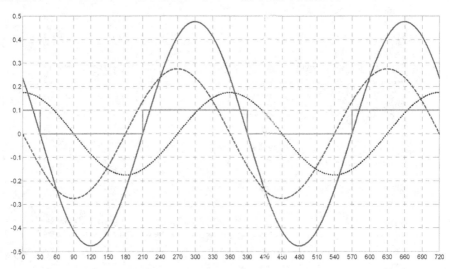

图 4-26　Hall 传感器信号与电动机各主要变量之间的关系

　　建模仿真时需要注意的是：SIMULINK 模块和 SimPowerSystems 的模块是不能直接连接在一起的，需要有中间转换接口。电力系统库中电源（Electrical Sources）子库下的受控电压源（Controlled Voltage Source）和受控电流源（Controlled Current Source）模块可以用来把 SIMU-LINK 信号转换为电力系统库中使用的电压和电流信号。电力系统库中测量模块（Measurements）子库下的各个测量模块可以把电压和电流信号转换为 SIMULINK 信号，然后与其他 SIMULINK 模块连接在一起，如图 4-27 所示的 Voltage Measurement 模块。

图 4-27　三相正弦电压供电的电力系统库中电动机的起动仿真程序

三相电压设置对话框如图 4-28 所示。

图 4-28　三相电压设置对话框

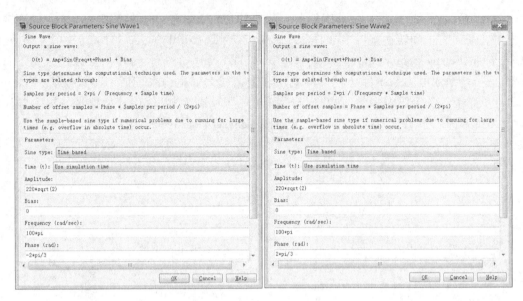

图 4-28　三相电压设置对话框(续)

4.5　仿真对比分析

4.5.1　正弦电压供电 PMSM 直接起动的仿真波形对比

下面对上述三种仿真模型在工频电网供电下 PMSM 直接起动过程进行对比分析和验证。

仿真用的电动机额定参数:额定电压为 220V(相电压有效值)、额定转速为 3000r/min、额定输出转矩为 3N·m,定子绕组电阻 R_1 为 2.875Ω,直轴电感 L_d 为 8.5mH,交轴电感 L_q 为 8.5mH,转子永磁体在定子绕组中产生的磁链 ψ_f 为 0.175Wb,机组转动惯量 J 为 0.0008kg·m²,转轴处摩擦系数 μ_f 为 0N·m·s,极对数 n_p 为 4。仿真中设置电动机 A、B、C 三相相电压分别为:

$$u_A = 220 \times \sqrt{2} \times \cos(100\pi t)$$
$$u_B = 220 \times \sqrt{2} \times \cos(100\pi t - 2\pi/3) \tag{4-2}$$
$$u_C = 220 \times \sqrt{2} \times \cos(100\pi t + 2\pi/3)$$

各仿真程序的设置如下:

(1)使用分立模块构建的 PMSM 模型(PMSM_nonS)构成的仿真程序

系统模型如图 4-14 所示。在仿真参数设置对话框(Simulation 菜单下的 Configuration Parameters)中设置仿真起始时间(Start time)为 0.0 秒,仿真停止时间(Stop time)为 1.0 秒。微分方程解算器选项(Solver options)中设置类型(Type)为可变步长(Variable-step),种类为 ode45s(Dormand-Prince),最大时间步长(Max step size)设置为 1e-5 秒,其他可保留为默认值。三相定子绕组的相电压由正弦波(Sine Wave)模块提供,运行仿真,用观察器(Scope)模块观察各项输出。

（2）使用 S 函数构建的 PMSM 模型（PMSMdqS）构成的仿真程序

仿真系统的模型与图 4-14 基本相同，只不过其中的 PMSM 模块采用了图 4-18 所示的 s 函数模块。运行仿真，用观察器（Scope）模块观察各项输出。

（3）使用电力系统中的 PMSM 模块构成的仿真程序

仿真程序如图 4-27 所示。在仿真参数设置对话框中设置仿真起始时间（Start time）为 0.0 秒，仿真停止时间（Stop time）为 0.2 秒。由于系统包含非线性因素（nonlinear element），所以微分方程解法选项（Solver options）中设置类型（Type）为可变步长（Variable-step），解算器种类为 ode15s（stiff/NFD），最大时间步长（Max step size）设置为 1e-5 秒，其他可保留为默认值。

三相定子绕组的端电压由三个如图 4-28 所示的正弦波（Sine Wave）模块提供，简单处理得到线电压后输入到受控电压源模块（图 4-27 中 Controlled Voltage Source 和 controlled Voltage Source1），然后作为电力系统库 PMSM 模块的输入。同时用电压测试模块（图中 vbc）测试 BC 之间的线电压。电动机输出的各项值用电动机测量分解模块（Machines Measurement Demux）输出到观察器（Scope）模块。

运行仿真，用观察器（Scope）模块观察电动机转速、电动机转矩、dq 轴定子电流的输出波形。

为了更好地对比分析三种不同建模方法的仿真结果，图 4-29 将三种建模方法放置在同一个 mdl 文件中。图中 Scope3 显示的仿真波形绘制在图 4-30 中。

图 4-29　三种建模方法同时仿真对比的模型

图 4-30 中的波形从上到下分别是电动机的转速 wr、电动机的电磁转矩 te、id 与 iq，可以看出图 4-30a、图 4-30b 中三种不同颜色的曲线基本完全重合，这说明建立的三种仿真模型是正确有效的。

图 4-30　正弦电压供电的 PMSM 仿真波形图

a) 1s 内的仿真波形　b) 前 0.2s 内的放大仿真波形

从图 4-30 中的仿真波形还可以看出，当工频电网供电时，在电动机起动的前期，电动机转速有很大的振荡，不过最终还是可以稳定在同步机械角速度 79rad/s ≈ 50 × 2π/4。这是因为电动机的转动惯量很小，转子速度可以较快地跟随同步速度，如果是惯量较大的电动机就不能顺利起动了。另外还可以看出，即便电动机可以起动，但是起动过程中速度存在很大的振荡，存在着一定程度的失步现象——这是因为定子磁场的频率太高，所以它与转子永磁体作用产生的加速转矩时正时负，但是平均转矩还是正的。为了获得更好的起动性能，可以在转子上加入阻尼绕组，形成异步起动同步电动机；或者采用变频起动，后面章节中结合磁场定向矢量控制技术和直接转矩控制技术深入研究 PMSM 的变频调速控制技术。

4.5.2　不同仿真模型仿真效率比较

SIMULINK 内有性能统计工具(Profiler)，可以用来统计模型各个部分的仿真用时，为优化模型计算代码、提高模型仿真效率提供参考。下面利用该工具比较前述三种模型的仿真效率。

选中 SIMULINK 工具(Tools)菜单下的性能统计工具(Profiler)，然后运行仿真，仿真完成后 SIMULINK 会生成网页格式的统计报告，并自动在帮助浏览器(Help Browser)窗口中打开。

根据性能统计工具(Profiler)帮助文件的说明，系统仿真过程中使用的伪码(pesudocode)表示如下：

```
Sim( )                              % 仿真开始。
    ModelInitialize( )              % 模型初始化。
    ModelExecute( )                 % 执行模型计算代码。
        Output( )                   % 计算各个模块在 t 时刻的输出
        Update( )                   % 更新各个模块的状态变量的微分值
        Integrate                   % 根据状态变量的微分值计算积分值
        Compute states from derivs by repeatedly calling：
            MinorOutput( )          % 根据微分方程解法种类不同，
        Locate any zero crossings by repeatedly calling：
            MinorOutput( )          % 定位仿真过程中出现的"零值穿越"，
            MinorZeroCrossings( )       % 即状态快速变化点
        EndIntegrate
        Set time t = tNew.          % 设置新时间，进入下一个时间步。
    EndModelExecute
    ModelTerminate
EndSim                              % 仿真结束。
```

从中可以看到，仿真运行时 SIMULINK 首先要进行模型的初始化，由于模块的输出可能需要其他模块的输入，所以初始化过程中需根据各模块的连接情况和各模块的计算代码，确定仿真模型各模块的计算顺序。模型初始化完成后开始按顺序执行各子模块的计算代码。

仿真的比较结果见表 4-1。需要注意的是，由于仿真时运用了性能统计工具(Profiler)，所以仿真总耗时比正常仿真情形下用时更长，但可用来比较不同仿真模型的效率。还需注意仿真速度受中央处理器频率和操作系统任务调度的影响，多次统计结果可能略有变化。

表 4-1　各种模型仿真参数设置

建模方法	4.2		4.3		4.4
微分方程解算器种类	ode15s (stiff/NFD)	ode45s (Dormand Prince)	ode15s (stiff/NFD)	ode45s (Dormand Prince)	ode15s (stiff/NFD)
微分方程解法类型	Variable step	Variable step	Variable step	Variable step	Variable step

（续）

建模方法	4.2		4.3		4.4
Max step size	1e-5	1e-5	1e-5	1e-5	1e-5
Relative tolerance	1e-3	1e-3	1e-3	1e-3	1e-3
Start time	0.0	0.0	0.0	0.0	0.0
Stop time	0.25	0.25	0.25	0.25	0.25
仿真总用时/s	13	29.87	5.34	12.62	12.28

从表 4-1 可以看出 S 函数模块仿真用时最少，效率最高。所以 S 函数是 SIMULINK 中一种比较好的建模方法，效率高，使用灵活，方便修改，适用于大型、复杂系统建模。

4.5.3　不同变换矩阵系数的影响

在交流电动机控制中，经常将电压、电流等物理量在各种常见的坐标系中进行变换。其中两相静止与两相旋转之间的坐标变换不涉及矩阵系数的问题，而三相坐标系与两相坐标系之间的变换需要使用 2/3 与 $\sqrt{2/3}$、$\sqrt{3/2}$ 等系数，必须清楚它们之间的关系，否则建立的仿真模型就是错误的，"仿真"变成了"仿假"，这就完全失去了仿真分析的意义。

在第 3 章的式 3-3 坐标变换以及电动机数学模型的简化中采用的三相坐标系与两相坐标系的变换矩阵（式 3-48 与式 3-49）重新列写如下：

$$C_{3s \to 2s} = \frac{2}{3} \begin{pmatrix} 1 & -1/2 & -1/2 \\ 0 & \sqrt{3}/2 & -\sqrt{3}/2 \end{pmatrix} \tag{4-3}$$

$$C_{2s \to 3s} = \begin{pmatrix} 1 & 0 \\ -1/2 & \sqrt{3}/2 \\ -1/2 & -\sqrt{3}/2 \end{pmatrix} \tag{4-4}$$

在式 3-4 中曾经分析过，采用式 4-3 与式 4-4 进行变换，得到的两相变量与三相变量的幅值是相同的。所以变换前后的相电流幅值没有什么变化。同理，磁链以及电压的幅值没有变化。所以变换后，两相绕组电动机模型的功率只有三相电动机的 2/3，故而其功率以及转矩的计算中需要额外添加一个系数 3/2。

除此之外，还有一种称为功率守恒变换的变换矩阵在很多参考书中也可以看到，其变换矩阵见式 4-5 与式 4-6。可以进行验算，在经过 $C_{2s \to 3s} \cdot C_{3s \to 2s}$ 与 $C_{3s \to 2s} \cdot C_{2s \to 3s}$ 的变换后，物理量也能够保持不变，故而也是可行的。但需要注意的是两个矩阵的系数与式 4-3 和式 4-4 均不同。以电动机的相电流为例，采用式 4-5 计算两相电流，幅值会变为三相电流的 $\sqrt{3/2}$ 倍。同理，电压和电流以及磁链均为三相的 $\sqrt{3/2}$ 倍。那么两相绕组电动机模型的功率以及转矩就与三相绕组的对应相等，因而转矩和功率的公式中就无需再乘系数 3/2。

$$C_{3s \to 2s} = \sqrt{\frac{2}{3}} \begin{pmatrix} 1 & -1/2 & -1/2 \\ 0 & \sqrt{3}/2 & -\sqrt{3}/2 \end{pmatrix} \tag{4-5}$$

$$C_{2s\to3s} = \sqrt{\frac{2}{3}}\begin{pmatrix} 1 & 0 \\ -1/2 & \sqrt{3}/2 \\ -1/2 & -\sqrt{3}/2 \end{pmatrix} \tag{4-6}$$

上述的分析必须注意，否则所谓的 PMSM 仿真模型就会有误，无法得出正确结果。简单总结一下，如果采用变换矩阵式 4-3 与式 4-4，那么电动机的电流、电压、磁链（包括永磁磁链）都是相变量的幅值，并且转矩公式中出现 3/2。如果采用变换矩阵式 4-5 与式 4-6，那么电动机的电流、电压、磁链（包括永磁磁链）都是相变量幅值的 $\sqrt{3/2}$ 倍，并且转矩公式中不会出现 3/2。

注意到上述的不同后，两种形式的坐标变换都可以采用，都可以得出正确的结果。

图 4-31 给出了采用不同变换矩阵对三相电压进行变换的结果，可以发现黄颜色曲线 1 和 3 对应的变换结果较曲线 2 和 4 的幅值更小，曲线 1 和 3 采用的是矩阵 4-3，曲线 2 和 4 采用的是矩阵 4-5。

图 4-31　三相到两相过程中两种变换的波形对比

　　图 4-32 给出了采用不同变换矩阵对两相电压进行变换的结果，可以发现黄颜色曲线 1、3、5 对应的变换结果较曲线 2、4、6 的幅值更大，曲线 1、3、5 采用的是矩阵式 4-4，曲线 2、4、6 采用的是矩阵式 4-6。

图 4-32　两相到三相的变换过程中两种变换的波形对比

　　图 4-33 给出了两种电动机模型的仿真结果，黄颜色曲线 1、3、5、7 对应的是正确电动机模型；红颜色 2、4、6、8 对应的电动机模型中的电压变换矩阵为式 4-5，转矩公式中系数为 1，但是永磁磁链没有修改，仍为相绕组永磁磁链的幅值。可以发现仿真结果是不同的，这就说明，后者没有正确设置的电动机模型是错误的。图 4-34 则进行了相应的修正，可以

发现两种颜色的曲线重叠在一起，这说明两种模型都是正确的。

另外，读者可能会发现——即便是错误的设置，最后系统还是稳定的，这是为何？根据以上的分析，就相当于电动机的永磁磁链减小为正确值的 $\sqrt{2/3}$。在一定的条件下，系统还是可以稳定运行的，只不过已经是另外一个电动机了。为了和负载转矩相平衡，电动机的 i_q、i_q 都略大一些（电流工作点已经不正确了）。进一步说明，如果读者采用了错误的模型进行电动机调速系统的闭环控制，该系统有可能最后是稳定的，仿真也不会出现问题。但是电动机的实际电流工作点已经偏离了期望工作点。当重新设置永磁磁链后，两种模型的仿真结果又一致了，如图 4-34 所示。

图 4-33　错误的模型导致的仿真问题

图 4-34　两种正确建模得到的仿真波形

小　　结

本章首先介绍了 MATLAB 软件的特点，然后分别详细阐述了如何采用 SIMULINK 分立模块、S 函数以及 SimPowerSystems 库对 PMSM 进行仿真建模，最后采用三种方法对 PMSM 的工频电网供电全压起动过程进行了仿真对比。

书中强调了 PMSM 数学公式在使用中容易犯的错误，请读者务必注意。

附录 B、C 中给出了采用 SIMULINK 分立模块以及 S 函数实现 PMSM 仿真建模的程序。

练　习　题

1. 在三相静止坐标系与两相静止坐标系的坐标变换中，采用不同系数变换矩阵的结果有何不同？如何正确使用它们？

2. 从图 4-33 中错误的仿真波形中可以看出，电动机也可以进入稳态运行，如何理解？

3. 采用本章仿真模型尝试对 42kW 的 PMSM 全压起动进行仿真，试分析电动机是否能够正常起动，为什么？

第 5 章 PMSM 的 JMAG 有限元分析模型

典型的电动机调速系统包括数字控制电路、电力电子功率变换装置、电动机、机械传动装置、系统控制软件以及各种测量与监控电路等部分。如果搭建实物系统进行试验研究，需要耗费大量的人力、物力以及时间成本，并且电动机中的某些参数难以测量。利用软件对调速系统进行计算机数字仿真，在研究的速度、可重复性、经济性等方面有较大优势，是目前研究电动机调速系统必不可少的重要技术手段之一。

传统的电动机仿真分析软件往往建立在电路模型基础上，较难以准确分析电动机的铁耗、磁场谐波、磁路饱和等性能，针对电磁场的有限元分析(Finite Element Method，FEM)可以对上述问题进行较准确的分析。目前，市场上已有 JMAG、ANSOFT、FLUX 等商用计算机仿真软件，本章以 JMAG 软件为例简要说明永磁同步电动机在电磁性能分析中的有限元模型。

5.1 JMAG 的功能与特点

JMAG 软件是日本 JSOL 公司开发的针对各种机电产品内的电磁场、热场、电场、结构场、多物理场等进行分析，从而考虑产品内部的电磁场分布、损耗分布、温升分布、结构变形、振动噪声等。目前，软件版本 V14，其包含的基础功能模块有前/后处理(PRE/POST)、2D/3D 静态电磁场分析(ST)、2D 瞬态电磁场分析(DP)、2D/3D 频域电磁场分析模块(FQ)、3D 瞬态电磁场分析模块(TR)、铁耗计算工具(LS)、3D 温度场分析(HT)、结构分析模块(DS)、静电场分析模块(EL)等，还包含实时仿真模块(RT)、母线电感计算工具(PI)、并行计算模块(PA2)、与 SPEED 软件接口模块(SPEED LINK)、变压器快速设计分析模块(TS)、电动机效率图计算工具(EFFICIENCY MAP)、电动机快速设计工具(JMAG EXPRESS)等。

JMAG 软件操作方便，能够实现电动机及其控制系统从初始设计到二维和三维有限元仿真、驱动和控制电路、控制算法的一体化仿真设计流程。二维和三维电磁场有限元分析模块具备强大方便的后处理功能，能获取任意点、线、面、体上的场量分布和数据，并可以用矢量图、云图、等位线、曲线图、EXCEL 或 TXT 文本等方式输出数据。瞬态场分析还能输出各种瞬态响应曲线，并可动画显示矢量、幅值、等位线等场量分布随时间或运动状态变化的情况。

如图 5-1 所示，JMAG 的操作界面把前/后处理与运算界面结合在一起，用户操作非常方便。JMAG DESIGNER 软件内部自带的电动机快速设计功能模块(JMAG EXPRESS)可以辅助工程人员设计电动机的初步方案。只需要输入简单的电动机性能的基本需求，如额定功率、电动机外径、输入电压、最大电流、最大转矩及转速范围等，EXPRESS 会自动给出较合理的电磁方案、电动机的基本性能曲线及部分参数，如转矩-转速曲线、转速-电流曲线、效率曲线、dq 轴电感参数、转矩系数等。

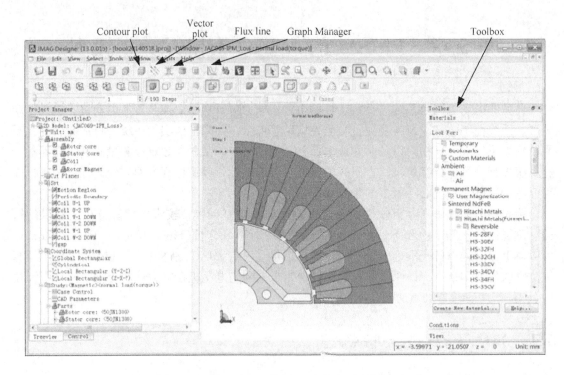

图 5-1　JMAG DESIGNER 软件界面

1. 简单高效的网格剖分

网格质量的好坏直接影响到最后结果的准确性，JMAG 提供了多种网格生成方式：手动剖分、自动剖分、自适应剖分、集肤效应剖分、叠片剖分和薄板剖分等，同时提供强大的三维自动拉伸剖分，还可以导入已经剖分好的外部网格文件等。

2. 灵活、多样的材料库

JMAG 包含七种类型的材料：空气（默认）、绕组、非磁性材料（例如鼠笼条，可以通过设置电阻率或者电导率考虑涡流效应）、各向同性电工钢材料（实心电磁钢，例如轴）、永磁体（可以考虑不同温度下的退磁影响）、各向同性电工钢叠片（可以设置叠层、叠装方向以及叠片系数）、各向异性电工钢叠片（例如变压器铁心）。

对于材料库中没有提供的材料，如铁粉材料、磁滞材料以及非常规型号等，用户可自行输入曲线数据，JMAG 均能据此进行仿真。

3. 强大的耦合计算功能

电动机是一个包含电磁、机械、热、噪声等的多物理场。最大限度模拟电动机实际物理变化过程是现代电动机分析的发展趋势。

JMAG 提供了强大的耦合计算功能，JMAG 本身包含温度场计算模块（稳态温度分布与瞬态运行时的温度分布和温升）和结构场计算模块（离心力分析、模态分析、振动分析、噪声分析等）。此外也可以与其他专业软件实施联合仿真，例如磁场分析/热分析、磁场分析/结构分析（如图 5-2 所示的 JMAG 与 Abaqus 耦合计算）、磁场分析/噪声分析、磁场分析/控制分析等，为电动机仿真构建了一个完善的系统仿真平台。

图 5-2　JMAG 与 Abaqus 耦合计算

4. 与绘图软件的接口

JMAG 提供多种格式的模型导入功能。常用格式有 DXF、GDF、SAT、IGES、NAS-TRAN、CATIA 等。特别是对于 SOLIDWORKS，JMAG 可以与其并行操作。

5. 与电动机设计软件的接口

（1）JMAG 自带的电动机设计模板 JMAG-EXPRESS

为了方便电动机的设计，JMAG 提供了很多电动机设计模板。有永磁无刷电动机、直流电动机、感应电动机、磁阻电动机等。只需输入电动机基本尺寸和定义材料参数，便可自动建立 JMAG 有限元模型。

（2）与 SPEED 软件的连接

SPEED 软件是英国格拉斯哥大学（University of GLASGOW）开发的基于磁路法的电动机设计软件。软件拥有多种电动机模板，可以快捷调节各种参数，计算时间迅速。但基于磁路法原理，其计算精度较为粗略。SPEED 开发的永磁电动机模型可以直接导入到 JMAG 软件进行进一步的有限元仿真分析。

6. 与驱动电路软件的接口

JMAG 自带的电路设置窗口含有绝大部分的电路元器件，如电阻、电感、电容、电源、绕组、整流-逆变器、电刷等，能够满足一般的驱动电路连接。JMAG 提供与专业电路仿真软件 PSIM、SIMULINK、PSPICE 的接口，进行实时仿真。

7. RT 模块

JMAG-RT 是 JMAG 有限元分析工具套件中的一部分。有限元与控制电路软件进行实时仿真，可以更准确地描述电动机的非线性特性，但是由于每一步都交换数据，仿真过程非常耗时。基于表格计算的原理使得 JMAG-RT 在保证准确度的前提下大大缩短仿真时间。

进行高级电动机驱动仿真时，工程师面临最大的挑战之一就是如何同时保证模型的仿真准确度和仿真步长时间。虽然基于常量参数的简单 dq 模型足以进行部分硬件在环（Hardware

In The Loop，HIL)测试，但高仿真准确度的模型在高级电动机驱动设计中很多时候是必需的，特别是在汽车和能源行业中非常常见。高准确度的有限元分析模型可用来对复杂、非理想行为进行仿真(如齿轮扭矩)，通过改善控制器的设计来减少转矩脉动；可以对大电流时的电动机电感变化进行仿真，大电流对电动机转矩的影响很大；还能用来测试控制器的性能优劣。

8. 拥有多个专题分析工具

主要的专题分析工具有铁损耗计算工具、电感计算工具等。

损耗是影响电动机效率的主要因素，其中除了导线中的电流发热损耗外，铁磁材料中的铁损耗占主要部分。因此，准确计算铁损耗具有非常重要的意义。JMAG 根据磁场计算后的电动机磁通密度分布，提供多种方法计算铁损耗，包括分别计算磁滞损耗与涡流损耗。

电感计算主要包括以下三个内容：

(1) 永磁电动机电感(PM INDUCTANCE)

基于有限元磁场交、直轴电感计算，由于考虑了材料的饱和特性及齿槽效应，计算结果具有较高的准确度。

(2) 绕组电感(COIL INDUCTANCE)

根据磁链计算结果，JMAG 可以计算绕组的自电感与互电感。需要指出的是由于绕组端部存在漏磁通，因此如果电动机轴向厚度较短或者电流较大磁通密度饱和时，二维模型的计算误差会增大。

(3) 导条电感(BUSBAR INDUCTANCE)

根据磁链计算结果，JMAG 可以计算导体的电感，包括自电感与互电感，并且考虑导体的趋肤效应。

电感计算工具如图 5-3 所示。

图 5-3　电感计算工具

a) IPM 电动机结构图　b) 交、直轴电感计算结果

9. 参数化工具(PARAMETRIC)

JMAG 的参数化分析(PARAMETRIC ANALYSIS)工具能够在特定的对话框中，通过定义几何形状或者条件参数，自动进行一系列近似计算，不需要重新设置材料和条件。通过结果的比较就可以发现方案的优劣。这一点对设计者来说尤为重要。

10. 脚本编程(SCRIPT)

使用 JMAG 的 SCRIPT 编程功能可以进一步提高软件操作的简易性与灵活性，并且可以满足某些特殊的要求，例如磁滞材料(多值磁滞特性)的模拟，特殊磁化方向(非同心圆充磁)的模拟。

1）调用预先编写好的 SCRIPT 程序，或者从以往操作历史中调用，能极大地提高工作效率。

2）定义变量，使用循环、条件、转移等功能语句。语法格式与 BASIC 类似。

3）利用 SCRIPT 可以依次进行前处理、过程操作、后处理的计算。

4）可以与参数化分析、自动分析、第三方软件进行嵌入式运算。

5）二次开发灵活。使用 JMAG 的 SCRIPT 编程功能可以进一步提高软件操作的简易性与灵活性，并且可以实现某些特殊的要求，例如磁滞材料(多值磁滞特性)的模拟，特殊磁化方向(非同心圆充磁)的模拟。

5.2 有限元分析的主要步骤与分析功能简介

应用 JMAG 软件建立电动机的有限元分析模型与分析主要包括如下步骤：创建几何模型、定义材料、定义条件、定义电路、网格剖分、求解与结果显示。

（1）模型建立

电动机几何模型的建立可以从外部的其他类型文件导入，可以采用自带的 GEOMETRY EDITOR 进行编辑，也可以通过 GEOMETRY LINK 及 MOTOR TEMPLATE 功能进行设置。

（2）定义材料(materials)

如图 5-4 所示，对定子铁心(叠片结构)硅钢片材料进行设置，右键快捷菜单选择 details 后可以显示右侧图中铁心的磁化特性曲线。

图 5-4 铁心材料设置界面

图 5-5a 给出了对永磁体充磁方式设置的对话框，图 5-5b 设置了 parallel pattern(circular direction)充磁方式的向外(outward)充磁与向内(inward)充磁方式，图 5-5c 设置了 radial pattern(circular direction)充磁方式的向外(outward)充磁与向内(inward)充磁方式。

图 5-5 永磁体的充磁方式设置

a) 对永磁体充磁方式设置的对话框 b) parallel pattern(circular direction)的两种充磁方式

c) radial pattern(circular direction)的两种充磁方式

(3) 定义条件(conditions)

这里需要对运动部件、运动边界、绕组等条件进行定义。图 5-6 给出了对运动部件的设置，名称为 rotor，移动方式为恒定转速旋转。

图 5-6 转子运动部件的设置

(4) 定义电路(circuit)

由于电动机的定子绕组需要与外电路进行电气联系，这里通过 circuit 的编辑界面进行设置，如图5-7a 所示。图中给出了三相星形连接绕组（图中的 star connection 模块）的外接电路，其中采用三相电流源（3-phase power supply）对绕组进行供电，并在三相端子上对相电压进行测试（图中的 voltage probe）。图 5-7b 中给出了软件提供的一些常用电气元器件。

a)　　　　　　　　　　　　　　　　b)

图 5-7　在 circuit 中绘制电路

（5）网格剖分（mesh）

图 5-8 针对 mesh 网格进行定义，Standard meshing 常用来对静止磁场进行分析，slide mesh motion 用来对运动/滑移边界进行网格剖分。

图 5-8　mesh 定义对话框

（6）求解（run）

鼠标右键单击需要运行的 study，在快捷菜单中选择位于最下方的 properties，出现图 5-9 左侧的步长设置（step control）、电路设置（circuit settings）等对话框。设置完毕后，在同样的右键快捷菜单中选择位于最上方的 Run active case，然后就开始了问题的求解。运行的监控界面如图 5-9 右图所示。

图 5-9　求解 run 运行界面

（7）结果显示（results）

在求解对话框设置中，系统默认对很多问题进行求解。在求解完成后，如图 5-10，右键单击图中的 results，会显示创建新的磁通密度云图（contour plot）、磁矢量图（vector plot）、磁力线图（flux line），右键单击 graphs，在快捷菜单中会出现转矩（torque）、洛伦兹力（lorentz force）、焦耳损耗（joule loss）、磁滞损耗（hysteresis loss）、电流（current）、电气功率（electric power）、电路电压（circuit voltage）、绕组的磁通（magnetic flux of fem coil）等可供显示的曲线。

图 5-10　曲线创建与显示快捷菜单

在快捷菜单中选择电路电压，然后出现图 5-11 所示电路端电压，本例中定子绕组开路，绘制的电压波形实际上是相绕组的空载反电动势波形。齿槽效应造成了反电动势峰值处明显的波动。

图 5-11　定子绕组空载反电动势波形

为了尝试对反电动势进行 FFT 分析，在 JMAG 主菜单中的 Tools 中单击 graph manager，随即出现图 5-12 左侧界面，参见图 5-12 右图的设置，然后单击左侧 Transform 中的 fourier transform 功能，出现了图 5-13 所示的分析结果。

图 5-12　graph manager 参数设置

在与 graph 平行的 table 选项卡中可以看到具体的分析数据，如图 5-13 右图所示。

图 5-14 绘制了磁力线分布图，左边的磁力线较少(默认设置 21 条)，右边的磁力线增加为 100 条。可以看到，图 5-14 右图中可以非常容易地看出磁通密度的分布稀疏情况。

图 5-13　空载反电动势的 FFT 分析结果

图 5-14　磁力线分布图

　　采用 model copy 功能显示完整的电动机磁力线图，如图 5-15 所示。图中标注了静止的三相定子绕组的轴线：A 轴、B 轴、C 轴与随转子永磁体同步旋转的 d 轴与 q 轴（A、B、C 与本书符号保持一致，软件中对应分别为 U、V、W）。

　　图 5-16 给出了磁通密度云图，不同的色彩表示了不同的磁通密度大小。

　　图 5-17 给出了转子旋转电角度 90°前后的两张磁矢量图。磁矢量图中标注的箭头方向，可以使我们更清楚地看到磁场的分布与变化情况。

　　图 5-18 给出了采用上述有限元模型分析的 PMSM 的转矩波形，可以看出，电动机的平均转矩为 1.84Nm。但是由于定子绕组齿槽的存在，出现了明显的转矩脉动。

图 5-15　完整的电动机磁力线截面图

图 5-16　磁通密度云图

图 5-17　不同转子位置的磁矢量图

图 5-18　有限元模型分析的电动机转矩

有关 JMAG 软件更详细的内容介绍及参考资料，读者可以浏览艾迪捷信息科技有限公司网站 www. idaj. cn 或直接登录 JMAG 公司网站 www. jmag-international. com。

小　　结

传统的基于电路模型的电动机仿真软件往往难以准确分析电动机的铁耗、磁场谐波、磁路饱和等性能，目前市场上已有 JMAG 等多种功能强大的有限元分析商业软件。本章以

JMAG 软件为例简要介绍了 PMSM 有限元分析模型的基本概念与主要步骤，借助软件绘制反电动势波形、齿槽转矩、磁力线图、磁通密度云图、磁矢量图以及软件内嵌的 FFT 工具可以帮助我们更好地分析与理解 PMSM 的工作状况。

【每一次尝试，无论成功或失败，都是迈向成长的阶梯】

【选择带来责任；自己选择的人生才会真正活得踏实】

【如何包容自己，也要如何宽容他人】

练 习 题

1. 什么是有限元分析？常用的电动机有限元分析软件有哪些？
2. JMAG 软件有何特点，磁矢量图的作用是什么？
3. 使用 JMAG 进行电动机有限元分析的步骤是什么？
4. 如何使用 JMAG 得出电动机磁场饱和下电感的变化规律？

第6章 PMSM 稳态工作特性

本章的 PMSM 工作特性中将要对 PMSM 工作时的电流、电压、转矩、功率因数等进行分析，这一部分是后面章节中对 PMSM 进行控制的基础。

PMSM 在具体工作中，其各物理量的特性不仅与 PMSM 等效电路的参数有密切关系，另外由于在实际系统中通常采用电压型逆变器进行供电。因此，本章的分析中还会兼顾定子电压及定子电流的限制，这对电动机运行的工况有较大影响。

6.1 电流极限圆

交流永磁电动机运行时的定子电流应该限制在允许的范围（考虑到电动机发热等因素的限制），有式 6-1 成立。另外，当电动机调速系统需要降额运行时，逆变器输出电流可能受到限制，电动机的相电流峰值会减小，从而会影响式 6-1 中的 I_{lim}。

$$i_{1\text{m}} = \sqrt{(i_{\text{d}})^2 + (i_{\text{q}})^2} \leq I_{\text{lim}} \tag{6-1}$$

可以比较容易地得出：在定子电流的相平面内，定子电流矢量的允许轨迹应该落在图 6-1 的电流极限圆内部或边界上。

图 6-1 定子电流极限圆

6.2 电压特性

6.2.1 电压极限椭圆

稳态工况下，PMSM 定子电压为

$$u_{1\text{m}} = \sqrt{u_{\text{d}}^2 + u_{\text{q}}^2} = \sqrt{(R_1 i_{\text{d}} - \omega \Psi_{\text{q}})^2 + (R_1 i_{\text{q}} + \omega \Psi_{\text{d}})^2}$$

$$= \sqrt{(R_1 i_{\text{d}} - \omega L_{\text{q}} i_{\text{q}})^2 + (R_1 i_{\text{q}} + \omega \Psi_{\text{f}} + \omega L_{\text{d}} i_{\text{d}})^2} \tag{6-2}$$

讨论电动机在高速运行时，定子电阻压降较小，与感抗上的压降相比可以忽略。所以近

似有

$$u_{1m} \approx \omega \Psi_1 = \omega \sqrt{(L_q i_q)^2 + (\Psi_f + L_d i_d)^2} \tag{6-3}$$

这就是电动机运行于较高速度下的定子电压幅值公式，可以看出在保证定子电流分量 (i_d, i_q) 不变的情况下，随着电动机运行速度的提高，定子电压会随之上升，那么最终将会达到电压极限（逆变器输出能力以及电动机绝缘能力等的限制）。

根据式 6-3 可以推出电动机定子电压一定时，电动机直轴电流与交轴电流所满足的规律如下：

$$\frac{\left(i_d + \dfrac{\Psi_f}{L_d}\right)^2}{\rho^2} + (i_q)^2 = \left(\frac{u_{1m}}{\omega L_q}\right)^2 \tag{6-4}$$

上式中，当方程右边为一个常数时，定子电流的两个分量在相平面上的图形是一个椭圆，如图 6-2 所示。由于凸极率 $\rho = L_q/L_d > 1$，椭圆在 d 轴上两个焦点间的距离比 q 轴上的大。当 ρ 为 1 时，椭圆变成了圆。

实际 PMSM 调速系统的主电路中采用电压型逆变器向永磁同步电动机供电，所以电动机的运行性能受到逆变器输出能力的限制。在逆变器直流侧电压为 U_d 时，定子线电压基波峰值最大为 U_d，所以逆变器输出给电动机定子相电压峰值可以达到 U_{lim}。

图 6-2　定子电压极限椭圆

$$U_{lim} = U_d/\sqrt{3} \tag{6-5}$$

下面考虑当电动机转速上升到较高（ω_{r1}）时，式 6-4 右边的定子电压 u_{1m} 达到了 U_{lim} 而不能继续增加时的情况。此时定子电压保持为一个常数，所以随着转速的增加，方程右边的值慢慢减小，这样就对应着一系列不同的电压椭圆曲线，如图 6-3 所示。

图 6-3　不同速度下的定子电压极限椭圆

a) $I_{limit} < \dfrac{\psi_f}{L_d}$　b) $I_{limit} > \dfrac{\psi_f}{L_d}$

受到电压限制的电动机的工作点可以设置在电压极限椭圆的边界和其内部。从图 6-3 中可以看出，如果按照 $i_d = 0$ 进行控制，那么在定子电压极限下，随着转速的增加，图中的工作点只能从 A 到 B，最后工作点在原点，达到此时的最高转速 ω_{r2}。令 $i_d = 0$，从式 6-4 可以推出

$$\omega_r = \frac{U_{\lim}}{\sqrt{(L_q i_q)^2 + (\varPsi_f)^2}} \tag{6-6}$$

在原点处的 ω_{r2} 为

$$\omega_{r2} = \frac{U_{\lim}}{\varPsi_f} \tag{6-7}$$

需要说明的是，式 6-7 给出的是理想空载运行工况下的最高速度，如果带负载运行，那么电流 i_q 不能为 0，所以实际运行最高转速将会比 ω_{r2} 小。

在直流电动机中可以通过磁场削弱来进行转速的提升。对于交流永磁电动机，由于励磁采用永久磁体励磁不能像电励磁那样可以方便地调节励磁磁动势，但是可以通过控制定子电流的励磁分量 i_d，使其产生削弱气隙磁场的效果。

根据式 6-4 知道：当 i_d 为负值进行弱磁控制时，在同一个 i_q 与转速情况下，公式左边的数要更小，所以右侧的定子电压需求 u_{1m} 会更小。这即是说，进行弱磁控制时公式右侧更小，所以定子电压维持恒定情况下的电动机转速可以进一步提升。

$$\omega_r = \frac{U_{\lim}}{\sqrt{(L_q i_q)^2 + (\varPsi_f + L_d i_d)^2}} \tag{6-8}$$

对应图 6-3，定子电压达到极限后采用弱磁控制时，工作点将会从 A 到 C 进而到 D。但是如果考虑到逆变器输出的电流极限，那么最终能够达到的速度将根据电流极限与电压极限共同确定为 E 点。对于理想空载情况下 $i_q = 0$，那么可以求得最高转速 ω_{r3} 为

$$\omega_{r3} = \frac{U_{\lim}}{\sqrt{(\varPsi_f + L_d i_d)^2}} = \frac{U_{\lim}}{\varPsi_f - L_d I_{\lim}} \tag{6-9}$$

但是对于电动机负载运行的工况来说，运行的最高转速比 ω_{r3} 要小一些。

从式 6-9 看出：如果逆变器输出电压和电动机定子允许电压可以增加的话，那么极限速度 ω_{r3} 可以增加；另外如果直轴电感增加的话，那么 ω_{r3} 也可以增加。所以在运行中，为了得到更高的电动机转速，有时在定子回路串接电感来增加等效 L_d，目的是可以进一步提速。

从图 6-3 中还可以看出，如果定子电流允许值较大，那么会出现电压极限椭圆的中心会在电流极限圆的内部。这即是说，存在这样的情况，定子电流弱磁分量足够大，理论上可以完全抵消永磁磁场。从式 6-9 可以看出，在空载情况下，转子速度理论值可以是无穷大。当然在实际调速系统中，一般不会出现这种情况，为了保证电动机永磁体的正常工作，弱磁的程度是需要控制的。

6.2.2　电压控制下的电动机电流

电动机运行在高速时定子电压幅值基本达到极限值，不同的只是 u_1 的相位可以变化，此

时电动机的定子 d、q 轴电流分别受到 d、q 轴电压的限制。

以电动机运行于电动工况为例（$i_q > 0$，$\theta > 90°$），γ 为定子电压矢量 $\boldsymbol{u}_1$ 在 dq 坐标系中的相位角，则有

$$u_d = u_{1m}\cos\gamma$$
$$u_q = u_{1m}\sin\gamma \tag{6-10}$$

结合第 3 章电动机的定子电压方程式 3-55，假定系统处于稳态，微分项为 0，忽略定子电阻压降，可以得到式 6-11 与式 6-12 表示的电动机电流 d、q 分量为

$$i_d = \frac{u_q - \omega\psi_f}{\omega L_d} \tag{6-11}$$

$$i_q = \frac{-u_d}{\omega L_q} \tag{6-12}$$

式 6-11 与式 6-12 表明，当调速系统中电动机的定子电压峰值 U_{1m} 受到限制时，定子电流将直接受控于定子电压矢量的相角，亦即 u_d 与 u_q 分量。此时可能的电流工作点（i_d，i_q）在图 6-2 中电压极限椭圆的边界上，有的工作点对应的定子电流峰值较小，有的工作点电流峰值太大，将会超过电流极限圆的范围。

6.3　转矩特性

6.3.1　转矩与电流幅值及相角的关系

PMSM 的电磁转矩是我们最为关心的一个物理量，参考公式 3-42，可以得到转矩公式如下

$$T_e = \frac{3}{2}n_p\left[\psi_f i_{1m}\sin\delta - \frac{(L_q - L_d)}{2}i_{1m}^2\sin2\delta\right] \tag{6-13}$$

式中的 δ 是定子电流矢量超前 d 轴的角度，该角度称为转矩角，又称负载角。一般情况下，电动机控制中常用的电流矢量是在 q 轴上和第二象限内的。

公式 6-13 内的电动机转矩包含了两项，前者为永磁转矩——永磁体与定子电流作用的结果，这一部分定子电流仅仅是指 i_q。后者为磁阻转矩——由于 dq 轴的磁路不对称产生的电磁转矩，它与 i_q 及 i_d 都成正比例。图 6-4 中给出了典型的 PMSM 转矩与转矩角关系曲线，称为矩角特性曲线。图 6-4 中 1 为永磁转矩，显然其最大值出现在 90°。图 6-4 中曲线 2 为磁阻转矩。由于 PMSM 中的 $L_d < L_q$，使得在 $\delta > 90°$ 时，磁阻转矩才出现正值。对于传统的电励磁同步电动机来说，磁阻转矩的情况刚好相反。图 6-4 中曲线 3 给出了总的转矩，其特点是 $\delta > 90°$ 时出现转矩的最大值。为了得到较大的转矩并运行在较高速度下，PMSM 的转矩角一般控制在 $\delta \geqslant 90°$ 的范围内。

从图 6-4 可以看出由于 δ 的不同，PMSM 可以产生不同的转矩。那么可以设想，为了得到相同的转矩，完全可以由不同幅值的定子电流来产生。为此，针对第 3 章 42kW 的 PMSM

图6-4　典型矩角特性图

进行分析，MATLAB 程序如下：

```
r = 0. 004
np = 4
fai = 0. 055
ll = 20e - 6
lad = 88e - 6
laq = 176e - 6
ld = ll + lad
lq = ll + laq
rou = lq/ld
beta = rou - 1
imam = 0: 50: 550
sita = ( 0: 5: 180 )' * pi/180
figure
for ii = 1: ( length( imam ) )
ima = imam( ii)
k1 = 1. 5 * np * ima
k2 = ld * ima * beta/fai/2
te1 = k1 * fai * ( sin( sita ) )
te2 = - k1 * fai * k2 * sin( 2 * sita)/2
te = te1 + te2
plot( sita * 180/pi, te, 'r', 'LineWidth', 2)
hold on
```

end

运行上述程序后，可以得到图 6-5 所示的不同电流幅值对应下的 PMSM 矩角特性曲线。显然，随着电流的增加，产生最大转矩的负载角也略微发生变化。为了产生同一个转矩，确实存在不同的电流幅值及负载角。

图 6-5　不同电流下的矩角特性曲线图

下面针对某定子电流幅值下的最大转矩值进行分析。此时式 6-13 中的电流 i_{1m} 不变，转矩仅仅随 δ 变化，为求 T_e 极值，令其导数为 0，如 6-14 式

$$\frac{\mathrm{d}T_e}{\mathrm{d}\delta} = 0 \tag{6-14}$$

从而可以得到式 6-15

$$\frac{\mathrm{d}T_e}{K_1 \mathrm{d}\delta} = \cos\delta - 2K_2(2\cos^2\delta - 1) \tag{6-15}$$

上式中的相关系数分别见式 6-16 和式 6-17。

$$K_1 = \frac{3}{2}n_p i_{1m}\psi_f \tag{6-16}$$

$$K_2 = \frac{(\rho - 1)L_d i_{1m}}{2\psi_f} \tag{6-17}$$

式 6-17 中的变量 ρ 为电动机的凸极率，见式 6-18 所示，对于 PMSM，存在 $\rho \geqslant 1$。

$$\rho = \frac{L_q}{L_d} \tag{6-18}$$

设置新变量 β 见式 6-19，

$$\beta = \rho - 1 \tag{6-19}$$

这样，式 6-17 可以改写为式 6-20。

$$K_2 = \frac{\beta L_d i_{1m}}{2\psi_f} \tag{6-20}$$

令式 6-15 为 0，那么可以得到式 6-21，

$$4K_2 \cos^2\delta - \cos\delta - 2K_2 = 0 \tag{6-21}$$

进而，可以求得

$$\cos\delta = \frac{1 \pm \sqrt{1 + 32K_2^2}}{8K_2} \tag{6-22}$$

根据前述的分析，式 6-22 所示的余弦值应该为非正，因此最终得到式 6-23。

$$\cos\delta_1 = \frac{1 - \sqrt{1 + 32K_2^2}}{8K_2} \tag{6-23}$$

相应地，有

$$\sin\delta_1 = \frac{\sqrt{32K_2^2 - 2 + 2\sqrt{1 + 32K_2^2}}}{8K_2} \tag{6-24}$$

将式 6-23 与 6-24 代入式 6-13，可以得到最大转矩为

$$T_{emax} = \frac{3n_p\psi_f^2}{32L_d\beta}(3 + \sqrt{1 + 32K_2^2})\sqrt{32K_2^2 - 2 + 2\sqrt{1 + 32K_2^2}} \tag{6-25}$$

设置新变量 K_f 如下

$$K_f = \frac{L_d i_{1m}}{\psi_f} \tag{6-26}$$

那么 K_2 可以表示为

$$K_2 = \frac{\beta K_f}{2} \tag{6-27}$$

首先，可以分析凸极率 ρ 趋近于 1 的情况，那么此时 β 趋近于 0。由式 6-23 可以得出 δ_1 趋于 90°，由式 6-25 化简可以得到式 6-28。该式即为表面贴装式 PMSM 的转矩公式，因为该电动机中，i_d 不产生转矩，所以 6-28 的结论是显而易见的。

$$T_{emax} = \frac{3n_p\psi_f i_{1m}}{2} \tag{6-28}$$

针对凸极 PMSM($\rho > 1$，亦即 $\beta > 0$)，下面进一步分析最大转矩的特征。对 PMSM 而言，永磁磁链与 L_d 一般不会明显变化，因而从式 6-25 中可以看出，最大转矩与 β 以及 K_f 关系密切。

图 6-6 给出了最大转矩与 K_f 关系，其中 β 为参变量。图 6-6 中四条曲线从下到上分别对

应了 $\beta=0$、$\beta=1$、$\beta=2$ 和 $\beta=3$ 的情况。当 $\beta=0$ 时，转矩与 K_f 是一种线性关系。

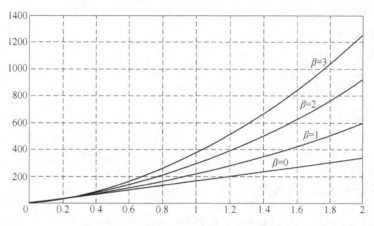

图 6-6　最大转矩与 K_f 关系（β 为参变量）

图 6-7 给出了最大转矩与 β 关系，其中 K_f 为参变量。图中 7 条曲线从下到上分别对应了 $K_f=0$、$K_f=0.2$、$K_f=0.4$、$K_f=0.6$、$K_f=0.8$、$K_f=1.0$、$K_f=1.2$ 的情况。可以看出，在电动机相电流峰值不变的情况下（即 K_f 恒定），最大转矩会随着 β 的增加而增大。这就是说，如果电动机的相电流有限制的话，那么增加电动机的凸极率，可以提高电动机的最大转矩输出能力。另外，图 6-7 便于对比分析一定幅值、不同相角时的定子电流矢量产生的电动机转矩。由于电流相角不同，那么 i_d、i_q 均不同，此时电动机的相电感也会随着电流发生变化。利用图 6-7 则可以非常方便地分析转矩输出能力与 β 的关系，因为此时的参变量 K_f 不变。

图 6-7　最大转矩与 β 关系（K_f 为参变量）

上述分析中的 MATLAB 部分程序如下：

```
aa = 3 * np * fai * fai/32/ld
kfm = [1e - 6 0.2 0.4 0.6 0.8 1.0 1.2]
nn = length(kfm)
```

```
for ii = 1: nn
kf = kfm( ii)
beta = 1e - 6: 0. 01: 3
k22 = ( beta * kf + eps)
tem = ( 3 + sqrt( 1 + 8 * k22. * k22) ). * sqrt( 8 * k22. * k22 - 2 + 2 * sqrt( 1 + 8 * k22. *
k22) ). /beta
plot( beta, tem * aa)
hold on
end
```

6.3.2　转矩与 i_d 和 i_q 的关系

定子电流的 i_d 与 i_q 分量可以通过下式计算:

$$i_d = i_{1m}\cos\delta$$
$$i_q = i_{1m}\sin\delta$$

　　　　　　　　　(6-29)

电动机转矩可以表示为

$$T_e = \frac{3}{2}n_p i_q(\psi_f - \beta L_d i_d)$$

　　　　　　　　　(6-30)

　　以 i_d、i_q 为变量，在 MATLAB 中针对前述电动机参数计算出电动机转矩后，采用等高线工具绘图，可以得出图 6-8。该图利用的是电动机电感饱和参数，尚不能看出全貌，在本章后面的恒转矩曲线中会进一步分析。不过仍可以看出，在每一条恒转矩曲线中都存在某一个电流幅值最小的工作点(i_d, i_q)——即曲线到原点的距离最小。为了能够更好地看出最小电流与转矩的关系，特意在图中绘制了 5 条电流圆曲线。可以看出：在转矩较小时，最小电流的工作点靠近 q 轴，随着转矩的增加，i_d 分量有明显增大以充分利用磁阻转矩，此时最小电流工作点逐渐偏离 q 轴。

　　另外，从图 6-8 中可以看出，在第一象限内也可以产生期望的电磁转矩。但是很显然，一方面电动机电流会更大，另一方面由于正值 i_d 起到加强磁场的作用，所以对应的电动机定子电压会更大，因此基本不会考虑第一象限内的工作点。

　　下面是上述分析中的一些指令。

```
id = 500 * ( - 1: 0. 01: 1)'
iq = 500 * ( - 1: 0. 01: 1)'
n2 = length( id)
te = zeros( n2, n2) ;
for ii = 1: ( n2)
te( :, ii) = 1. 5 * np * iq. * ( fai + ( ld - lq) * id( ii) ) ;
end
telist = [ - 280 - 240 - 200 - 160 - 120 - 80 - 40 - 10 10 40 80 120 160 200 240 280] ;
contour( id, iq, te, telist)
```

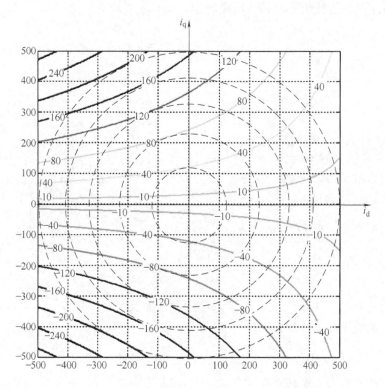

图 6-8　电动机转矩与 i_{d}、i_{q} 关系曲线

6.3.3　恒转矩曲线

将公式 6-30 改写成式 6-31，在某一个恒定的非零 T_{e} 下，在 i_{d}、i_{q} 相平面内绘制式 6-31，如图 6-9 所示，i_{d} 与 i_{q} 关系曲线为双曲线（$\rho>1$）。

$$i_{\mathrm{q}}=\frac{2T_{\mathrm{e}}}{3n_{\mathrm{p}}(\psi_{\mathrm{f}}-\beta L_{\mathrm{d}}i_{\mathrm{d}})} \qquad (6\text{-}31)$$

图中为电动工况下的恒转矩曲线（$T_{\mathrm{e}}>0$），电动机的实际工作点通常选择在第二象限内的曲线上。

对比图 6-9 与图 6-8 可以知道，图 6-8 中用等高线命令 contour 描绘的曲线实际上就是恒转矩曲线。

6.3.4　最大转矩/电流曲线

最大转矩/电流曲线（Maximum Torque per Ampere，MTPA）描述的是前述指出的转矩与最小电流之间的关系。反言之，对于某一个恒定幅值的定子电流，它可以对应一个最大的转矩值，在 6.3.1 中已经推导出该电流矢量的相角余弦值满足式 6-23。

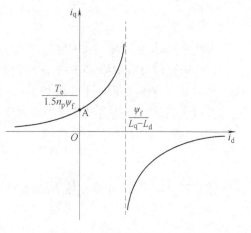

图 6-9　恒转矩特性曲线（$\rho>1$）

另外，对于某一电流值下的最大电磁转矩，还有下式成立。

$$\left(i_{d1} - \frac{i_b}{2}\right)^2 - (i_{q1})^2 = \left(\frac{i_b}{2}\right)^2 \tag{6-32}$$

式中 i_b 为

$$i_b = \frac{\psi_f}{\beta L_d} \tag{6-33}$$

式 6-32 即为最大转矩/电流曲线关系式，在 i_d、i_q 相平面中绘制如图 6-10 所示的双曲线。

可以求得 i_{d1}、i_{q1} 满足下式

$$i_{d1} = \frac{-\psi_f + \sqrt{\psi_f^2 + 4(L_d - L_q)^2 i_{q1}^2}}{2(L_d - L_q)} = \frac{\psi_f - \sqrt{\psi_f^2 + 4\beta^2 L_d^2 i_{q1}^2}}{2\beta L_d} \tag{6-34}$$

记转矩基值为 $T_{eb} = 1.5 n_p \psi_f i_b$，电流基值为 i_b，那么采用标幺值表示的 MTPA 关系式为

$$T_e^* = \sqrt{i_d^* (i_d^* - 1)^3} \tag{6-35}$$

可以将上式改写为式 6-36

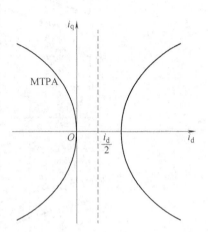

图 6-10　最大转矩/电流曲线

$$i_d^* = f_1(T_e^*) \tag{6-36}$$

$$i_q^* = f_2(T_e^*) \tag{6-37}$$

所以对于给定的转矩，按照上面的公式求出最小电流的 d、q 分量作为电流的控制指令值，即可以实现 PMSM 电动机的最大转矩/电流控制。

另外，可以求出式 6-36 的解析解为

$$i_d^* = 3/4 - f/12 - \sqrt{3 - d + 48h/d + 9/f} \times \sqrt{6}/12 \tag{6-38}$$

上式有 $f = \sqrt{9 + 6d - 288h/d}$，$d = \sqrt[3]{12\sqrt{768h^3 + 81h^2} - 108h}$，$h = T_e^{*2}$。

i_q 的标幺值可以根据式 6-39 计算得到。i_d 与 i_q 的标幺值与 T_e 标幺值的关系绘制成曲线，如图 6-11 所示。由于上述解析关系式非常复杂，电动机调速系统的控制软件中可以预先将其做成表格，以备实时控制中查表使用，见表 6-1。

$$i_q^* = \frac{T_e^*}{1 - i_d^*} \tag{6-39}$$

式 6-23 与式 6-24 中的角度 δ_1 满足式 6-40 为

$$\tan\delta_1 = \frac{i_q^*}{i_d^*} \tag{6-40}$$

h = teN. * teN

d = (12 * h. * (768 * h + 81). ^0.5 - 108 * h). ^(1/3)

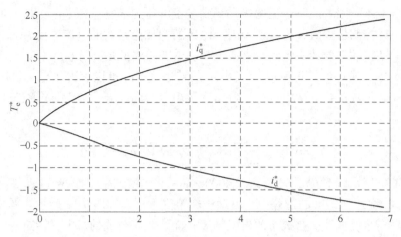

图 6-11　MTPA 控制下的 i_d^*、i_q^* 与 T_e^* 关系曲线

f = sqrt(9 + 6 * d - 288 * h. /d)

idN = 0. 75 - f/12 - sqrt(3 - d + 48 * h. /d + 9. /f) * sqrt(6)/12

iqN = teN. /(1 - idN)

plot(teN, idN, teN, iqN)

表 6-1　电流标幺值与转矩标幺值关系表格

T_e^*	i_d^*	i_q^*	定子电流峰值	定子电流相角
0. 0000	− 0. 0000	0. 0000	0. 0000	90. 0000
0. 5000	− 0. 1601	0. 4310	0. 4598	110. 3804
1. 0000	− 0. 3803	0. 7245	0. 8182	117. 6945
1. 5000	− 0. 5754	0. 9521	1. 1125	121. 1471
2. 0000	− 0. 7484	1. 1439	1. 3670	123. 1949
2. 5000	− 0. 9046	1. 3126	1. 5941	124. 5735
3. 0000	− 1. 0479	1. 4649	1. 8011	125. 5772
3. 5000	− 1. 1809	1. 6048	1. 9925	126. 3475
4. 0000	− 1. 3056	1. 7349	2. 1713	126. 9617
4. 5000	− 1. 4232	1. 8571	2. 3397	127. 4654
5. 0000	− 1. 5349	1. 9725	2. 4993	127. 8879
5. 5000	− 1. 6414	2. 0822	2. 6514	128. 2487
6. 0000	− 1. 7435	2. 1870	2. 7969	128. 5611
6. 5000	− 1. 8415	2. 2875	2. 9366	128. 8352

6. 3. 5　电压限制下的电动机转矩

当电动机运行在高速情况下，定子电压达到其极限值时，随着转速的进一步上升，电流

的控制将变得困难，因为此时电流的指令受到定子电压的限制。如果电流指令值设置的不合理，那么其闭环控制将失效，将会出现因为电压的饱和而导致的电流失控。显然当电压达到极限值时，电动机的电磁转矩受到其直接影响，本节将对此展开分析。

利用式 6-10、式 6-11、式 6-12 和式 6-30 的转矩公式，可以求得用电动机电压描述的电动机转矩公式，见式 6-41。从中也可以看出，转矩分为两部分，前者是永磁转矩，后者是磁阻转矩。

$$T_e = 1.5 n_p \frac{-u_{1m}}{\omega L_q} \cos\gamma \left[\rho \Psi_f + (1-\rho)\frac{u_{1m}}{\omega}\sin\gamma \right] \tag{6-41}$$

对于定子电压峰值 136V，转子速度 4000r/min，针对前述的 42kW 电动机，当定子电压矢量相角从 90° 增加到 270° 的过程中，电动机转矩变化过程如图 6-12 所示。其中曲线 1 是式 6-41 中的永磁转矩，曲线 2 是式中的磁阻转矩，曲线 3 是合成的总电磁转矩。

从图中可以看出，随着电压的相位角从 90° 开始增加，转矩的趋势是先增加，然后在 180° 以后，转矩还是增加。但是当定子电压矢量位于第三象限内会出现转矩的最大值，最后在 270° 时，转矩回到 0。

分析中的 MATLAB 程序如下：

```
u1 = 136
n = 4000
w = 2 * pi * n/60 * np
k3 = 1.5 * np * u1/w/lq
sita1 = (90：1：270)
sita = sita1/180 * pi
te1 = - k3 * rou * fai * cos(sita)
te2 = k3 * beta * u1/w * cos(sita). * sin(sita)
te = te1 + te2
figure
plot(sita1, te1, sita1, te2, sita1, te)
```

下面的程序用于计算最大转矩对应的电压矢量角度计算。

```
a = - k3 * rou * fai
b = k3 * beta * u1/w/2
gm1 = ( - a - sqrt(a * a + 32 * b * b))/8/b
gm = asin(gm1) * 180/pi
```

在本例中，最大转矩出现时电压的相位角在 205°。

既然式 6-11 和式 6-12 表明了电动机的 i_d 与 i_q 和电压的直接关系，那么在电压受到限制的区域内是否可以通过图 6-12 直接进行转矩的有效控制呢？这并不合适。一方面电动机的电感参数明显受到电动机电流的影响，所以图 6-12 的曲线仅仅是根据给定的电感参数绘制的，在运行中会发生很大变化；另一方面图 6-13 给出了本例中当电压处于极限值时，i_d 与 i_q 随电压相位角的变化情况。其中曲线 1 是 i_d，曲线 2 是 i_q，曲线 3 是相电流幅值。显而易见，在电压相位角大于 180° 以后，定子电流幅值发生明显增加，无论对电动机本身，还是对实际调速系统都是难以接受的。

图 6-12　转矩与电压相位角的关系图

图 6-13　在电压受限情况下 i_d、i_q 曲线图

在图 6-12 中，假定期望输出的电动机转矩是 210Nm，从中可以得出电压矢量的相位角为 167°和 237°两个解。当电压相位角为 167°时，根据式 6-11 和式 6-12 可以求得 $i_d = -340$ 和 $i_q = 403$，此时的电动机矢量图如图 6-14 所示。

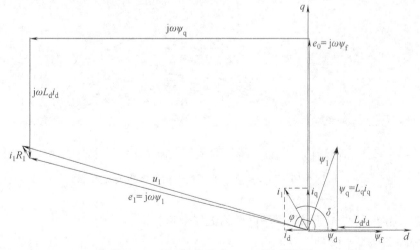

图 6-14　电压相位角为 167°时的矢量图

　　永磁磁链产生的反电动势(e_0)大约为 92V， 它与 i_q 对应的旋转电压($\omega\psi_q$)合成后大约为
161V，这个量明显大于前面给定的 136V。 正是由于图中弱磁电流 i_d 的弱磁效果
（$\omega L_d i_d$）——减少了定子绕组的反电动势，使
其略小于定子端电压。所以，弱磁的效果从图
中可以非常明显地看出。

　　上述的第二个解对应的电动机矢量图如图
6-15 所示。可以看出图中的 i_d 明显增加许多
倍，从而使得 d 轴的合成磁场从 d 轴的正方向
变为了负方向，这即是说，i_d 不仅完全抵消了
原有的永磁磁场，并且自己又重新建立了 d 轴
的反向磁场——从原理上来说，这大可不必。
另外电流增加也过于明显，实际控制中并不允
许。

　　鉴于前面分析指出，电压相位角不适于在
第 3 象限内，那么假定其相位角最大为 180°。
可以看出，在 90°到 180°范围内，转矩的最大
值就出现在 180°，下面进行分析与比较的最大
转矩就是指 180°相位角时的电动机转矩。

　　本例中的 PMSM 在实际调速系统中的定子
电压限值为 216V，为此分析电动机运行在该限
值下，当电动机运行速度从 4000r/min 上升至

图 6-15　电压相位角为 237°时的矢量图

12000r/min 时，电动机的转矩与电压相位角的关系如图 6-16 所示。

　　从图 6-16 中可以看出，不同速度下，在电压受到限制时，电动机的最大转矩随着速度
的增加而减小。因为 180°相位角的转矩仅仅是永磁转矩，即公式 6-41 中的第一部分，显然
最大转矩与转速成反比例。

图 6-16　不同速度下电压相位角与转矩关系图

　　本书中采用了下述 MATLAB 程序进行的上述分析。

nm = 4000：1000：12000

```
figure
for ii = 1：（length（nm））
n = nm（ii）
w = 2 * pi * n/60 * np
k3 = 1.5 * np * u1/w/lq
sita1 = （90：1：270）
sita = sita1/180 * pi
te1 = - k3 * rou * fai * cos（sita）
te2 = k3 * beta * u1/w * cos（sita）.* sin（sita）
te = te1 + te2
plot（sita1，te）
hold on
end
```

6.4　机械特性

电动机的机械特性指的是电动机的转矩与其转速的关系。电动机的转矩已经在 6.3 中进行了详细的分析，可以看出它与电动机的电流、电压以及它们的相位角等多个因素有关，并且受到电动机参数的影响。

通常情况下，实际的调速系统并不会充分利用电动机的设计能力，一般会设置合适的过载倍数。下面对实际调速系统通常考虑的几个因素进行分析，以得出实际应用中的电动机机械特性。

首先，当电动机运行在较低速度时，因为要受到定子电流的限制（一方面考虑发热，另一方面考虑永磁体的去磁程度），所以电动机的转矩也会受到限制。另外机械转矩在动力系统传递中还可能受到齿轮箱等其他机械装置的限制。在一些应用场合的动态过程中，电动机转矩的变化率可能会受到限制。同样以前面的 42kW 电动机为例（假定电动机参数不会发生变化），定子电流峰值需限制在 530A 以内。

如图 6-17 所示，电动机的工作点设置在图中电流极限圆上的 C 点。当电动机转速较低时（$\omega < \omega_o$），图中的最外边的电压极限椭圆包含了电流极限圆内的所有工作点，即只要不超出电流极限圆，那么电压就不会超出限制。随着电动机转速的增加，电压极限椭圆逐渐缩小，在 4192r/min 时（针对前例 42kW 电动机，下同），出现了图中的 A_1 与 A_2 点。当电动机转速达到 4386r/min 时，出现了图中的 B 工作点。

图 6-17　受到电压电流限制的 dq 相平面内的电动机工作点

随着转速的继续增加，C 点成为电流极限圆与电压极限椭圆的交点，此时对应的电动机转速为 6317r/min。这表明，当转速低于该值时，电动机可以以最大电流工作在 MTPA 下高效率运行。

上面的结论可以通过前述公式得出。联立电压公式 6-8 与电流公式 6-29，可以得到公式 6-42。该式中的电流工作点一方面对应受限的电流极限，另一方面又对应受限的电压极限。

$$(\psi_f + L_d i_{1m} \cos\delta)^2 + (L_q i_{1m} \sin\delta)^2 = \left(\frac{U_{\lim}}{\omega}\right)^2 \tag{6-42}$$

式 6-42 可以变换为

$$(L_q^2 - L_d^2) i_{1m}^2 (\cos\delta)^2 - 2\psi_f L_d i_{1m} \cos\delta + \left(\left(\frac{U_{\lim}}{\omega}\right)^2 - \psi_f^2 - L_q^2 i_{1m}^2\right) = 0 \tag{6-43}$$

对于式 6-43，当关于 $\cos\delta$ 二次方程的根的判别式为 0 时，可以计算出 A 点转速。当常数项为 0 时，可以计算出 B 点转速。C 点转速的计算需要用到前面分析的结论，因为 C 点对应的电流相位角为 130°，所以该点转速为 6317r/min（对应 ω_2）。

在转速达到 ω_2 以前，电动机的工作点可以一直保持在 C 点，这样电流为其极限值，而电压没有达到限制。但是当电动机转速大于 ω_2 并进一步增加时，随着电压极限椭圆的缩小，电动机的工作点必须从 C 点移走。如图 6-17 所示，可以沿着 C-D 在电流极限圆上逐步左移。

42kW 电动机在速度从 6317r/min 增加到 12000r/min 的过程中，受到电流与电压双重限制的电动机输出转矩可以用下述 MATLAB 程序进行分析。

```
n = 6317：100：12000
w = 2 * pi * n/60 * np
a = (lq * lq - ld * ld) * ima^2
b = 2 * fai * ld * ima
c = u1^2. /w. /w - fai * fai - lq * lq * ima * ima
cossita = (b - sqrt(b * b - 4 * a * c))/2/a
sita = acos(cossita)
id = ima * cos(sita)
iq = ima * sin(sita)
te = 1. 5 * np * iq. * (fai - beta * ld * id)
plot(n, te)
```

根据上述的分析，当 PMSM 电动机速度从 0 上升到 12000r/min 的过程中，先后经历了电流极限的限制与电流、电压的双重限制。不同速度下电动机的输出转矩如图 6-18 所示。图中曲线 1、2、3 分别表示较低速度（0~8000r/min）下的转矩曲线、电压曲线、电流曲线。当电动机速度超过 6317r/min 后，电压需求也超过了 216V；定子电流峰值始终保持为极限值。图中曲线 4、5、6 是较高速度（5000~12000r/min）下采用电流与电压双重极限控制的电动机转矩曲线、电压曲线、电流曲线。4 与 1 的交点对应了 6317r/min；5 与 2 的交点也在 6317r/min；曲线 6 定子电流峰值同样保持在极限值。

针对该例电动机，当电动机转速从 0 上升到 12000r/min 过程中，电动机的转矩输出能

图 6-18　不同速度下的电动机转矩输出能力

力可以按照图 6-18 中的 1 与 4 进行限制，在此过程中电动机的电流与电压均不会超过其极限值。通过分析电动机的功率可以知道，电动机的功率在 6317r/min 处接近 140kW，在更高速度的范围内功率还会略微上升。

前面给出的 42kW 是该例电动机的额定功率，在实际的调速系统中，电动机的峰值功率需求值在 90kW 左右。所以电动机的理论输出能力是超过动力系统的需求，电动机有较大的转矩裕量。另外，由于以电动汽车为例的应用场合中，电动机的实际输出能力还受到车载电源的功率与端电压等多种因素的限制。

6.5　功率因数

以图 6-14 为例，电动机的功率因数可以用下式计算为

$$\cos\varphi = \cos(\gamma - \delta) = \cos\gamma\cos\delta + \sin\gamma\sin\delta = \frac{u_{\mathrm{d}}i_{\mathrm{d}} + u_{\mathrm{q}}i_{\mathrm{q}}}{u_{\mathrm{1m}}i_{\mathrm{1m}}} \tag{6-44}$$

当忽略定子电阻时，式 6-44 可以描述为式 6-45。

$$\cos\varphi = \frac{i_{\mathrm{q}}(\psi_{\mathrm{f}} + (L_{\mathrm{d}} - L_{\mathrm{q}})i_{\mathrm{d}})}{i_{\mathrm{1m}}\sqrt{(\psi_{\mathrm{f}} + L_{\mathrm{d}}i_{\mathrm{d}})^2 + (L_{\mathrm{q}}i_{\mathrm{q}})^2}} \tag{6-45}$$

从式 6-45 中可以容易看出，电动机的功率因数与电动机控制中的 i_{d} 及 i_{q} 密切相关。为了控制电动机的转矩，在采用不同的电流工作点(i_{d}，i_{q})时，对应的电动机功率因数都不相同。

例如，当采用 $i_{\mathrm{d}} = 0$ 时，式 6-45 可以改写为

$$\cos\varphi = \frac{\psi_{\mathrm{f}}}{\sqrt{(\psi_{\mathrm{f}})^2 + (L_{\mathrm{q}}i_{\mathrm{q}})^2}} \tag{6-46}$$

将式 6-46 绘制成图形，如图 6-19 所示，可以看到在 $i_{\mathrm{d}} = 0$ 的控制中，随着转矩(或者说

i_q)逐渐增加的过程中，电动机的功率因数会有明显的下降。在一定的功率下，功率因数的下降会提高电动机对定子电压的需求，即要求电源能够提供更高的电压，所以对电源装置提出了更高的要求。

图 6-19　功率因数随 i_q 变化曲线

当电动机运行于电压受限的恒压情况时，根据式 6-11、式 6-12 来计算式 6-46 中的 i_d、i_q 以及电流峰值 i_{1m}。此时对于电压相位角在 90°～180°范围内变化时的功率因数变化情况绘制成曲线，如图 6-20 所示。图中绘制了不同转子速度下的功率因数曲线，转速范围是 4000～12000r/min。可以看出，在靠近左侧的范围内，电动机弱磁程度较小，此时的功率因数也较小。随着电压相位角的增加，电动机弱磁程度增加，功率因数增大。另外在图中较低速度时，可以进一步加大弱磁程度，此时电动机的电压未必达到限制，故而其功率因数可以大大高于图中的相应曲线。

图 6-20　功率因数随电压相位角的变化情况

上述分析中的 MATLAB 程序如下：

```
iq = 0：10：400
cossita = fai. /sqrt( fai * fai + ( lq * iq). ^2)
```

```
plot(iq, cossita)
laq = 176e - 6
lq = laq + ll
rou = lq/ld
beta = rou - 1
u1 = 216
nm = 4000: 1000: 12000
figure
for ii = 1: (length(nm))
n = nm(ii)
w = 2 * pi * n/60 * np
k3 = 1.5 * np * u1/w/lq
sita1 = (90: 1: 180)
sita = sita1/180 * pi
ud = u1 * cos(sita)
uq = u1 * sin(sita)
id = (uq - w * fai)/w/ld
iq = - ud/w/lq
cossita = (ud. * id + uq. * iq)./sqrt(ud.^2 + uq.^2)./sqrt(id.^2 + iq.^2)
plot(sita1, cossita)
hold on
end
```

在上述分析中，可以看出电动机的功率因数与控制策略关系甚大。

6.6　电动机参数变化对电动机的影响

交流永磁电动机的性能是否得到充分的发挥，关键取决于电动机定子电流中的 i_d、i_q 是否得到良好的控制。当电动机工作在高速区域的时候，电动机对电压有较高的需求，但是直流侧电压有限，逆变器输出的交流电压因此受到限制。所以必须对电动机的定子电流实施准确的控制，一方面将电动机对电压的需求限制在极限条件以内，对电流可以实施良好的控制；另一方面又可以充分利用电动机的输出能力，工作在较高效率的工况下。

高速区域中电动机的控制或多或少都围绕电动机定子电压展开。电动机运行时的定子电压为

$$u_d = R_1 i_d + p\psi_d - \omega\psi_q$$

$$u_q = R_1 i_q + p\psi_q + \omega\psi_d$$

将磁链方程 3-58 代入到式 3-55，可以得到稳态情况下的电压方程为

$$u_d = R_1 i_d - \omega L_q i_q$$

$$u_q = R_1 i_q + \omega(\psi_f + L_d i_d)$$

$$(6\text{-}47)$$

从中可以看出电动机的定子电阻、d 轴电感、q 轴电感等因素都与电动机的电压有密切关系。

(1) R_1 定子电阻的影响

从式 6-47 中明显可以看出在同一个电流工作点(i_d, i_q)下，如果定子电阻增加，那么 d、q 轴的电压分量都会受到影响。对于较大负载电动工况下($i_d < 0$、$i_q > 0$)，u_d 为负值，u_q 为正值。R_1 的增加会导致两个电压分量以及相电压峰值需求明显增大。所以导致运行于高速区域时的电流调节器更加容易饱和。大功率电动机定子电阻一般都比较小，但是定子电流一般会很大，并且电动机运行以后由于定子绕组的发热，定子电阻的上升还是比较明显的。另外，当电动机运行的频率较高时，定子电阻中的交流电阻也会有较大的增加。

(2) d 轴电感 L_d 的影响

当电动机定子电流增加时，受到磁路饱和的影响，d 轴电感会减小。

图 6-2 中电压极限椭圆上 A、B 的横坐标为公式 6-48。可以看出，如果 L_d 减小，那么这两点都会向左移动，即是说电动机工作在高速区域时的工作点都会左移，从而需要更大的弱磁电流。如果按照原有的电流工作点继续运行的话，则会对电压提出更高的需求，使电流调节器较容易饱和。

$$i_d = \frac{-\Psi_f \pm \dfrac{U_{\lim}}{\omega}}{L_d} \tag{6-48}$$

(3) q 轴电感 L_q 的影响

电动机 q 轴电感与前述 d 轴电感相类似，在较大定子电流的情况下也会有所下降。同时由于交流永磁电动机的 q 轴磁路的磁阻较小，受到电动机饱和影响更为严重，所以 q 轴电感的降低较 d 轴明显得多，如图 6-21 所示。

图 6-21　L_q 与 i_q 电流的关系曲线

电动机在同一个电流工作点(i_d, i_q)下，与 q 轴电感没有变化时相比较，L_q 减小以后使得电动机输出转矩下降，如图 6-22 所示。为了输出相同的转矩，必须增加 i_d 或者 i_q。

(4) 电动机铁耗 R_{iron} 的影响

交流电动机的运行需要一个以同步速度旋转的磁场，这个磁场在电动机铁心尤其是定子铁心中产生较大的铁耗，并且随着电动机运行速度的增加，损耗会进一步增加。该损耗也是影响电动机工作效率的一个重要因素，因此若要对电动机进行准确分析就需要对此进行研究。

图 6-23 给出了考虑到铁耗电阻以后电动机的 d、q 轴等效电路图。如果电动机工作在同一个电流工作点(i_d, i_q)下，考虑到铁耗电阻后电动机的定子总电流(i_{ds}, i_{qs})会有所增加，铜耗也会增加，所以效率有所下降，同时定子电压的需求会有所增加。

反过来考虑，如果不考虑铁耗电阻，仍然按照原有的定子电流进行控制，那么实际的弱磁电流分量与转矩电流分量将会发生变化。从而电动机的实际工作点和电动机实际输出转矩都会有所变化，会导致输出转矩的下降和对定子电压需求的提高。如果电流调节器此时进入饱和，那么将不能够对电动机电流实施闭环控制。电动机处于电流的开环控制下，这成为系统安全运行的严重隐患——最好能够尽快脱离这种状态而重新进入电流可控状态。

图 6-22　L_q 饱和导致的恒转矩曲线的移动

图 6-23　考虑到铁耗电阻的等效电路图

a) d 轴等效电路　b) q 轴等效电路

小　　结

本章对 PMSM 的工作电流、电压、转矩、功率因数等进行了分析，这些内容是后面章节对 PMSM 进行控制的基础。

在实际工作过程中，PMSM 还受到调速系统的电压、电流等限制，这对电动机的运行工况有较大影响。

电流极限圆、电压极限椭圆、转矩与电流及电压的关系是控制 PMSM 时必须慎重考虑的。由于不同工作电流下，电动机磁路的饱和程度不同，电动机的 d、q 轴电感都会受到影响，所以精确地控制电动机的转矩是非常困难的。同时变频调速系统的供电电压会直接影响电动机电流的控制效果，特别是工作在高速情况下的 PMSM。电动机的铁耗会导致电动机的输出能力下降，需要以适当的方式进行补偿。试图对 PMSM 进行高性能的控制必须建立在对 PMSM 深入理解的基础上。

借助 JMAG 等有限元软件可以对电动机的铁耗、PWM 谐波带来的损耗进行更准确的分析；利用有限元软件与 MATLAB 软件进行联合仿真，可以提高仿真的准确性。

【幸福就像三棱镜，找准了自己的角度，便会释放出七彩光芒】

【辉煌是细节积累而成的】

【有时候，放弃是另一种收获；远离了夏花绚烂，你才会走进秋叶静美】

练 习 题

1. PMSM 的电流极限圆指的是什么？应如何设置电流极限？

2. PMSM 的电压极限椭圆是什么，与哪些因素有关？在电压限制的作用下，PMSM 的电流变化规律是什么？

3. 什么是 PMSM 的恒转矩曲线，什么是最大转矩/电流曲线？

4. 电动机的参数变化对 PMSM 的运行有何影响？

第7章 理想正弦交流电压源供电环境下 PMSM 的工作特性

永磁同步电动机的转速调节只能通过电动机定子侧交流电源的频率调节实现。本章重点分析理想的正弦交流电压源供电环境下 PMSM 的工作特性，具体包括不同频率与不同电压组合下的工作特性。

7.1 恒定电压、恒定频率的正弦交流电压源供电环境下 PMSM 的工作特性

7.1.1 PMSM 稳态工作特性分析

为简化公式的推导，分析中假定 $L_d = L_q = L$，即暂不考虑电动机的凸极效应。首先分析当恒定电压与恒定频率的正弦交流电压源供电下 PMSM 的稳态工作特性，MATLAB 程序如下：

```
ten = 0：2：220
u1 = 136
w = 2 * pi * 266
fai = 0.055
ld = 110e-6
lq = 110e-6
rou = lq/ld
np = 4
k3 = 1.5 * np * u1/lq/w
cosgm = - ten/(k3 * rou * fai);
gm = acos(cosgm) * 180/pi;
ud = u1 * cosgm;
uq = u1 * sqrt(1 - cosgm. ^2);
iq = - ud/w/lq;
id = - (fai - uq/w)/ld;
iman = sqrt(id. ^2 + iq. ^2)
cosdelta = id. /iman;
delta = acos(cosdelta) * 180/pi;
cosfai = cos((gm - delta) * pi/180);
plot(ten, delta, 'r', ten, iman, 'b')
hold on
plotyy(ten, gm, ten, cosfai * 1)    %绘制双纵坐标曲线
```

　　MATLAB 程序运行后得到如图 7-1 所示的图形。其中横坐标是电动机的输出转矩，其范围从 0 到 220Nm。红色曲线 1 是定子电流的相位角，蓝色曲线 2 是定子电流幅值，蓝色曲线 3 是电压矢量的相位角，绿色曲线 4 是功率因数波形，其纵坐标见图形右侧。

　　由于电动机的定子电阻非常小，这里忽略，所以电压的公式会简化一些。另外，由于不考虑凸极效应，电动机的转矩仅包含了永磁转矩，转矩公式也大为化简。

图 7-1　恒定电压与恒定频率下正弦交流电压源供电环境下 PMSM 的稳态特性

　　从图 7-1 中可以看出，在较小的转矩输出下，电动机电流工作在第一象限，即定子电流励磁分量产生了增磁的效果，实际上这是不需要的。另外，电动机的功率因数很低。所以图 7-1 表明当输出转矩较小时，采用恒定电压模式并不适合。换句话说，电动机并不需要如此高的电压，否则电动机的工作特性并不理想。

　　从图 7-1 中可以看出，在较大的输出转矩下，例如接近 180Nm 时，电动机的电流矢量逐步进入第二象限（$\delta > 90°$），电动机的功率因数普遍较高，但是电动机的电流幅值增加非常明显。因为转矩的输出需要有相应大小的 i_q，从而要求了较大的定子电流幅值。

　　图 7-2 给出了上述分析中电动机在电流相平面中的工作点。恒定电压和恒定频率下，图中的电压圆是固定不变的。电动机的恒转矩曲线是与横轴平行的，所以当电动机转矩逐步增加时，电动机的工作点从图中的 A_1 逐步移动到 A_2、A_3 等等，最大转矩对应了工作点 A_6。电动机的工作点从第一象限逐步移动到第二象限。

　　上述分析的 PMSM 与传统的隐极式电励磁同步电动机特性是相同的，它们的唯一区别就在于磁场是永磁体产生的还是直流励磁绕组产生的。

　　如果考虑到 PMSM 的凸极效应，电动机参数同 42kW 电动机，此时电动机的磁阻转矩明显较

图 7-2　电流相平面中的电动机工作点

大，因而与上述的隐极式电动机的特性大不相同。由于转矩公式比较复杂，可以借助半角正切公式进行 MATLAB 分析，得到图 7-3 的曲线。图 7-3 中的虚线与实线分别对应了隐极式与凸极式 PMSM 的特性曲线。蓝色曲线 1、2 对应了电流幅值（取 530A 为基值进行了标幺化处理），黑色曲线 3、4 对应了电压矢量的相位角（按照 180° 进行标幺化处理），紫色曲线 5、6 对应了功率因数，红色曲线 7、8 对应了电流矢量的相位角（按照 180° 进行标幺化处理）。可以看出，对于输出相同的转矩，凸极式电动机由于多了磁阻转矩分量，定子电流需求较少，并且功率因数相对较高。这样，电动机定子铜耗减少，功率因数提高，降低了电源容量的需求。

图 7-3　恒定电压与恒定频率下正弦交流电压源供电凸极 PMSM 的稳态特性

从图 7-4 的电动机电流工作点可以看出隐极式电动机与凸极式电动机工作点的不同，图中的虚线与实线分别对应了隐极式与凸极式 PMSM 电动机。图中电压圆变成了电压椭圆，水平的恒转矩曲线变成了实线的双曲线（这里只绘出了其中的一簇），它们的一些列交点对应了不同输出转矩下的电动机工作点。例如，A_1 点是电动机空载时的工作点，实线与虚线是重合的。随着转矩的不断提升，虚线的工作点明显成比例提高，电流需求较大；实线的工作点在上升的同时向左移动，因为有较高的磁阻转矩，故而对 i_q 的需求降低了。总的说来，在同一个转矩输出下，凸极电动机的定子电流幅值降低了。

此外，图 7-2 中工作点 A_6 移动到电压圆的最高点，这对应了 i_q 的最大点，即最大输出转矩点。但是在图 7-4 中，电压椭圆的最高点同样是 i_q 最大点，但并不是最大转矩输出点。

图 7-4　电流相平面中的隐极式
与凸极式电动机工作点对比

7.1.2　PMSM 起动过程分析

在第 4 章中对 PMSM 进行 MATLAB 仿真建模中已经对正弦电压供电的小功率 PMSM 直接起动进行了仿真，其波形如图 4-17 所示。可以发现，电动机的转矩 T_e 以及 i_q 呈现振荡，电动机的转速也呈现振荡，这种起动过程并不理想。

如果针对 7.1.1 中的大功率隐极式 PMSM 进行仿真，当负载折算到电动机轴的总转动惯量分别为 0.000001、0.0001、0.1 三种情况下，前述恒定频率、恒定电压（136V、266Hz）的正弦波供电时，电动机的仿真波形分别如图 7-5、图 7-6 和图 7-7 所示。三个图中的波形自上而下分别为：电动机转速、电动机转矩、i_d 与 i_q。

图 7-5　转动惯量为 0.000001 时仿真波形　　　　图 7-6　转动惯量为 0.0001 时仿真波形

当电动机转动惯量太小时，电动机转速可以增大到同步速度，但是电动机振荡异常明显，电动机呈现不稳定的振荡，无法稳定运行，如图 7-5 所示。当电动机转动惯量太大时，电动机速度根本无法加速到同步速度，一直保持在低速振荡，也无法稳定运行，如图 7-7 所示。只有当电动机转动惯量比较合适时，电动机既能够较快地进入同步状态，又能够稳定的运行，如图 7-6 所示。

上述分析只是简单的定性分析，下面将定量分析较大转动惯量下电动机的起动电流与转矩。

在较大转动惯量下，电动机的速度来不及在短时间内迅速增加，基本维持在 0 附近。电动机的起动电流可以按照下式近似计算（这里仍对隐极式电动机进行分析）。

$$I_{1m} = \frac{U_{1m}}{\sqrt{(R_1)^2 + (\omega_1 L)^2}} \qquad (7\text{-}1)$$

式 7-1 中的 ω_1 为电源的电角频率。根据前面的参数可以计算出电动机起动电流大约为 740A。这与图 7-7 中的结果近似。另外，进一步增大转动惯量以保证电动机的转速接近 0，得到的仿真波形如图 7-8 所示。从上到下的四个波形分别是 u_d、u_q、i_d 和 i_q。可以看出在最右侧的 i_d 与 i_q 基本上与 7-1 式计算值接近。

但是在图 7-8 中还可以看出实际的 i_d 与 i_q 的起动过程中的过渡值会大于式 7-1 的计算值。假定电动机速度 ω 恒定为 0，并且转子位置为 0，那么根据两相静止坐标系中电动机的数学模型（见附录 A）可以由下式分别计算出 i_d 与 i_q。

$$u_d = R_1 i_d + L_d \frac{\mathrm{d}i_d}{\mathrm{d}t} \qquad (7\text{-}2)$$

$$u_q = R_1 i_q + L_q \frac{\mathrm{d}i_q}{\mathrm{d}t} \qquad (7\text{-}3)$$

图 7-7　转动惯量为 0.1 时仿真波形

由于 R_1 很小，忽略 R_1 的压降，并且将上式改变为积分形式得到

$$i_d = \frac{1}{L_d} \int u_d \mathrm{d}t \qquad (7\text{-}4)$$

$$i_q = \frac{1}{L_q} \int u_q \mathrm{d}t \qquad (7\text{-}5)$$

从上式中明显看出，暂态中的定子电流与电压的积分密切相关。如图 7-8 所示，由于电压矢量的初始相位角是 90°，因而 $t=0$ 时，$u_d = 0$，$u_q = u_{1m}$ 为最大值。根据式 7-5 分析，可以知道 i_q 基本上从起动时就进入稳态，这与仿真结果对应。从式 7-4 和 u_d 波形可以知道，i_d 会经历一个达到最大暂态电流的过渡过程。在 0 到 1/2 供电周期内进行式 7-4 的积分，可以估算出最大暂态电流大约为稳态值的 2 倍，即接近 1480A。图 7-8 中的仿真数据约为 1430A，它们是比较接近的，其差距是由于忽略定子电阻产生的。这里的过渡过程与变压器空载合闸的过渡过程是类似的。

如果需要快速起动隐极式同步电动机，那么需要尽可能快速地增加 i_q。从图 7-8 的图形以及式 7-5 中可以看出，这就需要对 u_q 进行适当的控制。如果是电网供电，那么就需要提供一个合适的电压初始相位角。否则，有可能会有负的 i_q 出现，可能会出现电动机的反转。

下面将定量分析电动机的起动转矩。在第 6 章推导过电动机的转矩公式 6-41，对于隐极式电动机，忽略定子电阻 R_1，电动机电流进入了稳态（即不考虑式 7-4、7-5 的电流暂态），那么可以知道当电动机的转速为 ω 时，电动机的转矩公式为 7-6，式中的相角 γ 为电压矢量

图 7-8　大惯量($J = 100$)电动机的起动仿真波形

超前转子 d 轴的电角度。

$$T_e = 1.5 n_p \frac{-U_{1m} \mathit{\Psi}_f}{\omega L_q} \cos\gamma \tag{7-6}$$

注意：由于惯量大的电动机转速来不及增加很多，所以在 dq 坐标系中，电压矢量是一个高速旋转的电压矢量。所以 γ 也在快速、周期性变化而不能稳定下来，这就表明电动机的转矩也是一个高速振荡的变量，其频率主要由电压频率决定，另外还包含了电动机转速的低频振荡。从图 7-9 中容易看出振荡情况，图中自上而下 4 个波形分别是电动机转速、电动机转矩、i_d 和 i_q。

图 7-9　转动惯量 $J = 0.1$、电压矢量初始相角为 0 时的仿真波形

　　从式 7-6 中可以看出，电动机的起动转矩近似按照电压角频率高速振荡。如果在转矩为正值的半个周期内电动机的速度有明显的增加，那么经过几个周期，电动机就有可能进入同步速度运行。这类似于图 7-6 的起动过程。

　　不过在实际系统中，与大功率电动机相对应的机械系统的转动惯量也是比较大的，所以实际系统是难以直接起动的。这就是同步电动机调速系统的起动难题。传统的解决方法是在转子中加入阻尼绕组，电动机可以按照等效异步电动机起动，最后转入同步电动机方式运行于同步速度。另一种解决方法是采用一台原动机拖动同步电动机，将其转速提高至接近同步速度，然后投入工频交流电再进行起动。此时根据式 7-6 可知，只要两个速度较为接近，以及电压相位角控制比较合适，那么电动机可以达到同步速度。

　　顺便说说转子阻尼绕组的作用，它除了在起动中发挥作用，还可以提高同步电动机在同步速度下的运行稳定性，力图使电动机保持在同步速度而不偏离。而一旦进入同步速度运行后，阻尼绕组就没有基波感应电流和相应的转矩了。

7.1.3　PMSM 运行稳定性分析

1. 小信号模型推导

假定电动机已经运行在同步速度，那么在电动机受到一个微小的扰动，使其转子位置发生了变化时，对于前述的正弦交流电压供电的 PMSM 是否能够重新进入稳态运行？这是有关电动机运行稳定性的一个问题，下面采用传统的根轨迹方法进行分析。

为了分析电动机在工作点的稳定性问题，首先需要推导电动机在工作点的小信号模型。在转子 dq 坐标系中，PMSM 的数学模型可以用式 7-7 ~ 7-11 表示（以隐极式电动机为例）。

$$u_d = U_{1m}\cos\gamma$$
$$u_q = U_{1m}\sin\gamma \tag{7-7}$$

$$u_d = R_1 i_d + L_d \frac{\mathrm{d}i_d}{\mathrm{d}t} - \omega L_q i_q \tag{7-8}$$

$$u_q = R_1 i_q + L_q \frac{\mathrm{d}i_q}{\mathrm{d}t} + \omega(\psi_f + L_d i_d) \tag{7-8}$$

$$T_e = \frac{3}{2} n_p \psi_f i_q \tag{7-9}$$

$$\frac{\mathrm{d}\omega}{\mathrm{d}t} = \frac{n_p}{J}(T_e - T_1) \tag{7-10}$$

$$\frac{\mathrm{d}\theta}{\mathrm{d}t} = \omega \tag{7-11}$$

对于稳态的工作点，式 7-8 电压方程中的微分项为 0，因此可以简化为式 7-12。下标加 0 表示变量的稳态值

$$u_{d0} = R_1 i_{d0} - \omega_0 L_q i_{q0}$$
$$u_{q0} = R_1 i_{q0} + \omega_0 \psi_f + \omega L_d i_{d0} \tag{7-12}$$

对于理想正弦交流电压源供电的 PMSM 来说，电动机稳态工作点的各个物理量在下角标中加入 0 作为标记，如式 7-12 和式 7-13、式 7-14。

$$u_{d0} = U_{1m}\cos\gamma_0$$
$$u_{q0} = U_{1m}\sin\gamma_0 \tag{7-13}$$

$$T_{e0} = \frac{3}{2} n_p \psi_f i_{q0} \tag{7-14}$$

当受到某种扰动，电动机转子的位置在很短的时间内突然产生了一个小的增量 $\Delta\theta$ 后，受其影响，多个变量产生增量，并且电压稳态方程 7-12 不再成立，需要改用动态方程式 7-8。由于供电电源的频率未有改变，在转子 dq 坐标系中的电压矢量相位角发生变化，由于增量较小，近似有下式成立。

$$u_d = U_{1m}\cos(\gamma_0 + \Delta\gamma) = U_{1m}\cos\gamma_0\cos\Delta\gamma - U_{1m}\sin\gamma_0\sin\Delta\gamma \approx u_{d0} - u_{q0}\Delta\gamma$$
$$u_q = U_{1m}\sin(\gamma_0 + \Delta\gamma) = U_{1m}\sin\gamma_0\cos\Delta\gamma + U_{1m}\cos\gamma_0\sin\Delta\gamma \approx u_{q0} + u_{d0}\Delta\gamma \tag{7-15}$$

进而，可以求得 dq 轴电压的增量为

$$\Delta u_d = -u_{q0}\Delta\gamma$$
$$\Delta u_q = u_{d0}\Delta\gamma \tag{7-16}$$

需要注意的是，式中的电压相位角是定子电压矢量相对于 d 轴的夹角，因而存在下式。

$$\Delta\gamma = -\Delta\theta \tag{7-17}$$

这里将动态电压方程式改写为下式（注意 $L_d = L_q = L$）：

$$u_{d0} + \Delta u_d = R_1(i_{d0} + \Delta i_d) + L\frac{d(i_{d0} + \Delta i_d)}{dt} - (\omega_0 + \Delta\omega)L(i_{q0} + \Delta i_q)$$

$$u_{q0} + \Delta u_q = R_1(i_{q0} + \Delta i_q) + L\frac{d(i_{q0} + \Delta i_q)}{dt} + (\omega_0 + \Delta\omega)[\psi_f + L(i_{d0} + \Delta i_d)] \tag{7-18}$$

对式 7-18 进行分析，忽略其中的增量乘积，可以得到下式的增量方程式为

$$\Delta u_d \approx R_1\Delta i_d + L\frac{d\Delta i_d}{dt} - \omega_0 L\Delta i_q - \Delta\omega L i_{q0}$$

$$\Delta u_q \approx R_1\Delta i_q + L\frac{d\Delta i_q}{dt} + \Delta\omega\psi_f + \omega_0 L\Delta i_d + \Delta\omega L i_{d0} \tag{7-19}$$

将式 7-19 进行拉普拉斯变换，改写为频域表达式，并且采用矩阵描述，得到

$$\begin{pmatrix}\Delta i_d \\ \Delta i_q\end{pmatrix} = \frac{1}{(R_1 + Ls)^2 + (\omega_0 L)^2}\begin{pmatrix}R_1 + Ls & \omega_0 L \\ -\omega_0 L & R_1 + Ls\end{pmatrix}\begin{pmatrix}\Delta u_d + \Delta\omega L i_{q0} \\ \Delta u_q - \Delta\omega\psi_f - \Delta\omega L i_{d0}\end{pmatrix} \tag{7-20}$$

从 7-20 中可以计算出 q 轴电流的增量。根据式 7-14，转矩的增量可以表示为

$$\Delta T_e = \frac{3}{2}n_p\psi_f\Delta i_q \tag{7-21}$$

上面各方程式构成了 PMSM 速度增量系统，绘制成图 7-10 框图。

利用上述公式进行推导，可以得出图 7-11 中变形后的 PMSM 速度增量系统框图。

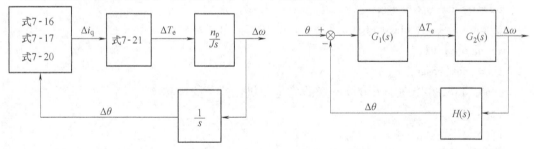

图 7-10　PMSM 速度增量系统的框图　　　　图 7-11　变形后的 PMSM 速度增量系统框图

2. 系统传递函数分析

图 7-11 中的各环节传递函数分别为

$$G_1(s) = \frac{1.5n_p\psi_f[(L\psi_f + L^2 i_{d0})s^2 + (\omega_0 L^2 i_{q0} + Lu_{d0} + R_1\psi_f + R_1 L i_{d0})s + (\omega_0 Lu_{q0} + R_1 u_{d0})]}{(R_1 + Ls)^2 + (\omega_0 L)^2}$$

$$\tag{7-22}$$

$$G_2(s) = \frac{n_p}{Js} \tag{7-23}$$

$$H(s) = \frac{1}{s} \tag{7-24}$$

针对上述电动机系统，可以求出电动机转速增量 $\Delta\omega$ 对位置增量 $\Delta\theta$ 的闭环传递函数。

$$M(s) = \frac{-G_1 G_2}{1 + G_1 G_2 H}$$

$$= \frac{-1.5\,n_p\psi_f\left[(L\psi_f + L^2 i_{d0})s^3 + (\omega_0 L^2 i_{q0} + Lu_{d0} + R_1\psi_f + R_1 Li_{d0})s^2 + (\omega_0 Lu_{q0} + R_1 u_{d0})s\right]}{\dfrac{J}{n_p}s^2\left[(R_1 + Ls)^2 + (\omega_0 L)^2\right] + 1.5\,n_p\psi_f\left[(L\psi_f + L^2 i_{d0})s^2 + (\omega_0 L^2 i_{q0} + Lu_{d0} + R_1\psi_f + R_1 Li_{d0})s + (\omega_0 Lu_{q0} + R_1 u_{d0})\right]}$$

$$\tag{7-25}$$

采用 MATLAB 程序进行分析为

```
tl = 0;            % 设定负载为 0
r = 0.004;
u1 = 136;
w = 2 * pi * 266;
fai = 0.055;
ld = 110e - 6; lq = 110e - 6; l = ld; rou = lq/ld;  % 设定隐极式同步电动机参数
np = 4;
k0 = 1.5 * np * fai;
iq = tl/(1.5 * np * fai);  % 根据电动机转矩计算 iq
aa = (w * w * ld * ld + r * r);
bb = (2 * w * w * fai * ld);
cc = ((r * iq + w * fai)^2 + (w * lq * iq)^2 - u1^2);
id = ( - bb + sqrt(bb * bb - 4 * aa * cc))/(2 * aa);  % 根据电动机稳态方程精确计算 id
ud = r * id - w * lq * iq;
uq = r * iq + w * (fai + ld * id);
cosgm = ud/u1;
gm = acos(cosgm);
sita0 = pi/180/1000 * (1000);  % 设定电动机位置角的扰动增量
id0 = id;
iq0 = iq;
w0 = w/np;         % 初始机械角速度
gm0 = gm;          % 设定电动机仿真时的初始变量
JJ = 1.2;          % 电动机的转动惯量
```

经过上述的初始化以后，可以建立如图 7-12 所示的传函模型进行仿真分析。图中的 step 模块用于设置电动机转子位置角的扰动量，这里在 0.001s 的时候加入 0.01 弧度的扰动。

前面的仿真已经表明，不同机械惯量同步电动机的恒压恒频电压源供电下的起动过程有很大区别。这同样也适用于电动机工作的稳定性分析。对于图 7-12 中的仿真模型，设置不同的转动惯量，可以发现电动机工作点的稳定性有很大差异。

图7-12　检验电动机工作点稳定性的仿真模型

图 7-13 给出的是电动机转动惯量为 1.2 时，电动机转子位置受到扰动后的转速波形，发现短时间内电动机的转速呈现近似等幅振荡，这表明电动机的阻尼非常小，近似为 0，电动机的稳定性较差。通过对传递函数的极点——特征方程的根进行分析，可以得到当电动机转动惯量约为 2.315e-4 时，电动机处于临界阻尼（即阻尼为 0）。小于该转动惯量，电动机的阻尼为正；大于该转动惯量，电动机的阻尼为负，系统将会不稳定。

图 7-13　转动惯量为 1.2 时的转速增量波形

当转动惯量为 1.2e-2 时，图 7-12 仿真的结果如图 7-14 所示，可以看出，系统呈现较为明显的发散现象。其中转速的波动周期略大于 0.02s，这个数值与后面给出的转动惯量为 1.2e-2 时系统极点的振荡频率相吻合。

图 7-14　转动惯量为 1.2e-2 时的转速增量仿真波形

图 7-15 给出了转动惯量为 1.2e-1 时的仿真波形图，转速同样也在发散，并且其振荡周期接近 0.07s。

图 7-15　转动惯量为 1.2e-1 时的转速增量仿真波形（放大后）

当已知电动机的转动惯量，计算特征方程的根可以利用下面的 MATLAB 程序。

首先，利用 MATLAB 命令 solve（'a * s^4 + b * s^3 + c * s^2 + d * s + f = 0 '，'s'）求出通解。由于是 4 阶方程，所以会有 4 个解，符号变量表示的通解异常复杂，这里不再给出。

在设置如下变量（a、b、c、d、f）后，利用 MATLAB 得到的通解就可以求解出具体的 4 个解。

a = JJ * l^2;

b = 2 * r * l * JJ;

c = JJ * w^2 * l^2 + JJ * r^2 + k0 * np * （ld * fai + ld * ld * id）;

d = k0 * np * （w * l * l * iq + l * ud + r * fai + r * l * id）;

f = k0 * np * w * l * uq + k0 * np * r * ud;

当转动惯量为 1.2e-4 时的 4 个解为：

1.0e + 003 *

 − 0.018713730852932 + 2.852374770627512i

 − 0.018713730852932 − 2.852374770627512i

 − 0.017649905510705 + 1.671429157223637i

 − 0.017649905510705 − 1.671429157223637i

当转动惯量为 2.315e-4 时的 4 个解为：

1.0e + 003 *

 − 0.036201896597670 + 2.056280273967196i

 − 0.036201896597670 − 2.056280273967196i

 − 0.000161739765968 + 1.670948811657810i

 − 0.000161739765968 − 1.670948811657810i

当转动惯量为 1.2e-3 时的 4 个解为：

1.0e +003 *

−0.041392991361230 + 1.671671380219274i

−0.041392991361230 − 1.671671380219274i

0.005029354997594 + 0.901648693313243i

0.005029354997594 − 0.901648693313243i

当转动惯量为 1.2e-2 时的 4 个解为：

1.0e +003 *

−0.036731797039001 + 1.671343927336217i

−0.036731797039001 − 1.671343927336217i

0.000368160675365 + 0.285204958451744i

0.000368160675365 − 0.285204958451744i

当转动惯量为 1.2e-1 时的 4 个解为：

1.0e +003 *

−0.036399489024285 + 1.671328858286100i

−0.036399489024285 − 1.671328858286100i

0.000035852660648 + 0.090190999805582i

0.000035852660648 − 0.090190999805582i

当转动惯量为 1.2 时得到的 4 个解为：

1.0e +003 *

−0.036367212270721 + 1.671327447444783i

−0.036367212270721 − 1.671327447444783i

0.000003575907085 + 0.028520936461676i

0.000003575907085 − 0.028520936461676i

从转动惯量为 1.2e-2 的特征根可以看出，不稳定的特征根的振荡角频率约为 285rad/s，对应的振荡频率约为 45Hz，其振荡周期约为 0.022s．略大于 0.02s，结果与图 7-14 的仿真结果相吻合。

3. 根轨迹分析

下面采用 MATLAB 根轨迹工具对转动惯量 J 与闭环系统极点的关系进行分析。首先将闭环系统特征方程改写为下式：

$$1 + \frac{Js^2\left[(R_1 + Ls)^2 + (\omega_0 L)^2\right]}{1.5\, n_p^2 \psi_f\left[(L\psi_f + L^2 i_{d0})s^2 + (\omega_0 L^2 i_{q0} + Lu_{d0} + R_1\psi_f + R_1 Li_{d0})s + (\omega_0 Lu_{q0} + R_1 u_{d0})\right]} = 0$$

(7-26)

然后采用下述的 MATLAB 程序就可以针对变量 J 进行系统根轨迹的分析。

h = tf([1   2 * r/l (w * w + r * r/l/l)   0 0]，[k0 * np * (ld * fai + ld * ld * i_d)/l/l
k0 * np * (w * l * l * i_q + l * u_d + r * fai + r * l * i_d)/l/l   k0 * np * (w * l * u_q + r * u_d)/l/l])

% 设置待分析的传递函数

rlocus(h)   % 进行根轨迹分析

[rr, kk] = rlocus(h)   % 计算出增益 kk（这里即是惯量 J）与根 rr（相应极点）。

rr = rlocus(h, 2. 31e - 4) % 计算出增益为 2. 31e - 4 时的根 kk

k = (0：10：100000) * 1e - 6;

figure

rlocus(h, k) % 利用给定的一系列增益 k 来绘制根轨迹图

采用上述程序得到的根轨迹如图 7-16 所示，放大后如图 7-17 所示。可以看出系统有两个有限的复数极点(在左半平面靠近虚轴处)和两个无穷远处的极点，系统有四个零点——两个同在原点处，另外两个复数零点在两个复数极点的左侧。当转动惯量分别为 2.315e-4、1. 2e-4、1. 2e-3、1. 2e-2、1. 2e-1 和 1. 2 的时候，右下角根轨迹的对应点分别为 A、B、C、D、E、F。可以看出，D、E、F 几个点非常靠近原点，系统呈现近似等幅振荡的现象，前面图 7-13 正是对 F 点的仿真波形。

图 7-16　关于转动惯量的系统根轨迹图

4. 仿真验证

另外，为了进一步验证上述分析结果，针对第 3 章建立的电动机动态仿真模型(见 4. 2 内容)进行 SIMULINK 动态仿真。首先根据前述命令计算出系统在不同输出转矩下的初始状态，包括电动机机械角转速(同步速度)、i_d、i_q、电压相位角的初始值以及转子位置角扰动量，然后分别在不同转动惯量下进行仿真。

空载下的各变量初始值分别为 417. 8rad/s、240A、0A、1. 56rad，负载 180Nm 下的各变量初始值分别为 417. 8rad/s、 - 12. 5A、545. 5A、2. 4rad。100Nm 负载转矩下的初始值为 417. 8rad/s、170A、303A、1. 987rad。

图 7-18 给出了空载下，设置初始值后未加扰动量的仿真波形。很容易看出，系统直接进入稳态运行，这就避免了仿真中因为初始值的设置偏差造成暂态振荡的发生。

图 7-19 给出了转动惯量为 1. 2 时的转速波形图，仿真 200s 后，可以看出它呈现出极其

微小的发散状态，这也表明系统极点位于右半平面非常靠近虚轴的地方。

图 7-17　根轨迹放大图

图 7-18　正确设置初始值后无扰动时的仿真波形图

图 7-19　转动惯量为 1.2 时的转速波形图

图 7-20 给出了转动惯量为 1.2e-1 时的转速波形图，仿真到 120s 后，可以看出它呈现出较为明显的发散状态。这说明转动惯量的减小，系统极点远离了虚轴。

图 7-20　空载下转动惯量为 1.2e-1 时的转速波形图

图 7-21 将图 7-20 的波形在 14s 附近进行放大，可以从局部看出，系统似乎处于等幅振荡中。另外，可以估算出振荡周期大约为 0.07s，这与图 7-15 以及根轨迹计算的系统右半平面极点的虚部都是相吻合的。

图 7-22 给出了图 7-20 在 120s 附近的放大波形图，此时可以估算出转速波形的振荡周期约为 0.08s，与前面的分析出现了偏离，这是因为此时转速偏离前面的稳态工作点已经较大，所以前面的计算公式就会出现较大偏差。

图 7-21　转动惯量为 1.2e-1 时的转速波形放大图（小幅度振荡时）

图 7-22　转动惯量为 1.2e-1 时的转速波形放大图（大幅度振荡时）

图 7-23 给出了加入 100Nm 负载以后、转动惯量为 1.2e-1 时的转速波形图。由于电动机转矩的实际输出能力下降较快，其均值约为 0，无法与负载平衡。所以在负载转矩的作用下，电动机转速迅速减少。

图 7-24 给出了转动惯量为 1.2e-2 时的转速波形图，图 7-25 给出了对应的电动机转矩波形图。可以看出转速的发散状态继续加强。由于电动机转矩的振荡，无法保证 0 转矩的输出，所以仿真到 15s 后，电动机速度开始下降。最后电动机的转矩围绕 0 上下波动，电动机的转速也就在 0 附近。

图 7-23　负载 100Nm 下转动惯量为 1.2e-1 时的转速波形图

图 7-24　空载下转动惯量为 1.2e-2 时的转速波形图

图 7-25　空载下转动惯量为 1.2e-2 时的转矩波形图

　　图 7-26 给出了转动惯量为 1.2e-4 时的转速波形图，图 7-27 是加入负载 100Nm 的转速仿真波形。可以看出，加入扰动以后，电动机转速出现振荡，但随即开始明显衰减。这是由于系统的极点位于左半平面，并且距离虚轴较远——从前面计算的系统极点可以知道。

图 7-26　空载下转动惯量为 1.2e-4 时的转速波形图

　　细心的读者可能会发现一个问题，系统进入稳态后为何转速以及转矩还是在振荡，怎么没有衰减了？这与仿真环境有关系。因为前面是需要仿真 200s，时间较长，所以系统的最大步长设置为 1e-3。为了弄清楚电动机最后是否还会有振荡存在，可以设置仿真最大步长为 1e-5，重新仿真的结果如图 7-28 所示，仿真步长设置如图 7-29 所示。结果很明显地表明系统是稳定的。

图 7-27　100Nm 负载下转动惯量为 1.2e-4 时的转速波形图

图 7-28　空载下转动惯量为 1.2e-4 时的转速
波形图(减小最大步长后的仿真)

这里再对转速波形的衰减过程进行定量的分析。根据前面提供的转动惯量为 1.2e-4 时的系统极点可以看到,此时系统的极点全部在左半平面,其中一对为(-18.7 + j2852)和(-18.7 - j2852),另一对为(-17.6 + j1671)和(-17.6 - j1671)。

放大仿真波形后,从中可以估算出,振荡开始时的最高转速约为 427.2rad/s,在 0.2s 时的转速约为 417.5rad/s,稳态转速为 417.8rad/s。假定系统只有第一对极点,按照指数规律进行衰减,那么时间为 t 时的转速增量应为

$$\Delta\omega = ke^{\sigma t} \tag{7-27}$$

图 7-29　修改仿真步长参数设置的对话框

式 7-27 中的 $k = 427.2 - 417.8 = 9.4$，$\sigma = -18.7$。令 $t = 0.2$，那么在 MATLAB 命令窗口中键入下述指令为

$9.4 * \exp(-18.7 * 0.2)$

可以得到转速增量约为 0.22。这与 $417.5 - 417.8 = -0.3$ 的绝对值是比较接近的。

有几点需要说明：

从对根轨迹的分析中可以发现，电动机在不同负载下工作点的稳定性是不同的。当负载加大时，右半平面极点的实部与虚部都会略微减小。

总的说来，电压型电源供电的同步电动机稳定性较差。如果采用自控式的电流闭环控制，则会大大提高其稳定性能。

本节是将转动惯量作为研究对象，进行了稳态工作点的稳定性分析。同样也可以针对其他的变量，进行稳定性分析。

本节中分析的情况是恒压恒频(Constant Voltage Constant Frequency，CVCF)的电压源，下面两节将分别对变压变频与恒压变频电压源供电下的电动机工作特性逐一分析。

7.2　额定频率以下变频正弦交流电源供电环境下 PMSM 的工作特性

在两相静止坐标系中，PMSM 的电压矢量方程式为

$$\boldsymbol{u}_1^{2s} = R_1 \boldsymbol{i}_1^{2s} + p \boldsymbol{\psi}_1^{2s} \tag{7-28}$$

对于理想正弦交流电压源供电的 PMSM 在稳态情况下，该式可以描述为

$$\boldsymbol{u}_1^{2s} = R_1 \boldsymbol{i}_1^{2s} + \mathrm{j}\omega \boldsymbol{\psi}_1^{2s} \tag{7-29}$$

较高速度下，定子压降比例很小，忽略后得到式 7-30。如果仅仅对矢量的幅值感兴趣，那么不管是在那个坐标系中，都有式 7-31 近似成立。

$$u_1^{2s} \approx j\omega\psi_1^{2s} \tag{7-30}$$

$$|\psi_1| \approx \frac{|u_1|}{\omega} \tag{7-31}$$

从式 7-31 中容易知道，额定频率下改变定子电压的角频率时，如果定子电压幅值不变，那么绕组磁链将会随之变化。具体来说，如果降低频率而电压不变，那么磁链加大，这意味着电动机的磁路会加大饱和程度。并且实际上，由于电动机磁路进入了饱和，磁通密度、磁通和磁链不会增加很多，为了保证式 7-29 的成立，会产生很大的定子电流，大大增加定子电阻压降从而与外部端电压相平衡。实际工作中是不允许出现这种情况的。电动机在合理的设计中，其工作时的磁路已经有部分程度的饱和，一般不允许进一步加大饱和。那么根据式 7-31 可以知道，为了保证磁路工作状态，随着频率的下降，电动机的端电压需要降低。

如果端电压的下降速度比定子频率的下降速度快很多的话，那么根据式 7-31 知道，电动机绕组的磁链会有很大程度的下降。这将导致在相同的定子电流下，电动机的输出转矩会下降很多，所以一般情况下也不会将端电压下降过多。

为了充分利用电动机内部的导磁材料，那么磁场一般是保持在额定状态下——这就意味着电动机的定子端电压与定子供电频率的比值近似保持不变。

7.2.1　恒定频率下的 PMSM 工作特性

在某个恒定频率下（低于额定频率），根据式 7-31 获得电动机的定子端电压，下面分析具有该频率和电压幅值的理想正弦电压源供电下，电动机在不同负载下运行的工作特性。首先给出 10% 额定频率下 PMSM 工作特性分析的 MATLAB/SIMULINK 程序，然后详细分析 1% 额定频率下的 PMSM 起动情况。

在 10% 额定频率下，设定负载从空载逐渐增加到 100Nm（额定负载），根据电动机稳态运行公式估算出电动机的各状态变量，然后运行 mdl 模型仿真程序，并将结果记录下来，最后进行绘图。运行 mdl 仿真程序的目的是：如果电动机稳态工作变量计算不准确，那么进行 mdl 动态仿真一段时间后的运行结果（在 mdl 文件中设置好合适的仿真时间，以便系统可以进入稳态）确保是其真正的稳态工作点，进而得出的结论才是正确的。MATLAB 中的程序如下：

```
ten = 0：5：101；nn = length(ten)；u1 = 136 * 0.1
w = 2 * pi * 266 * 0.1；r = 0.004；
fai = 0.055；ld = 110e-6；lq = 110e-6
rou = lq/ld；np = 4；k0 = 1.5 * np * fai；
for ii = 1：nn
tl = ten(ii)；
iq = tl/k0；
aa = (w * w * ld * ld + r * r)；
bb = (2 * w * w * fai * ld)；
cc = ((r * iq + w * fai)^2 + (w * lq * iq)^2 - u1^2)；
id = (-bb + sqrt(bb * bb - 4 * aa * cc))/(2 * aa)；
```

$ud = r * id - w * lq * iq$;

$uq = r * iq + w * (fai + ld * id)$;

$cosgm = ud/u1$;

$gm0 = acos(cosgm)$;

$ud = u1 * cosgm$;

$uq = u1 * sqrt(1 - cosgm^2)$;

$iq0 = iq$;

$id0 = id$;

$w0 = w/np$;

$sim('PMSM\_dis\_42kw\_ana322.mdl')$

$delta(ii) = simout(1)$;

$cosfai(ii) = simout(2)$;

$ima(ii) = simout(3)$;

$gm(ii) = simout(4)$;

$te(ii) = simout(5)$;

　　　　end

plot(ten, delta/180, 'b', ten, cosfai, 'r', ten, ima/350, 'k', ten, gm/180, 'g', ten, te/100, 'm')

grid on

axis([0 100 0 1.2])

在上述分析中调用的 mdl 仿真程序如图 7-30 所示。与上述 MATLAB 程序相对应的是，图 7-30 中的 Sine Wave 的参数设置如图 7-31a 所示，图 7-30 中的 PMSM_ nons 模块的参数设置如图 7-31b 所示，图 7-30 中的 To Workspace 模块的参数设置如图 7-32 所示。

图 7-30　进行稳态分析的动态仿真程序

a)

b)

图 7-31　正弦波模块与电动机模块的参数设置对话框

图 7-32　仿真结果保存（To Workspace）的参数设置对话框

　　图 7-33 给出了上述的 10% 额定频率下的仿真结果。图中的紫色曲线 1 是输出转矩标幺值曲线，黑色曲线 2 是定子电流幅值标幺值曲线，蓝色曲线 3 是定子电流矢量相位角的标幺值曲线，绿色曲线 4 是定子电压矢量相位角的标幺值曲线，红色曲线 5 是电动机定子功率因数曲线。

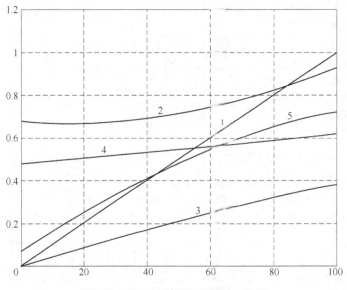

图 7-33　10% 额定频率下的仿真结果

下面分析说明低频电源(以 1% 额定频率电源为例)更适于同步电动机的起动。采用 7.1 节的关于转动惯量 *J* 的根轨迹分析可以知道,在 1% 额定频率下,当负载为空载的情况下,系统根轨迹如图 7-34 所示。当负载加大到 10Nm 时,根轨迹如图 7-35 所示。

图 7-34　空载时 1% 额定频率下的根轨迹图
(图中的英文是 MATLAB 程序自动添加的,余同)

图 7-35　负载 10Nm 1% 额定频率下的根轨迹图

　　负载继续增加到 30Nm 时的根轨迹如图 7-36 所示。当负载增加到 35Nm 以后，根轨迹波形图基本上与图 7-37 差不多，基本上不再变化。

图 7-36　负载 30Nm 1% 额定频率下的根轨迹图

图 7-37　负载 35Nm 1% 额定频率下的根轨迹图

从图 7-34 ~ 7-36 中可以看出，在 1% 额定频率的不同负载下，系统基本上都是稳定的。但是对于图 7-37，当转动惯量较大时，极点逐渐接近原点，系统将会变得不稳定(此时在原点有多个零极点)——此时的根轨迹图受到定子端电压的影响较大，如果适当放大定子电压值，那么图 7-37 将会重新变回图 7-36 的样子。

针对上述结果进行时域分析，也可以得出上述类似结论。图 7-38 给出了定子频率与定子电压均为额定值 1% 的电动机起动仿真波形图。电动机的转动惯量为 1.2，负载转矩始终为 10Nm，图中最上面的三条曲线是三相定子电流波形，中间是电动机转速波形，最下面是电动机的转矩波形。可以看出，电动机可以顺利起动。

图 7-38　负载 10Nm 转动惯量为 1.2 时电动机起动仿真波形图

仅仅减小电动机的转动惯量，其他不变，电动机的起动仿真波形如图 7-39 所示，电动机也可以顺利起动。不过由于转动惯量较小，所以振荡频率明显高很多。

图 7-40 给出了当电动机转动惯量为 1.2、负载为 35Nm 时的起动仿真波形。明显看出，电动机不能够顺利起动，而是一直处于振荡中。这一点与根轨迹分析结论相似。

图 7-41 给出了当电动机转动惯量为 1.2e-4、负载为 50Nm 时的起动仿真波形。明显看出，电动机不能够顺利起动。

对于 1% 额定频率下，补偿定子电压使其达到 2% 的额定电压。那么对于 100Nm 的负载，电动机都可以较为顺利地起动。图 7-42 中的转动惯量为 1.2，图 7-43 中的转动惯量为 1.2e-4。

图 7-39　负载 10Nm 转动惯量为 1.2e-4 时电动机起动仿真波形图

图 7-40　负载为 35Nm、转动惯量为 1.2 时电动机起动仿真波形图

图 7-41　负载为 50Nm、转动惯量为 1.2e-4 时电动机起动仿真波形图

图 7-42　负载为 100Nm、转动惯量为 1.2 时电动机起动仿真波形图(补偿定子电压)

图 7-43　负载为 100Nm、转动惯量为 1.2 e-4 时电动机起动仿真波形图(补偿定子电压)

图 7-44 给出了 10% 额定频率下的电动机根轨迹图。可以发现，该根轨迹图与 7.1 节中的额定频率下的根轨迹图非常相似。从中知道，对于较大的转动惯量，系统的极点很容易进

图 7-44　10% 额定频率下的根轨迹图

入到右半平面从而使系统不稳定。换句话说，如果直接用 10% 额定频率的电源起动 PMSM，电动机很可能无法正常起动。如果降低了电源的频率，如图 7-42 和 7-43 所示，系统则可以顺利起动。这一点说明了变频电源较恒压恒频电源更适于同步电动机的起动。

7.2.2　不同频率下的 PMSM 工作特性

下面针对不同频率时的电动机工作特性进行分析，假定电动机的负载均为额定负载，分析过程与 7.2.1 类似。

图 7-45、图 7-46、图 7-47 分别是 30%、60% 以及 100% 额定频率下的不同负载时的电动机变压变频工作特性。各图中 1~5 曲线的含义均与图 7-33 中相同。

图 7-45　30% 额定频率下的仿真结果　　　图 7-46　60% 额定频率下的仿真结果

根据图 7-33、图 7-45、图 7-46、图 7-47 可以看出，当电动机工作在额定频率及其以下时，按照前述的变压变频工作模式，电动机都可以输出期望的转矩，并且电动机的定子电流也在合适的范围内。根据前述结果可以绘出图 7-48 额定频率以下的电动机变压变频工作特性。可以看出，电动机端电压（曲线 1）近似与频率成正比例，电动机具有恒转矩（曲线 2）输出的特性。因而在额定频率以下的区域又通常被称为恒转矩区域，这与额定频率以上的区域是有很大不同的。

图 7-47　100% 额定频率下的仿真结果　　　图 7-48　额定频率以下时的
电动机变压变频工作特性

　　从上述分析以及式 7-31 中可以看出,在额定频率以下的调速过程中,电动机的定子端电压与定子频率的调节需要同步,即在调节定子频率的同时调节定子电压,这就是常见的变压变频调速(Variable Voltage Variable Frequency,VVVF)。

　　在额定频率以下的范围内,当定子端电压与定子频率成正比例时,电动机的定子磁链可以保持基本不变,充分利用了电动机的工作磁场。不过当定子频率非常低时,需要对定子端电压进行适当的补偿以保持磁场恒定,因为此时式 7-29 中的定子电阻压降不可忽略了。

7.3　额定频率以上变频正弦交流电源供电环境下 PMSM 的工作特性

　　如前所述,电动机在运行中一般都需要保持磁场的恒定,以充分利用电动机的磁材料和充分发挥电动机的转矩输出能力。因而随着定子频率的逐步增加,定子端电压会逐步提高。当电动机运行在额定频率时,电动机的定子电压达到了额定电压,通常情况下,该电压值也是最大值。那么在继续进行变频升速的过程中,定子端电压只能保持最大值不变,由式 7-31 可知,这必然会导致电动机磁场的削弱。换句话说,电压受到限制,频率继续提高,磁场逐渐削弱,这就是常说的弱磁升速。

　　当电动机运行在高速区域时,定子电阻的压降可以略去不计(大功率电动机一般都不会有明显误差)。对于隐极式 PMSM 而言,电动机的转矩公式可以删去磁阻转矩一项,只剩下永磁转矩一项,如式 7-32 所示。

$$T_e = 1.5 n_p \frac{-U_{1m} \Psi_f}{\omega L_q} \cos\gamma \tag{7-32}$$

　　根据式 7-32 可以知道,当电压矢量相位角领先 d 轴 180°时,电动机的转矩呈现最大值,见式 7-33。

$$T_{emax} = 1.5 n_p \frac{U_{1m} \Psi_f}{\omega L_q} \tag{7-33}$$

　　从式 7-33 中可以很容易地看出,在一定的定子端电压下,电动机输出转矩的理论最大值与定子角频率成反比例。在运行中需要考虑电动机的定子电流不能太大,电动机并不能工作在理论最大值处。通常情况下,随着转速的增加,电动机输出转矩被控制从其额定值逐渐下降,这使电动机的功率保持近似不变。

　　对于恒功率区、恒压变频调速下的 PMSM 电动机工作特性的分析,MATLAB 程序如下:

```
clear
k = 1 : 0.1 : 3.01; nn = length(k);
r = 0.004; fai = 0.055; ld = 110e-6; lq = 110e-6
rou = lq/ld; np = 4; k0 = 1.5 * np * fai;
u1 = 136;    u1n = u1 * ones(size(k));        %定子电压数组的设置
tl = 100./k;                                   %电动机输出转矩的设置
w = 2 * pi * 266 * k;                          %定子角频率的设置
iq = tl/k0;
aa = (w. * w * ld * ld + r * r);
```

bb = (2 * w. * w * fai * ld) ;

cc = ((r * iq + w * fai). ^2 + (w * lq. * iq). ^2 - u1n. ^2) ;

id = (- bb + sqrt(bb. * bb - 4 * aa. * cc)). /(2 * aa) ;

ud = r * id - w * lq. * iq ;

uq = r * iq + w. * (fai + ld * id) ;

cosgm = ud. /u1n ;

gm = acos(cosgm) ;

ima = sqrt((id). ^2 + (iq). ^2)

cosfai = (ud. * id + uq. * iq). /(u1n. * ima)

plot(k, u1n/136, 'b', k, cosfai, 'r', k, ima/350, 'k', k, tl/100, 'm')

grid on

axis([0 3 0 1.2])

hold on

分析后得到的结果如图 7-49 所示。图中的蓝色曲线 1 是电动机的定子电压标幺值,紫色曲线 2 是电动机的输出转矩标幺值曲线,黑色曲线 3 是电动机的定子电流曲线,红色曲线 4 是电动机功率因数曲线,图中横坐标是定子频率的标幺值。

从图 7-49 中可以看出,在额定频率以上的变频调速过程中,电动机的定子端电压受到限制从而维持不变,这称为恒压变频调速(Constant Voltage Variable Frequency, CVVF)。

在额定频率以上的范围内,由于电压受到限制,电动机的磁场随着转速的升高而逐步削弱,电动机的转矩输出能力也逐步降低,电动机的输出功率可以近似保持不变,因而该区域通常又被称为恒功率区域。

将 7.2 与 7.3 两小节中的结论共同绘制在图 7-50 中。在基频(额定频率)以下时,电动机实施电压(曲线 1)与频率协调的 VVVF 控制,电动机的磁场保持恒定,电动机的转矩(曲线 2)输出能力保持不变;在基频以上时,电动机实现恒压变频的 CVVF 控制,电动机的磁场逐渐削弱,电动机的功率近似保持不变。

图 7-49　额定频率以上恒压变频时
电动机的工作特性

图 7-50　不同速度范围内 PMSM
变压变频特性

　　需要指出的是，上述给出的是采用变压变频调速技术中，电动机定子电压与定子频率之间的大致关系。在具体的电动机控制中，往往有不同的控制策略可以采用，因而呈现出的具体电压、电流、功率因数、磁链与频率之间的关系会有所不同。以目前占据主导地位的交流电动机矢量控制技术为例，电动机的转矩控制是从电流的控制入手的，这些内容在本章中并没有深入分析，在后续章节会对其展开分析。

小　　结

　　在不改变定子极对数时，永磁同步电动机的转速调节只能通过定子频率的调节来实现。

　　本章首先分析了在恒定电压与恒定频率下，PMSM 起动过程与稳态工作特性；然后重点分析理想正弦波交流电压源供电下 PMSM 的工作特性，具体包括不同频率与不同电压组合下 PMSM 的工作特性。

　　在实际调速系统中，PMSM 的供电电源是变压变频的逆变器，这将在后面章节继续进行分析。

　　【我们不能没有自己，也不能只有自己】

　　【生命中最美丽的收获之一是：帮助他人的同时，也帮助自己】

　　【很多的时候，我们能给予别人最好的礼物，未必是金钱，而是一份简单的关心和肯定】

练 习 题

　　1. 在额定电压、额定频率供电电源下，PMSM 是根本不可能起动的，这种描述是否正确，为什么？

　　2. 为什么在有的 PMSM 中，转子上面会加有阻尼绕组，其作用何在，又有何弊端？

　　3. PMSM 在稳定运行后，不管机械负载如何变化，电动机都会稳定运行于同步速度，这种说法正确么？

　　4. 为何当供电电源频率较低时，PMSM 较容易起动？请结合根轨迹图来说明。

　　5. 在包括基频以下和基频以上的整个调速范围内，PMSM 定子磁场、转矩、功率的控制规律是怎样的？

第8章　三相电压型逆变器的构成与工作原理

8.1　三相电压型逆变器的构成

采用工频交流电网提供恒压恒频交流电时，永磁同步电动机调速系统无法实现调速，现在已经普遍采用变频技术对其进行调速。这就需要一个能够提供变压变频（Variable Voltage Variable Frequency，VVVF）的交流电源——逆变器。现代的逆变器基本上都是采用固态电力电子器件构成的静止式逆变器。

电力电子技术是电力学、电子学和控制理论三个学科交叉而形成的，它在能量的产生和使用之间建立了一个联系，它可以使不同的负载得到期望的最佳能量供给形式和最佳控制，同时保证了能量传递的高效率。它研究的内容非常广泛，主要包括电力电子器件、电力电子电路、控制集成电路以及由其组成的电力变换装置。电力电子变换装置的功率可以大到几百兆瓦甚至吉瓦，也可以小到几瓦甚至更小。

1904 年出现的电子管能在真空中对电子流进行控制，并应用于通信和无线电，从而开启了电子技术用于电力领域的先河。20 世纪 30 年代到 50 年代，水银整流器广泛用于电化学工业、电气化铁道直流变电所以及轧钢用直流电动机的传动，甚至用于直流输电。这一时期，各种整流电路、逆变电路、周波变流电路的理论已经发展成熟并广为应用。

1947 年，贝尔实验室发明的晶体管引发了电子技术的一场革命。1956 年，贝尔实验室发明了晶闸管，1957 年美国通用电气公司生产出了第一只晶闸管，1958 年晶闸管开始商业化，电能的变换和控制从旋转的变流机组和静止的离子变流器进入由固态电力电子器件构成的半导体变流器时代，这标志着电力电子技术的诞生。20 世纪 70 年代后期，以门极可关断晶闸管（GTO）、电力晶体管（GTR）、功率场效应晶体管（Power MOSFET）为代表的全控型器件迅速发展。这些器件既可以控制开通，也可以控制关断，并且开关速度高于晶闸管。这种控制方式与数字电子技术和计算机技术相结合，进一步促进了电力电子技术的快速发展。20 世纪 80 年代以后，人们利用复合工艺将各类器件的优势复合在一起，推出了一系列性能更加优越的器件，如绝缘栅双极型晶体管（IGBT）、集成门极换流晶闸管（IGCT）等。IGBT 是 MOSFET 与 GTR 的复合，兼有 MOSFET 驱动功率小、开关速度快和 GTR 通态压降小、载流能力强的优点，性能优越，已成为现代电力电子技术主导器件之一。

电力电子器件品种繁多，通常按开关控制性能分为：

（1）不控型器件

这是无控制端口的两端器件，如功率二极管，不能用控制信号来控制其通断。

（2）半控型器件

这是有控制端口的三端器件，但其控制端在器件导通后即失去控制能力，必须借助辅助电路提供合适的电压和电流等条件才能关断此类器件。晶闸管及其大部分派生器件均属这一类。

（3）全控型器件

这也是有控制端口的三端器件，但其控制端具有控制器件导通和关断的双重功能，故称自关断器件。如 GTO、GTR、MOSFET、IGBT 等器件均属这一类。

各类器件的工作频率、容量的关系如图 8-1 所示。

图 8-1　不同类型器件的应用场合

应用在功率变换领域的电力电子器件与模拟电子技术中用于信号处理的半导体器件的工作原理是一致的。它们最大的不同是模拟电子技术中的器件工作在线性放大区域，对信号进行线性处理；而电力电子技术中的器件工作在开关状态，即在截止区和饱和区，这些器件代替了理想的开关，不允许工作在线性放大区内。如若工作在线性区域内，器件承受的电压和电流都很大，损耗会很大，很快就会烧坏。

目前，市场上较为常见的半导体器件厂商有：INFINEON、IXYS、MITSUBISHI、FUJI、ROHM、CREE、SEMIKRON、ABB、VISHAY、STMICROELECTRONICS、FAIR-CHILD 等等。

逆变器种类繁多，按照主开关器件来分，有晶闸管（Thyristor）、门极可关断晶闸管（Gate Turn Off Thyristor，GTO）、金属氧化物场效应晶体管（Metal Oxide Semiconductor Field Effect Transistor，MOSFET）、绝缘栅双极型晶体管（Insulated Gate Bipolar Transistor，IGBT）、集成门极换流晶闸管（Integrated Gate Commutation Thyristor，IGCT）等；按照输出电平数目来分，有两电平逆变器和多电平逆变器等；按照输出电压电流特性来分，有电流型逆变器（Current Source Inverter，CSI）、电压型逆变器（Voltage Source Inverter，VSI）以及近年来出现的 Z 源逆变器等。除非特别指出，本书中的电压型逆变器均指采用 IGBT 器件的两电平电压型逆变器。

图 8-2 给出了三相逆变器装置的整体结构示意图与构成该装置的各主要部件。它的输入为直流电，输出为三相交流电，装置的正面有与外部控制信号相连接的插座，底部安装有散热器。电动汽车驱动电动机用逆变器通常采用水冷，所以图中给出了进水孔（较低位置）、出水孔（较高位置）及水路示意图，水路需经过优化设计，从而对逆变器各主要发热部件进行有效散热。

图 8-2 VSI 装置结构示意图与构成装置的各主要部件

图 8-3 给出了 PMSM 变频调速系统中与电压型逆变器装置相关的典型电气部件及各种电气信号连接示意图。从图中可以看出，VSI 的电路主要包括主电路、控制电路、检测电路、驱动电路等。主电路包括图 8-3 中 R_1、K_1 和 K_2 构成的预充电电路、功率母排、直流侧电容器 C、三相桥式电路及其吸收电路、PMSM。图 8-3 中控制电路以高性能的数字信号处理器（DSP）为核心，它根据主电路的电压、电流、温度、电动机转速等信息，产生适当的 PWM 信号给驱动电路，并通过 CAN、USB、JTAG 等通信接口与外部进行通信，典型的数字信号处理器将在本书 11 章进行讲解。图 8-3 中的检测电路对 VSI 直流侧电压、交流侧电流（或电压）、装置的温度、电动机转子位置等信息进行测量，并转化为合适的信号输送给数字控制器。图 8-3 中的驱动电路将控制电路提供的 PWM 电压信号进行适当的放大处理后去控制半导体器件的可靠导通与可靠关断，并将开关器件的工作状态反馈给控制电路。

在电压型逆变器中，应用较多的电力电子器件是功率二极管、MOSFET、IGBT、IPM 等器件，SiC 材料器件也已经开始得到应用。下面将逐一介绍。

8.1.1　功率二极管

功率二极管是不可控器件，结构简单，工作可靠，额定电压与额定电流都较高，目前仍然大量应用于许多电气设备中。

功率二极管是由一个面积较大的 PN 结和两端引线以及封装组成的，图 8-4 给出了功率二极管的结构（a）、电气图形符号（b）以及外形图。从外形看，早期主要有螺栓型（c）和平板型（d）两种封装，现都已采用模块化封装（e）。

1. 功率二极管的基本特性

（1）静态特性

功率二极管的静态特性主要是指其伏安特性，如图 8-5 所示。当功率二极管承受的正向电压达到一定值（门槛电压 U_{TO}），正向电流 I_A 才开始明显增加。与正向电流 I_A 对应的功率二极管两端的电压 U_A 为其正向电压降。当功率二极管承受反向电压 U_B 时，只有少子引起的微小而数量恒定的反向漏电流。

（2）动态特性

因为 PN 结之间结电容的存在，功率二极管在零偏置、正向偏置和反向偏置这三种状态之间转换的时候，必然经历一个过渡过程。在这些过渡过程中，PN 结的一些区域需要一定时间来调整其带电状态，因而其电压-电流特性不能用前面的静态伏安特性来描述。

图8-3 VSI各电气部件及电气连接示意图

图 8-4　功率二极管

图 8-6a 给出了功率二极管由正向偏置转换为反向偏置时的动态过程波形。处于正向导通状态的功率二极管的外加电压在 t_F 时刻由正向突然变为反向时，正向电流在反向电压的作用下开始下降，直至正向电流为零（时刻 t_0）。此时功率二极管在 PN 结两侧储存的大量少子并没有恢复反向阻断能力，所以仍处于导通中，故而会出现反向电流并在 t_d 的时间内迅速下降为 I_{RP}。在外电路电感的作用下导致功率二极管两端产生了较外加反向电压（U_R）大得多的反向电压过冲 U_{RP}。在电流变化率接近零的 t_2 时刻，功率二极管两端承受的反向电压才降至外电压的大小，功率二极管完全恢复对反向电压的阻断能力。图 8-6 中阴影部分代表了反向恢复电荷

图 8-5　功率二极管的伏安特性

Q_{rr}，时间 $t_d = t_1 - t_0$ 称为延迟时间，$t_f = t_2 - t_1$ 称为电流下降时间，$t_{rr} = t_d + t_f$ 称为功率二极管的反向恢复时间。其下降时间与延迟时间的比值 t_f/t_d 称为恢复系数（用 S_r 标记）。S_r 越大则称恢复特性越软，实际上就是反向电流下降时间相对较长，因而在同样的外电路条件下造成的反向电压过冲 U_{RP} 较小。

图 8-6　功率二极管的关断过程与导通过程

a）关断过程　b）导通过程

图 8-6b 给出了功率二极管由零偏置转换为正向偏置的 u、i 动态波形。可以看出，在这一动态过程中，功率二极管的正向压降也会先出现一个过冲 U_{FP}，经过一段时间后才趋于接近稳态压降（如 2V），这一动态过程时间被称为正向恢复时间 t_{fr}。

功率二极管的主要参数有：正向平均电流、正向压降、反向重复峰值电压、最高工作结温、浪涌电流等。普通的功率二极管多用于开关频率不高（1kHz 以下）的整流电路中，其反向恢复时间较长，一般在 5μs 以上，其正向电流定额和反向电压定额均可以达到很高。例如 DD89N 反向重复峰值电压 1800V、正向平均电流 89A、正向压降 1.5V、浪涌电流 2400A、最高工作结温 150℃、反向漏电流 20mA。

2. 快恢复二极管

快恢复二极管（Fast Recovery Diode，FRD）的内部结构与普通二极管不同，它是在 P型、N 型硅材料中间增加了基区 I，构成 P-I-N 硅片。由于基区很薄，反向恢复电荷很少，不仅大大减小了 t_{rr} 值，还降低了瞬态正向压降，使器件能承受很高的反向工作电压。

FRD 一般有 0.8 ~ 1.1V 的正向导通压降，几百纳秒的反向恢复时间，正向电流是几安培至几千安培，反向峰值电压可达几百到几千伏。在导通和截止之间迅速转换，提高了器件的使用频率并改善了波形。FRD 在制造工艺上采用掺金、单纯的扩散等工艺，可获得较高的开关速度，同时也能得到较高的耐压。目前，FRD 主要作为续流二极管或整流管广泛应用于开关电源、不间断电源（UPS）、交流电动机变频调速（VVVF）、高频加热等装置中。

超快恢复二极管（Ultra Fast Recovery Diode）的反向恢复电荷进一步减小，使其 t_{rr} 可低至几十纳秒。例如 INFINEON 公司的 600V、30A 的快恢复二极管 IDB30E60，正向压降 1.5V，反向恢复时间约 180ns，反向峰值电流约 20A，反向恢复电荷约 2000nC。

3. 肖特基二极管

肖特基二极管（Schottky Barrier Diode，SBD）不是利用 P 型半导体与 N 型半导体接触形成 PN 结原理制作的，而是利用金属与半导体接触形成的金属-半导体结原理制作的。因此，SBD 也称为金属-半导体（接触）二极管或表面势垒二极管，它是一种热载流子二极管。SBD 的反向恢复时间很短（10 ~ 40ns），正向恢复过程中也不会有明显的电压过冲；其正向压降比较小，明显低于快恢复二极管；因此，其开关损耗和正向导通损耗都比快速二极管还要小。但 SBD 能承受的反向耐压比较有限，反向漏电流较大且为正温度特性，因此反向稳态损耗不能忽略，而且必须严格限制其工作温度，防止出现热失控。SBD 更适合在低压、大电流输出场合用于高频整流。例如 MOTOROLA 公司的 100V、20A 的 MBR20100CT。

4. 碳化硅肖特基二极管（SiC SBD）

碳化硅（SiC）是一种由硅（Si）和碳（C）的化合物构成的半导体材料，被认为是一种超越 Si 极限的功率器件材料。由于 SiC 的绝缘击穿场强更高（Si 的 10 倍），因此与 Si 器件相比，能够以具有更高的杂质浓度和更薄的漂移层制作出 600V ~ 数 kV 的高耐压功率器件。高耐压功率器件的阻抗主要由漂移层的阻抗组成，因此采用 SiC 可以得到单位面积导通电阻非常低的高耐压器件。理论上，相同耐压的器件，SiC 单位面积的漂移层阻抗可以降低为 Si 的 1/300。为了改善高耐压化引起的导通电阻增大的问题，Si 材料器件主要用来制造少数载流子器件（如 IGBT 等），却存在开关损耗大的问题，较高的发热限制了器件工作频率。SiC 材料能够以高频器件结构的多数载流子器件（肖特基势垒二极管和 MOSFET）去实现高耐压，从而同时实现高耐压、低导通电阻、高频这三个特性。另外，由于 SiC 材料的带隙较宽（Si 的 3 倍），因此即使在高温下也可以稳定工作（目前受到器件封装的耐热可靠性限制，工作温度为 150℃～175℃）。

（1）反向恢复特性

Si 材料的 FRD 从正向切换到反向的瞬间会产生极大的瞬态电流，从而产生很大的损耗。正向电流越大，或者温度越高，恢复时间和恢复电流就越大，从而损耗也就越大。与此相反，SiC 材料的 SBD 是不使用少数载流子进行电传导的多数载流子器件，因此原理上不会发生少数载流子积聚的现象。由于只产生使结电容放电的小电流，所以能明显地减少损耗。而且，该瞬态电流基本上不随温度和正向电流而变化，所以不管何种环境下，都能够稳定地实现快速恢复，如图 8-7 所示。另外，还可以降低由恢复电流引起的高频噪声，达到降噪的效果。

图 8-7　SiC 二极管的反向恢复特性

（2）温度依赖性

SiC SBD 的温度依赖性与 Si FRD 不同，如图 8-8 所示。Si FRD 呈现负温度系数，不宜并联使用。在较大电流下，SiC SBD 呈现正温度系数，温度越高，它的导通阻抗就会增加，U_f 值也增加，不易发生热失控，较适宜并联使用。表 8-1 给出了几种典型的功率二极管的主要参数。

图 8-8　Si FRD 与 SiC SBD 在不同温度下的伏安特性曲线

表 8-1　几种典型功率二极管的主要参数

类　　型	Si 普通二极管	Si SBD	SiC SBD
型号	D25XB60	IDB23E60	SCS120AG
U_{RM}/V	600	600	600
正向电流/A	25	23	20
U_F/V	1.05	1.5	1.5
t_{rr}/ns	—	164	19

8.1.2　绝缘栅双极型晶体管

绝缘栅双极型晶体管（Insulated Gate Bipolar Transistor, IGBT）是一种发展很快、应用很广的复合型电力电子器件。随着 IGBT 性能的迅速发展，IGBT 模块的电压等级和电流容量在不断提高。1991 年生产出的 1200V/300A 小型 IGBT 模块很快取代了在工业通用变频器中使用的双极型晶体管；1993 年出现了 1700V/300A 的 IGBT，在城市电车上获得了推广应用；2000 年后出现了 1700V/2400A、3300V/1200A 和 6500V/600A 的高压 IGBT，随后在高压大功率场合中迅速得以应用。目前，系列化的产品电流容量为 10～3300A、电压等级为 600～6500V，试制品已达 8000V，工作频率在 10～30kHz 之间。它有如下优点：

1）开关损耗小，允许使用较高的开关频率；

2）吸收电路小型化，甚至无需吸收电路，从而简化了主电路；

3）绝缘式模块结构便于设计与组装，简化了装置结构；

4）开关转换均匀，提高了稳定性和可靠性；

5）并联简单，便于标定变流器功率等级；

6）作为电压驱动型器件，只需简单地控制电路即可实现良好的保护功能。

1. IGBT 的基本特性

（1）伏安特性

图 8-9 分别是 IGBT 的电路符号、简化等效电路和外形图。IGBT 的 3 个电极有的书本称为 D、G、S（类似于 MOSFET），大部分场合还是称为 C、G、E，分别是集电极、栅极和发

射极。N-IGBT 的伏安特性如图 8-10a 所示。由图可知，IGBT 的伏安特性分为：截止区 I、放大区 II、饱和区 III。截止区即正向阻断区，是由于栅极电压没有达到 IGBT 的开启电压 $U_{GE(th)}$（见图 8-10b）。放大区 II 中 IGBT 的输出电流受栅极电压的控制，U_{GE} 越高、I_C 越大，两者有线性关系。在饱和区因 U_{CE} 太小，U_{GE} 失去线性控制作用。在一定的栅极电压 U_{GE} 下，随着 I_C 加大，通态电压 U_{CE} 加大；但加大栅极电压 U_{GE}，在一定的 I_C 下可减小 U_{CE}，即可以减少 IGBT 的通态损耗。目前模块化封装的 IGBT 基本都装有反并联功率二极管，成为逆导型器件。

图 8-9　IGBT 的电路符号、简化等效电路及常见模块的外形图

（2）转移特性

在图 8-10a 第一象限内横轴上作一条垂直线与各条伏安特性相交，可获得转移特性，即是集电极电流 I_C 与栅极电压 U_{GE} 之间的关系曲线。当 U_{GE} 小于开通电压 $U_{GE(th)}$ 时，IGBT 处于关断状态。在 IGBT 导通后的大部分集电极电流范围内，I_C 与 U_{GE} 呈线性关系。最高栅极电压受最大集电极电流的限制，其最佳值一般取 15V 左右。在 IGBT 关断时，为了保证可靠关断，实际应用中在栅极加一定的负偏压，通常为 $-5 \sim -15V$。

图 8-10　IGBT 的伏安特性和转移特性

a）伏安特性　b）转移特性

（3）动态特性

图 8-11a 给出了 IGBT 开通与关断的动态特性测试电路，图 8-11b 给出了测试波形图。可以看出，器件的开通与关断过程都需要一定的过渡时间。IGBT 的开通时间由开通延迟时间 t_{don} 和电流上升时间 t_r 组成，通常约为 $0.2 \sim 0.5\mu s$。关断时间包括关断延迟时间 t_{doff} 和电流下降时间 t_f，典型值为 $1\mu s$。其中电流下降时间包括 IGBT 内部 MOSFET 的关断时间（较快）和内部 PNP 晶体管的关断过程（较慢）。由于此时集射电压已经建立，因此较长的电流下降时间会产生较大的关断损耗（E_{off}）。IGBT 中双极型 PNP 晶体管的存在，一方面带来了电导调制效应的好处，但同时也引入了少子储存现象，因而 IGBT 的开关速度要低于功率 MOSFET。

图 8-11　IGBT 开通和关断过程电压电流波形

（4）电容特性

图 8-12a 给出了 IGBT 器件三个极之间的等效电容示意图：门极-发射极间的输入电容 C_{ies}，集电极-发射极间的输出电容 C_{oes}，集电极-门极间的反向传输电容 C_{res}。图 8-12b 给出了三个电容与集电极-发射极间电压 V_{CE} 的关系，在设计 IGBT 驱动电路时需要考虑到器件的电容特性。

图 8-12　IGBT 结电容示意图及其与 VCE 关系图

除了前面提到的各种参数之外，IGBT 的主要参数还包括以下几个：

1）最大集电极-发射极电压（U_{CES}）　该电压由内部的 PNP 型晶体管的击穿电压确定，为了避免 PN 结击穿，IGBT 两端的电压不能超过这个额定电压值。

2）最高栅极-发射极电压（U_{GES}）　栅极电压受栅极氧化层的厚度和特性限制。虽然栅极的绝缘击穿电压约为 80V，但是，为了保证可靠工作并且限制故障状态下的电流，栅极电压应该限制在 20V 以内。

3）最大集电极电流（I_{Cmax}）　包括直流电流 I_C 和 1ms 脉宽最大电流 I_{CP}，该电流值与结温有关，随结温的升高而下降。不同厂家标称 I_{Cmax} 的结温可能有差异，选择器件时应注意这一点。

4）最大集电极功耗（P_{CM}）　P_{CM} 为 IGBT 正常工作温度下所允许的最大功耗。

表 8-2 给出了 200A、耐压分别为 1200V 和 3300V 的典型 IGBT 参数。

表 8-2　1200V 与 3300V IGBT 参数

型号		FF200R12KE3	FF200R33KF2C	型号	FF200R12KE3	FF200R33KF2C
U_{CES}/V		1200	3300	t_f/μs	0.18	0.2
I_{Cmax}	I_C/A	200	200	导通损耗/mJ	15	365
	I_{CP}/A	400	400	关断损耗/mJ	35	255
P_{CM}/W		1050	2200	门极电荷/nC	1900	4000
正向压降/V		2	4.3	热阻 R_{thjc}/(k/W)	0.12	0.057
输入电容/nF		14	25	杂散电感/nH	20	58
t_{don}/μs		0.3	0.28	引线电阻/mΩ	0.7	0.78
t_r/μs		0.1	0.2	二极管导通压降/V	1.65	2.8
t_{doff}/μs		0.65	1.7	二极管反向恢复能量/mJ	17	255

在应用 IGBT 的时候应注意 IGBT 有较大的极间电容，使 IGBT 的输入端显示出较强的容性特点，在输入脉冲作用下，将出现充放电现象。在器件开关过程中，极间电容是引发高频振荡的重要原因。由于 IGBT 对栅极电荷的积聚很敏感，因此要有一条低阻抗的放电回路（可以考虑在 G、E 间并联 10kΩ 的电阻）；驱动电路与 IGBT 的连线要尽量短。此外，设计适当的吸收电路，以抑制 IGBT 关断时产生的尖峰浪涌电压也很重要。

总之，在使用 IGBT 模块时，应特别注意以下三个方面：

1）IGBT 为电压驱动型器件，C、G、E 三极之间都有输入电容，开关过程中存在充放电电流。

2）IGBT 是高速开关器件，开关时会有较大的 di/dt，会产生浪涌电压。

3）栅极是绝缘构造，要考虑静电对策。当栅极悬空时，不能在 C、E 极间加电压；并且 G、E 极间不能施加超过 ±20V 的电压。

2. 智能功率器件

智能功率器件（Intelligent Power Module，IPM）是一种在 IGBT 基础上集成了栅极驱动电路、故障检测电路和故障保护电路的电力电子模块。与普通 IGBT 相比，IPM 在系统性能和可靠性上均有进一步提高，而且由于 IPM 的通态损耗和开关损耗都比较低，散热器的尺寸减小，故整个系统的尺寸更小。不过目前其电压、电流等级不如 IGBT 模块高，价格也较后者高出许多。

IPM 的内部结构如图 8-13 所示，C 为参考地，V1 为供电电源，I 为驱动信号输入端，FO 为故障信号输出端。

IPM 内部常见的保护有：

1) 欠电压锁定 UV　IPM 内部控制电路由外接直流电源供电。当电源电压下降到指定的阈值电压以下，IPM 就会关断，同时产生一个故障输出信号。为了恢复到正常运行状态，电源电压必须超过欠电压复位阈值，在电源电压超过欠电压复位阈值后，故障信号也消失。在控制电源上电和掉电期间，欠电压保护电路都会发挥作用。

图 8-13　IPM 结构框图
SC—短路保护　OC—过载保护　UV—欠电压保护
OT—过热保护　Drive—IGBT 驱动电路

2) 过热保护 OT　在靠近 IGBT 的绝缘基板上安装有温度传感器，如果基板的温度超过设定阈值，IPM 内部的保护电路关断门极驱动信号，不响应控制输入信号。当温度下降到另一设定阈值以下时，IGBT 方可恢复工作。

3) 过电流保护 OC　由内置的电流传感器检测集电极电流，若通过 IGBT 的电流超过一定阈值，且持续时间大于一定的延迟时间，IGBT 就会被软关断。假如延迟时间的典型值为 $10\mu s$，小于 $10\mu s$ 的过电流不会引发过电流保护。当过电流保护起作用时，IPM 输出故障信号。

4) 短路保护 SC　如果负载发生短路或 PWM 信号存在出错，使 IGBT 的上、下桥臂同时导通，短路保护电路便将其关断，同时输出一个固定宽度的故障信号。对于宽度小于一定时间的短路电流（例如 $2\mu s$ 以下），则不会引发短路保护。

8.1.3　金属氧化物半导体场效应晶体管

金属氧化物半导体场效应晶体管（Power Metal Oxide Semiconductor Field Effect Transistor, MOSFET）属于单极型晶体管，在导通时只有一种极性的载流子（多数载流子）参与导电，功率 MOSFET 又称电力 MOSFET，是应用在较高电压、较大功率场合中的 MOSFET 器件（目前 Si 材料器件的最高电压等级在 900V 以下，但是高压器件的电流容量相对不大）。

功率 MOSFET 有三个电极：栅极 G、漏极 D、源极 S，电路符号如图 8-14 所示。

1. 伏安特性

由图 8-14 可见 MOSFET 的伏安特性分四个区：I 是截止区，$U_{GS} < U_{GS(th)}$，$I_D \approx 0$。II 是饱和区，$U_{GS} > U_{GS(th)}$。在该区中当 U_{GS} 不变时，I_D 几乎不随 U_{DS} 的

图 8-14　功率 MOSFET 电路符号与伏安特性曲线

增加而加大，I_D 近似为一常数，故称饱和区。Ⅲ是可调电阻区。这时漏源电压 U_{DS} 和漏极电流 I_D 之比近似为常数，而几乎与 U_{GS} 无关。当 MOSFET 作为开关应用时，应工作在此区内。Ⅳ是雪崩区，当 U_{DS} 增大超过饱和区时，漏极的 PN 结发生雪崩击穿，I_D 会急剧增长。

2. 器件特点

MOSFET 用栅极电压控制漏极电流，因此门极驱动电流在 100nA 数量级，直流电流增益达 $10^8 \sim 10^9$，栅极几乎不消耗功率，它的输入阻抗是纯电容性的。驱动功率小，驱动电路简单，这是 MOSFET 场控型器件的一个重要优点。功率 MOSFET 的另一显著优点是不存在双极型器件不可避免的少数载流子的存贮效应，因而开关速度很快，工作频率很高，通常它的开关时间为 10 ~ 100ns。

MOSFET 的一个主要缺点是通态电阻比较大，因此通态损耗也较大，尤其是随着器件耐压的提高通态电阻也会随之加大，因而单管容量难以提高，一般只用于电压较低的高频电力电子装置。如果把 MOSFET 作为驱动级器件和其他电流容量大的电力电子器件复合起来，就可创造出性能卓越的新型场控器件，如 IGBT、MCT、IGCT 等。

由于 MOSFET 的输入端具有高阻抗，因此在静电较强的场合，栅极受到感应而积累的电荷难于泄放，从而引起器件的静电击穿，使栅极的薄氧化层击穿，造成栅极与源极短路；或者引起器件内部的金属化薄膜铝条被熔断，造成栅极开路或源极开路。所以应用或储存功率 MOSFET 时，要防止静电击穿，通常需要注意以下几点：栅极电压 U_{GS} 的极限值应限制在 15 ~ 20V 内；在测试和接入电路前，器件应存放在抗静电包装袋或金属容器中；当器件接入电路时，工作台、电烙铁、测量仪器等都必须接地；三个电极未全部接好前，电路不应加上电压。

3. SiC MOSFET

目前，采用 SiC 制作的半导体器件除了前面提到的功率二极管，还有 Si IGBT 或者功率 MOSFET 反并联的 SiC SBD，另外就是全 SiC 开关器件——SiC 的 MOSFET 加上 SiC 的 SBD 反并联二极管，目前已经有 ROHM 与 CREE 等公司提供相关商用产品。

SiC MOSFET 器件的特点除了工作温度更高以外，其开关损耗明显下降很多，如图 8-15 所示。

图 8-15　目前几种典型开关器件损耗示意图

图 8-16 给出了直流电压 600V，环境温度 40℃，结温 125℃，散热器热阻 0.19，采用强迫风冷情况下，Si IGBT 与 SiC MOSFET 器件的典型工作电流与开关频率关系图。因为随着频率的提高，器件的损耗会增加，所以工作电流呈减少趋势。但是从图中可以看出：与传统的 Si IGBT 器件相比，100A 的 SiC 器件可以工作在较高频率下，并且较额定电流 200A 的 IGBT 器件更有优势；另外可以看出，随着频率的提高，IGBT 的损耗明显增加。

图 8-16　工作电流与开关频率关系图

表 8-3 给出了市场上两种比较常见的大功率开关器件的参数对比。

表 8-3　两种典型功率器件对比

型号		FF200R12KE3	BSM180D12P2C101	型号		FF200R12KE3	BSM180D12P2C101
类型		Si IGBT	SiC MOSFET	类型		Si IGBT	SiC MOSFET
U_{CES}/V		1200	1200	t_{doff}/ns		650	300
I_{Cmax}	I_C/A	200	180	t_f/ns		180	90
	I_{CP}/A	400	360	开通损耗/mJ		15	9.3
P_{CM}/W		1050	1130	关断损耗/mJ		35	7.6
正向压降/V		2	3.3	门极电荷/nC		1900	900
输入电容/nF		14	23	热阻 $R_{thic}/(K/W)$		0.12	0.11
最大门极驱动电压/V		−20 ~ 20	−6 ~ 22	二极管导通压降/V		1.65(Si)	3.3 ~ 5.1*(SiC)
t_{don}/ns		300	80	二极管反向恢复能量/mJ		17(Si)	0.3(SiC)
t_r/ns		100	90				

＊该电压值与门极电压密切相关。

与 SiC MOSFET 可靠性密切相关的几个主要因素是：门极氧化膜、门极正偏压和负偏压的阈值稳定性、体内二极管工作状态、短路耐量、电压变化率冲击、静电破坏耐量以及宇宙射线引起的中子耐量等。在实际应用中需要注意以下事项：

1）目前 SiC MOSFET 门极阈值电压随温度的变化有明显偏移，为了保证较低的导通电阻特性，正向门极驱动电压推荐在 18V，不能太低，否则可能发生热失控；

2）合理设计功率母排、吸收电路、电容器的布置、门极电阻，以减少尖峰电压的冲击；

3）合理设置门极负偏压，适当增加门极电阻，在门极与源极之间增加有源米勒钳位电路，防止开关器件误动作；

4）建议采用合适的驱动芯片并设计合理的驱动电路，图 8-17 给出了具有电气隔离驱动芯片 BM6103FV-C 的驱动电路，电路中提供了 + 18V 与 – 4V 的门极偏压，以满足高抗干扰性和快速开关的要求。

图 8-17　采用 BM6103FV-C 芯片的 SiC MOSFET 驱动电路示意图

由于 SiC 材料开关器件的工作温度更高，工作频率更高，使得电力电子能量变换装置的体积明显减少，从而对传统的电动机调速系统带来冲击。图 8-18 给出了新型结构的电动机调速系统主电路图片，左侧是传统的分离的电动机与电动机驱动控制器（逆变器）及其连接电缆图片。采用了新型的半导体器件后，就可以把逆变器完全置入到电动机里面去。2008 年，日本 NISSAN 电机有限公司已经研制了世界首台 SiC 逆变器并应用于电动汽车。

图 8-18　新型电动机调速系统主电路图片

8.1.4　功率母排

高频电力电子装置中主电路的寄生电感会引起较大的电压尖峰，不利于开关器件的可靠工作，其中功率母线的寄生电感是主要部分。功率母线可以采用铜排和极板两种形式：铜排具有较大的漏电感和较强的内应力；传统的极板直接通过螺栓与功率模块相互连接，这种连接方式在小功率变频系统中得到了很好的应用，但在中大功率场合，传统的极板容易出现相反极性的模块端相互碰撞的电气安全问题、因螺栓与功率模块的连接间隙导致的电流分配不均和连接处局部过热等问题。

　　针对传统功率母线的种种缺陷，结合功率部件的优化布置，目前均采用复合母排技术，如图 8-19 所示。这种功率母线具有电气安全性高、电磁辐射小、传导发热小、集成度高等特点。

聚酯薄膜
（上层、中
间层、底层
绝缘）

底层母
排凸台

绝缘
垫圈

铜材（上
层、下层
母排）

a)　　　　　　　　　　　　　　　　　b)

图 8-19　复合母排及其组成

　　在变流系统中，复合母排极板由五层板组成。从功率模块正端开始依次为：上层绝缘板、正极板、中间层绝缘板、负极板和底层绝缘板，在两极板交界面同时可设置绝缘垫圈，如图 8-19b 所示。复合极板技术的一大特点是：通过中间层绝缘板的形状设计，对各极板边沿可以很好地进行电气隔离，降低了因高压产生空气击穿的可能性。

　　导体的电感分内电感和外电感两部分，内电感是导体内磁链作用的结果，与电流的集肤效应和邻近效应有关；外电感由两根载流导体的形状和空间位置决定，与电流频率无关。根据电磁理论，假设复合母排长度 l 远大于宽度 b，同时宽度 b 远大于厚度 w 和两块极板之间的距离 a，复合母排的电感可表示为

$$L = \frac{\mu_0 wl}{12b} + \frac{\mu_0 l}{\pi}\left[\frac{2a}{b}\tan^{-1}\left(\frac{b}{2a}\right) + \frac{1}{2}\ln\left(1 + \left(\frac{2a}{b}\right)^2\right)\right] \tag{8-1}$$

式中的电感 L 包括两部分，前半部分为复合母排的内电感，后半部分为外电感（H），各长度单位均为 m，μ_0 为极板的磁导率（H/m）。

　　假定复合母排宽度 b 远大于两块极板之间的距离 a，即当 $b/2a \to \infty$ 时，式 8-1 可简化为

$$L = \frac{\mu_0 wl}{12b} + \frac{\mu_0 al}{b} \tag{8-2}$$

　　当复合母排的两块极板无限靠近时，同时假定极板厚度 w 与宽度 b 相比可忽略时，由公式 8-2 可知母排电感趋于零。

8.1.5　吸收电路

　　IGBT 的吸收电路主要用以控制关断浪涌电压和续流二极管的恢复浪涌电压，并减少开关损耗。选择合适的吸收电路类型，合理布局主电路部件是非常重要的。常见的吸收电路如图 8-20 所示。

　　图 8-20a 是最简单的单电容电路，适用于小容量的 IGBT 模块（10 ~ 50A）或其他容量较小的器件，但由于电路中无阻尼元器件，容易产生振荡，为此 C_S 中可串入 R_S 进行抑制，

这种 RC 缓冲电路在晶闸管的保护中已用得很普遍。图 8-20b 是把 RCD 缓冲电路用于由两只 IGBT 组成的桥臂模块上，此电路比较简单，但吸收功能较单独使用 RCD 时略差，多用于小容量器件的逆变器桥臂上。有时还可以把图 8-20a、图 8-20b 两种缓冲电路并联使用，以增强缓冲吸收的能力。图 8-20c 是 R_S 交叉连接的吸收电路，当器件关断时，C_S 经 D_S 充电，抑制 $\mathrm{d}u/\mathrm{d}t$；当器件开通前，C_S 经电源和 R_S 释放电荷，同时有部分能量得到反馈，这种电路对大容量的器件比较适合（例如 400A 以上的 IGBT 模块）。

图 8-20　电力电子器件的常用吸收电路

a）桥臂公用的单电容电路　b）桥臂公用的 RCD 电路　c）有反馈功能的 RCD 电路

吸收电阻阻值过大时，吸收电容放电时间过慢，下一次开关过程中就不能充分发挥吸收能量的作用；但 R_S 取值过小，在主管导通时，放电电流过大、过快，可能引起振荡，危及开关管的安全，一般取阻容放电时间常数为主管开关周期的 $1/6 \sim 1/3$。吸收二极管应选取快恢复元件以加快吸收电路的动态响应过程，而且反向恢复电荷要少，要求具有软恢复特性。

吸收电路的设计不仅要对吸收电容、电阻、吸收二极管进行参数的选择，还应考虑吸收电路各器件的布局和连线，吸收电路尽可能短地连接到 IGBT 模块上。

杂散电感会导致开关过程中的暂态电压，也是 EMI 的主要源头。并且它们与寄生电容一起会导致谐振产生，可能会导致电压和电流的振铃现象，所以杂散电感应设计成最小。图 8-21 给出了杂散电感的简化等效电路，实际电路中的杂散电感分布并不对称，其最大值可以在模块使用手册中查找。

8.1.6　电容器

电容器的种类有很多，从材料上可分为：CBB 电容器、涤纶电容器、瓷片电容器、云母电容器、独石电容器、电解电容器、钽电容器等。一般情况下，前面几种材料电容器的容值较小，多在 $1\mu\mathrm{F}$ 以下；电解电容器的容值一般都很大，从 $1\mu\mathrm{F} \sim 10000\mu\mathrm{F}$ 不等；钽电容器的容值也较大，并有较好的高频特性。

用于功率主电路中的电容器主要有：电解电容器、膜电容器和超级电容器。常见的厂商有南通江海电容器股份有限公司、厦门法拉电子股份有限公司、上海奥威科技开发有限公司、美国 MAXWELL 公司等。

1. 电解电容器

电解电容器的容值较大，耐压较高（较为常见的达到 450V），

图 8-21　逆变器一相桥臂杂散电感简化等效电路图

在主电路中多数场合下作为储能与低频滤波元件。滤波电容器的选取需综合考虑电容器的纹波电流、电容器容量、寿命、工作温度范围以及布置安装空间等因素。由于电解电容器的等效电感（ESL）和等效电阻（ESR）的存在，使得电解电容器在高频状态下的等效电容量迅速下降，严重时会明显影响电力电子装置的性能。同时，高频下电解电容器的纹波电流在等效电阻作用下的发热和对电解电容器寿命的影响变得不容忽视。

（1）等效电路

电解电容器的实际等效电路和计算等效电路如图 8-22 所示。

图 8-22　电解电容器实际等效电路和计算等效电路

图 8-22a 中，R_1 为电解电容器和正端引出端子等效电阻；R_2 为阳极氧化膜的绝缘电阻；R_3 为损坏的阳极氧化膜的绝缘电阻；C_1 为阳极箔容量；C_2 为阴极箔容量；L 为电极及引出端子等的等效电感量；D_1 为具有单向导电性能的阳极氧化膜。电解电容器的计算等效电路如图 8-22b 所示，图中，R_{ESR} 为电解电容器等效电阻；L_{ESL} 为电解电容器等效寄生电感，$L_{ESL} = L$；C_d 为电解电容器等效容量，$C_d = C_1 \cdot C_2 / (C_1 + C_2)$。

电解电容器的等效阻抗为

$$Z = R_{ESR} + j2\pi f L_{ESL} + \frac{1}{j2\pi f C_d} \tag{8-3}$$

式中，Z 为电解电容器阻抗，由于 R_{ESR} 和 L_{ESL} 的存在，使得频率 f 达到一定值时，电解电容器阻抗的模值会出现最小值。电解电容器的 R_{ESR} 随温度的升高而增大，随着工作频率的上升而下降，直到达到一个由电解液和电解质引起的与频率无关的最小稳定值。L_{ESR} 在低频下对电容器等效容量的影响很小；高频下对电容器的影响不可忽略，严重时将导致电容与电感产生串联谐振。由于 R_{ESR} 和 L_{ESR} 的存在，电容器在高频下特性较差，其转折频率 f_0（$f_0 = 1 / (2\pi \sqrt{L_{ESL} C_d})$）仅为几千赫，频率特性较好的高频电解电容仅能达到上百千赫。

电解电容器的标称容量一般在频率 120Hz 时测量得到，其实际容量与标称容量存在一定的误差，通常允许误差为 ±5% ～ ±20%。典型铝电解电容器的阻抗如图 8-23

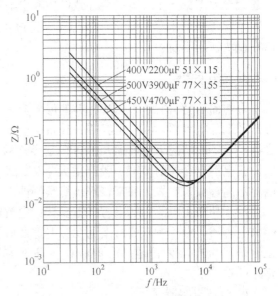

图 8-23　某铝电解电容器典型阻抗曲线

所示。

用等效阻抗表示的电解电容器的等效容量为

$$C = 1/(2\pi f|Z|) \tag{8-4}$$

例如标称容量为 $2200\mu F$ 的电容器在频率为 30Hz 时，从图 8-23 中查得相应阻抗近似为 2.5Ω ，可求得对应的等效电容量为 $2122\mu F$ ，其误差为 -3.5% 。依据式 8-4 计算出不同工作频率下的电解电容器等效容量，见表 8-4。

表 8-4　不同工作频率下电解电容器的等效容量

工作频率/Hz	100	1k	2k	5k
等效阻抗/Ω	0.75	0.08	0.04	0.02
等效容量/μF	2122	1989	1989	1592

由表 8-4 可知，随着工作频率的逐渐增加，电解电容器的等效容量迅速下降；当工作频率超过 1kHz 时，电容器等效容量下降到标称值的 28% 以下；从图 8-23 中可以看出，当频率达到 5kHz 时，电容器等效电路中的电感与电容发生串联谐振，使其阻抗出现最小值；当频率超过 5kHz 以后，电容器的总阻抗随着频率的增加而增加——它已经不是电容器了。所以，选择合适的电容器是电力电子装置设计中的一个必要环节。

（2）纹波电流对电解电容器发热量的影响

在半导体器件的开通与关断过程中，电力电子装置的能量直接由电解电容器提供。当电解电容器上电压低于直流母线电压时，由直流母线电压对电解电容器充电；反之，电解电容器放电。因而电解电容器在电力电子装置工作过程中始终处于充放电状态。

电解电容器的纹波电流可以理解为电容器充放电电流的交流分量，它是电解电容器损耗和发热的主要因素。电解电容器所允许的纹波电流值与电容器允许的最高、工作温度及纹波电流频率有关。电解电容器由发热引起的温升计算公式如下。

$$\Delta T = \frac{\Delta I_c^2 R_{\text{ESR}}}{A \cdot H} \tag{8-5}$$

式中，ΔT 为电解电容器中心温升（度），通常情况下的 $\Delta T \leq 5$；ΔI_c 为纹波电流有效值（A）；A 为电容器表面积（cm^2）；H 为电容器的散热系数（对于铝电解电容器，常取 $H = 1.5 \sim 2.0\text{mW/cm}^2$）。当纹波电流造成的电解电容器温升较大，可考虑采用金属电容支架，将电容器的热量向散热器传输，在一定程度上可以缓解电容器发热对系统的影响。

电力电子装置中滤波电容器的选择主要考虑以下三方面的因素：①能满足期望的纹波电压的电容值；②电容器的额定电压；③电容器的额定纹波电流。基于对纹波电流与电解电容器发热量和寿命关系的分析，纹波电流对滤波电容器容量的选取起到关键的约束作用。根据纹波电流最大允许值计算滤波电容器容量为

$$C \geq \frac{1}{2\pi f} \cdot \frac{k_1 \cdot k_2 \cdot \Delta I_c}{2\sqrt{2}\Delta U_d} \tag{8-6}$$

式中，ΔU_d 为滤波电容器的设计纹波电压峰值（V）；ΔI_c 为电容器上的最大纹波电流值（A），通常最大纹波电流随着电解电容器容量的增加和表面积的增加而增大；f 为滤波电容器的工作频率（Hz）；k_1 为工作频率增加时纹波电流系数，例如当工作频率超过 10kHz 时，

可取 $k_1 = 1.4$；k_2 为相对于最高工作温度的纹波电流系数，最高温度为 105°C 的电解电容器，当正常工作温度为 80°C 时，可取 $k_2 = 2.0$。

2. 膜电容器

为进一步降低变流器的体积和重量，适应宽电压范围、大功率应用需求，通常需要一个紧凑、低损耗、高性价比的大容量电容器，例如工作直流电压可达 DC 1000V，容量值可达 3000μF。电解电容器额定电压低于 500V，且在一定的布置空间内，交流容量比较有限，难以满足上述需求。膜电容器的电压标准可达到 DC 1000V 以上，使用温度达到 125°C，并最大化了体积填充系数，比较适合上述工况的应用。薄膜电容器替代电解电容器的典型应用是丰田普锐斯混合动力系统。普锐斯 I 使用的滤波电容器是电解电容器，普锐斯 II 开始使用薄膜滤波电容器组，如图 8-24 所示。

图 8-24　丰田普锐斯混合动力系统变流器
a）普锐斯 I 电解电容器　b）普锐斯 II 薄膜电容器

膜电容器生产工艺（超薄金属化薄膜蒸馏技术、安全膜技术、波浪边分切技术等）不仅使电容器的额定电压提高到 150V/μm 以上，额定温度提高到 105℃，还可改善电容器本身的防潮性、抗温度冲击能力。与电解电容器比较，薄膜电容器具有以下优点：

1）良好的温度特性。直流链接环节薄膜电容器采用的高温聚丙烯薄膜，具有聚酯薄膜和电解电容器没有的温度稳定性。

2）可承受反向电压。如果超过 1.5 倍 U_n 的反向电压被加在电解电容器上时，会引起电容器内部化学反应的发生。如果这种电压持续足够长的时间，电容器会发生爆炸，或者随着电容器内部压力的释放电解液会流出。而膜电容器由于其自身无极性，可以承受双向电压冲击，可靠性更高。

3）抗脉冲电压能力强。膜电容器的耐冲击电压大于 $1.5U_n$，而电解电容器的抗脉冲电压 $< 1.2U_n$。

4）干式设计。没有电解液泄露的问题，没有酸污染。

5）ESR 低，耐纹波电流能力强。膜电容器的纹波电流能力可达到 200mA/μF，而电解电容器的纹波电流能力仅为 20mA/μF。膜电容器的这个特点能大大减小系统所需的电容器容量。

6）低 ESL。逆变器的低电感设计要求滤波电容器具有极低的电感。高性能直流滤波薄膜电容器通过把母线整合到电容器模块里，使它的自感降到最低（<30nH），大大减小了在开关频率下的震荡效应。

7）使用寿命长。在额定电压和额定使用温度下，膜电容器使用寿命大于 10 万小时。

膜电容器在选择时，如果已知变流器的最大允许纹波电压和纹波电流的有效值，系统需要的电容器最小电容值可以通过下面的公式计算：

$$C_{\mathrm{d}} \geqslant \frac{1}{2\pi f} \cdot \frac{\Delta I_{\mathrm{c}}}{\Delta U_{\mathrm{d}}} \tag{8-7}$$

薄膜电容器采用新的制作工艺和金属化薄膜技术，增加了传统薄膜电容器的能量密度，使电容器的体积大大缩小。同时，通过将电容器芯子和母排整合的方式来满足灵活的布置尺寸要求，使得整个逆变器模块更加紧凑，如图 8-25 所示，大大降低了主电路的杂散电感，使电路的性能更好。在高电压、高有效值电流、有过压、有反向电压、有高峰值电流、长寿命要求的电路设计中，薄膜电容器的应用已成为趋势。

图 8-25　膜电容器与功率模块集成（400A/30kVA、800A/100kVA）

3. 超级电容器

超级电容器（Supercapacitor），又称双电层电容器、黄金电容、法拉电容，通过极化电解质来储能，其电容值可以轻易达到 1000F。它是一种电化学元件，但是其储能的过程并不发生化学反应，这种储能过程是可逆的，因此超级电容器可以反复充放电数 10 万次。

超级电容器在分离出的电荷中储存能量，用于存储电荷的面积越大、分离出的电荷越密集，其电容量越大；传统电容器是用绝缘材料分离它的两极板，一般为塑料薄膜、纸等，这些材料通常要求尽可能薄。超级电容器的面积是基于多孔炭材料，该材料的多孔结构允许其面积达到 $2000\mathrm{m}^2/\mathrm{g}$，通过一些措施可实现更大的表面积。超级电容器电荷分离开的距离是由被吸引到带电电极的电解质离子尺寸决定的。该距离和传统电容器薄膜材料所能实现的距离相比更小。这种庞大的表面积再加上非常小的电荷分离距离使得超级电容器较传统电容器有大得多的静电容量。

以新能源电动汽车为例，超级电容器应用主要在以下几个方向：

（1）新能源汽车的辅助动力

汽车频繁地起步、爬坡和制动造成其功率需求曲线的变化很大，在城市工况下更是如此。一辆高性能的新能源汽车的峰值功率与平均功率之比可达 16:1。但是这些峰值功率的特点是持续时间一般都比较短，需求的能量并不高。对于纯电动、燃料电池和串联混合动力汽车而言，这就意味着：要么汽车动力性不足，要么电压母线上要经常承受大的尖峰电流，这无疑会大大损害电池、燃料电池或其他 APU（Auxiliary Power Unit）的寿命。如果使用功率较大的超级电容器，当瞬时功率需求较大时，由超级电容器提供尖峰功率，并且在制动回馈时吸收尖峰功率，那么就可以减轻对辅助电池或其他 APU 的压力。从而可以大大增加起步、加速时电源系统的功率输出，而且可以高效地回收大功率的制动能量。这样做还可以提高蓄电池（燃料电池）的使用寿命，改善其放电性能。

除此之外，采用超级电容器还能在选择蓄电池等动力部件时，着重考虑车载能源的比能量和成本等问题，而不用再过多考虑其比功率问题。通过扬长避短，可以实现动力源匹配的最优化。

（2）动力驱动能源

超级电容器作为唯一动力源的电动汽车驱动结构较简单，但目前技术还不成熟，所以一般都是把超级电容器作为辅助动力源，与电池、燃料电池或其他 APU 系统组成多能源的动力总成来驱动车辆。常见的结构组合形式有：B + C，FC + C，FC + B + C，ICE/G + C 等（其中 B 代表电池、C 代表超级电容、FC 代表燃料电池、ICE 代表内燃机、G 代表发电机）。由于超级电容器存储的能量与电压的平方成正比，所以超级电容器荷电状态（SOC）的较大变化将直接导致电容器的端电压会在很宽的范围内变化。例如，如果超级电容器被放电 75%，那么电容器的端电压将减少到初始电压的 50%。为了控制电容器的输入、输出能量，协调超级电容器电压和电池电压，必须使用 DC/DC 变换器。

（3）汽车零部件的辅助能源

除了用于动力驱动系统外，超级电容器在汽车零部件领域也有广泛的应用。例如，未来汽车设计使用的 42V 电系统（转向、制动、空调、高保真音响、电动座椅等），如果使用长寿命的超级电容器，可以使得需求功率经常变化的子系统性能大大提高。另外，还可以减少车内用于电制动、电转向等子系统的布线。而且，如果使用超级电容器来提供发动机起动时所需要的大电流，那么不仅能保护电池，而且即使是在低温环境和电池性能不足的条件下也能顺利实现起动。

8.1.7　电压电流检测电路

电机控制需要对逆变器输入侧直流电压、电流和输出侧交流电压、交流电流进行检测。主电路的电压与电流经过传感器后转变为弱电信号，再经过信号调理电路转变为适合数字控制器接收的电压信号。下面介绍几种典型的检测方案。

1. 互感器

互感器本质上就是变压器，输出信号与检测信号之间实现了电气隔离，但只能用来检测交流量。下面将简单介绍电流互感器。

电流互感器的结构较为简单，由相互绝缘的一次绕组、二次绕组、铁心以及构架、壳体、接线端子等组成。一次绕组匝数（N_1）较少，直接串联于电源线路中。当一次绕组流过待测电流时，产生的交变磁通在二次绕组上感应出相应电压。二次绕组匝数（N_2）较多，经由负载 Z 形成闭合回路，如图 8-26 所示。

图 8-26　穿心式电流互感器结构原理图

由于电流互感器二次绕组匝数较多，所以二次绕组绝对不允许开路，否则可能出现高电压，危及人身和仪表安全；分析等效电路可知，在待测电路中接入电流互感器后，相当于串联了 $\left(\dfrac{N_1}{N_2}\right)^2 Z$ 的阻抗。因而在电流互感器中，二次绕组的负载阻抗不能很高，这样才不会明显影响到待测电流；为安全起见，二次绕组回路应设保护性接地点，并可靠连接。

电流互感器也可以用来测量含有直流分量的脉冲电流，图 8-26 中给出了一种常用于测量 DC/DC 变换器中高频脉冲电流的电路。

2. 霍尔传感器

在磁场 B 的作用下，载流导体中的电荷受到洛伦兹力偏向一侧，从而产生了电压 V_H，这就是霍尔效应。根据霍尔效应，可以设计开环或闭环的电流测量电路，如图 8-27 所示。图中采用补偿电路，利用霍尔电压产生一个补偿电流 I_S，该电流与待测电流 I_P 在铁心中产生的合成磁通保持为零，故而称为零磁通传感器，这种方式可以提高传感器的性能。

图 8-27　霍尔效应示意图及闭环方式测量电路

霍尔传感器的输出信号有电压与电流两种方式，图 8-27 给出的是后者，所以在检测电路中需要外部串联测量电阻 R_m（一般在百欧姆以下，根据使用手册选取）。图 8-28 给出了电流霍尔传感器的外部电气连接。图中还给出了电流霍尔传感器实物图（型号为 LA100-P），它是采用闭环方式测量电流的，待测电流范围为 100A，准确度为 0.45%，供电电压为双极性 ±15V，二次额定输出电流为 50mA。

图 8-28　电流霍尔传感器电路连接示意图及其实物外形图

　　测量电压的霍尔传感器通常是利用高阻值的电阻并联在待测电路中，将电压信号转换为一个小电流，然后在电流测量的基础上间接获得待测电压。一次侧的串联电阻通常需要从外部接入（如 LV100、LV200 系列），如图 8-29 所示，也有内置一次侧电阻的电压霍尔传感器（如图中的 AV100）。

图 8-29　电压霍尔传感器

3. 隔离运放

　　图 8-30 给出了 HCPL7800 系列隔离运放芯片的引脚图及电路示意图，可以看出待测电路与输出电路分别由两路隔离电源供电，从而可以实现隔离测量。从图 8-31 的工作原理图中可以看出，经过了 Σ-Δ ADC 后，待测电压转换为数字信息，经过合适的编码后以光的方式传输给后端检测电路，从而实现了电气

图 8-30　隔离运放芯片引脚与电路示意图

隔离。后端检测得到一次侧电压的数字编码后，再经过解码和滤波后转换为精确的模拟电压输出。

图 8-31　隔离运放的工作原理图

4. 检测电阻

　　直接采用电阻串联或并联在电路中对电流、电压进行检测是一种比较简单、成本较低的测量方法，也可以认为是真实度非常高的一种方法，但它是一种非隔离的测量方式。

　　串入小阻值的电阻到待测电路中测量电流，电阻上会有损耗；如果期望电压信号较大，那么损耗会比较明显。

　　并入电路测量电压时，需要采用高阻值的电阻进行测量，但阻值较高的电阻容易带来较多的噪声电压；同时有可能会把较高的电压引入到后端的信号调理电路中。

8.1.8 典型驱动模块

三相 VSI 中，一相桥臂上下开关管的典型开关信号如图 8-32 所示。图 8-32a 给出了理想情况下的波形，实际的开关信号应如图 8-32b 所示，由关断向导通过的开关信号中需要加入死区时间（deadtime），以避免出现上下开关同时导通的"直通"现象。死区时间的设置可以在软件中由 PWM 信号发生单元设置，也可以通过硬件电路来实现。

图 8-32 一相桥臂上下两路 PWM 信号示意图

系统的控制电路输出 PWM 电平信号，但是它不能直接驱动大功率 IGBT，图 8-3 中驱动电路的功能是将此信号进行电压与功率放大，对控制电路和主电路实现电气上隔离，同时检测 IGBT 的工作状态以对其进行保护，检测到故障时提供一个故障信号（FO）给 DSP，使控制系统及时做出响应。

典型驱动电路功能框图如图 8-33 所示，VCC 与 GND 向驱动电路板提供工作电源，复位信号（RESET）是 DSP 控制系统"使能"驱动电路的控制信号，G、E 用来对 IGBT 进行驱动；C、E 用来对 IGBT 进行监测，判断 IGBT 是否过电流和短路。

图 8-33 典型驱动电路功能框图

由于 IGBT 是电压型控制元件，驱动电路相对简单，这就更强调了驱动电路对 IGBT 的保护功能。目前，许多公司将大功率 IGBT 的驱动电路做成模块，大大方便了 IGBT 的应用。主要的 IGBT 驱动模块有日本富士公司的 EXB 系列、英达公司的 HR 系列、三菱公司的 M57962、CONCEPT 公司的 SCALE 系列、德国 SEMIKRON 公司的 SKHI 系列等产品。

1. M57962 驱动芯片

M57962 是三菱公司生产的厚膜集成电路，主要特点有：输入、输出电平与 TTL 电平兼容，适于单片机控制；内部有定时逻辑短路保护电路，同时具有延时保护特性；具有可靠通断措施（采用外部双电源供电）；驱动功率大，可以驱动 600A/600V 或 400A/1200V 的 IGBT 模块。图 8-34 给出了该驱动芯片的内部功能原理框图。

图 8-34　M57962 芯片内部功能原理框图与芯片外形图

M57962 为单列直插式封装，共 14 引脚（9 ~ 12 为空端引脚，如图 8-34 所示），其典型应用电路如图 8-35 所示。引脚 1 为故障检测输入端，引脚 2 的外部连接一个小电容到引脚 4 可用来延长故障检测的时间（不用时可以悬空），引脚 4 接正电源，引脚 5 为驱动信号输出端，引脚 6 接负电源，引脚 7 用来对检测到故障后的软关断驱动波形进行设置（需要时，在引脚 7 与引脚 6 之间连接小电容），引脚 8 提供故障信号输出，引脚 13 和引脚 14 为驱动信号输入端。

在 IGBT 导通状态下，当检测到引脚 1 的输入电压为 15V 时，模块判定主电路出现过电流，立即输出关断信号，将 IGBT 的 GE 两端置于负偏压（$-V_{EE}$）状态下；同时引脚 8 输出低电平，从而向外界输出故障信号。延时 2 ~ 3 秒后，若检测到引脚 13 为高电平，则 M57962 恢复工作。稳压管 DZ_1 用于防止 VD_1 击穿而损坏 M57962，R_G 为门极限流电阻。

图 8-35　典型的 M57962 应用电路图

2. SCALE 系列驱动模块

瑞士 CONCEPT 公司的 SCALE（Scaleable，Compact，All purpose，Low cost and Easy to use 的首字母缩写）驱动模块是功能完善、应用成熟的系列驱动模块。以 2SD315AI 为例，它可以驱动两路 IGBT，如图 8-36 所示，它有两种工作方式：直接方式和半桥方式。在直接方式下，驱动器的驱动通道彼此之间没有联系，两个通道可同时被驱动。在半桥方式下，驱动器通过外接 RC 电路产生一个从 100ns 到几个 μs 的死区时间，两个通道不可同时输出高电平。

SCALE 驱动器由三个功能单元组成。第一个功能单元是逻辑与驱动电路接口（Logic & Driver Interface，LDI），用于驱动两个通道。加在输入端 INA 和 INB 的 PWM 信号经过处理后，其驱动信息被分别送到每个驱动通道的脉冲变压器。由于变压器不宜传输频率范围和占空比都比较宽的 PWM 信号，LDI 主要用来解决这个问题。

LDI 的主要功能如下：

1）为用户提供一个简单的接口，它的两个信号输入端都有施密特触发电路；

2）提供简单的逻辑电源接口；

3）在半桥方式中产生死区时间；

4）对 PWM 信号进行编码，以便

图 8-36　SCALE 系列驱动模块内部单元功能原理图

通过脉冲变压器传输；

5）评估脉码状态识别信号及随后的缓冲，以便为用户提供一个准静态的识别信号。

SCALE 驱动器可与任何逻辑接口和电平兼容，无须附加其他电路。脉冲变压器负责驱动信号的隔离，同时可将来自每个通道的信息反馈给 LDI。

SCALE 模块的第二个功能单元是智能门极驱动器（Intelligent Gate Driver，IGD）。每个驱动通道都有一个 IGD，其主要功能如下：

1）接受来自脉冲变压器的脉码信号，并将其复原成 PWM 信号；

2）对 PWM 信号进行放大，并驱动功率管；

3）对功率器件进行短路及过电流保护；

4）欠电压监测；

5）产生响应和关断时间；

6）把状态识别信号传输给 LDI。

第三个功能单元是集成 DC/DC 电源。所有标准的 SCALE 驱动器都有一个 DC/DC 变换器，以便为各个驱动通道提供工作电源及相应的电气隔离，该驱动器只需一个稳定的外部 15V 直流电源。

SCALE 的每个通道都有 V_{CE} 监测电路，电阻 R_{th} 用来定义关断电压阈值，原理如图 8-37 所示。一旦检测出 IGBT 的 V_{CE} 电压被超出或欠电压故障，IGD 立即产生关断信号，驱动电路立即关闭功率管，同时不再接受驱动信号，将故障信息反馈给 LDI，并输出到 SOX 端口。驱动器不再接受任何驱动信号直到封锁时间过去，如果没有外加驱动信号，故障信息会一直保持在 LDI 中，这时可通过将 VL/RESET 端子的电平拉低清除故障信号，如果在封锁时间过后再次接收到驱动信号，故障信息将自动清除。

图 8-37　2SD315A 与 IGBT 模块连接示意图

8.2　三相电压型逆变器工作方式

在图 8-38 给出的三相两电平电压型逆变器（Voltage Source Inverter，VSI）中，每一相有上下两个桥臂，每一个桥臂均采用一只主管 V 和一只续流二极管 VD 反并联构成。

8.2.1　能量传递的三种方式

假定逆变器的三相电流方向如图 8-38 实线所示，则

1）若 A 相电流流经两主管，例如 A 相电流从电源正端流经 V_1、A 相负载、N′、B 相负载、V_6、电源负端，那么能量从直流电源流向负载；

2）若 A 相电流流经一个主管和一个续流二极管，例如 A 相电流流经 V_1、A 相负载、N′、B 相负载、VD_3，此时能量通过续流二极管进行续流；

3）若 A 相电流流经两续流二极管，例如 A 相电流从电源负端 N 流经 VD_4、A 相负载、N′、B 相负载、VD_3、电源正端，那么能量从负载反馈到直流电源。

图 8-38　三相两电平电压型逆变器

8.2.2　三相电压型逆变器的两种导通模式

图 8-39 的电压型逆变器有两种工作方式。一种是 120°导通方式，在任何时刻都只有不同相的两只主管导通。同一相的两只主管在一个周期内各导通 120°，它们之间切换时分别有 60°的间隙时间。当某相没有主管导通时，该相的感性电流经由该相的续流二极管流通。一个周期内的各主管工作模式按照图 8-39 的顺序循环工作。可以看出每次的换相都是在上面三只开关管内或下面三只主管内部（按照 A→B→C 顺序）依次进行，因此称为横向换相。在 120°导通方式中，由于同一桥臂中上下两主管有 60°的间隙，所以不存在同一相上下直通短路的问题，对安全换流有利。但是该电路在实际应用中，需注意在换流瞬间要防止电感性负载电流中断引起过大的尖峰电压危及主管。由于该电路主管利用率较低，因此一般情况下电压型逆变器不采用这种工作方式（BLDCM 的变频调速中，VSI 通常工作在这种方式下）。

电压型逆变器的另一种工作方式是 180°导通方式，任何时刻都有不同相的三只主管导通。同一相上下两个桥臂的主管交替导通，各自导通半个周期（即 180°）。一个周期内各主管工作模式按照图 8-40 的顺序循环工作。可以看出每次换相都是在同一相上下两个桥臂之间进行的，因此又称为纵向换相。在换流瞬间，为了防止同一相上下两臂的主管同时导通而引起直流电源的短路，通常采用"先断后通"的方法，即先给应关断的主管关断信号，待其关断后留有一定的时间裕量，然后再给应导通的主管开通信号，两者之间留有一个短暂的死区时间（死区时间与器件关断速度有关，大功率器件的死区一般设置为微秒级）。

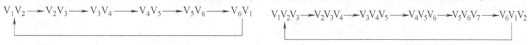

$$V_1V_2 \longrightarrow V_2V_3 \longrightarrow V_3V_4 \longrightarrow V_4V_5 \longrightarrow V_5V_6 \longrightarrow V_6V_1$$

图 8-39　120°导通型运行方式

$$V_1V_2V_3 \longrightarrow V_2V_3V_4 \longrightarrow V_3V_4V_5 \longrightarrow V_4V_5V_6 \longrightarrow V_5V_6V_7 \longrightarrow V_6V_1V_2$$

图 8-40　180°导通型运行方式

8.2.3　输出相电压特点

由于电压型逆变器的直流侧采用大容量的电容器进行储能、滤波与稳压，所以直流侧电

压可以近似认为恒定（有时在电容器前端串联一只电感器加强滤波并限制直流侧电流的变化率）。从交流侧负载看，逆变器的内阻很小，相当于电压源。

以 A 相为例分析 180°导通模式下逆变器的输出电压特性。当 V_1 接收到门极开通信号后，如果 A 相电流如图 8-38 实线所示，那么 V_1 导通，VD_1 关断，因而 A 相输出电位为逆变器正端 P 点电位（忽略开关器件的导通压降）；如果 A 相电流如图中虚线所示的反向电流时，那么 V_1 关断，VD_1 导通，因而 A 相输出电位仍是逆变器正端 P 点的电位。反之，如果 V_1 关断，V_4 导通，那么无论 A 相电流的实际方向如何，A 相输出的电位总是逆变器负端 N 的电位。

以 N 点电位为参考电位，那么 A 相输出电压为 U_d 或者 0，即逆变器的输出电压被箝位为矩形波，与负载性质无关。如果以图中的 O 点为参考点，那么 A 相输出电压为 $-U_d/2$ 或者 $+U_d/2$。

正因为图 8-38 所示的电压型逆变器的一相输出电压只有两个选择，所以称之为两电平（Two Level）电压型逆变器，如果逆变器输出的一相电压可以有更多选择，则称为多电平（Multi Level）电压型逆变器，当然其结构会更加复杂，但是它们在输出波形正弦度、电磁兼容性能、逆变器的适用电压等级等方面有更大的优势。

针对工作在 180°导通模式（电压型逆变器通常的工作模式）下的两电平电压型逆变器来说，一相电路的输出电压只有两种情况（忽略死区影响），即 U_d 和 0。可以定义式 8-8 所示的开关信号 S_x（x 表示 A、B、C 中一个），它的取值只有 1 和 0 两种可能，它与对应的 X 相电路的具体工作状态见表 8-5。

$$S_x = \begin{cases} 1 \\ 0 \end{cases} \tag{8-8}$$

表 8-5　开关信号与 X 相电路工作状态

S_x	上桥臂开关信号	下桥臂开关信号	该相输出电压
1	1	0	U_d
0	0	1	0

8.3　三相电压型逆变器 MATLAB 仿真建模

根据表 8-5，三相两电平电压型逆变器某一相的输出电压用下式计算为

$$U_x = S_x \times U_d \tag{8-9}$$

在 MATLAB 中对该逆变器进行仿真建模时，可以将逆变器分为两部分，一部分是控制信号，即 S_x；另一部分是主电路电压部分，即 U_d 和三相输出电压 U_x。这样，电压型逆变器的输出电压可以表示为矩阵形式为

$$\begin{pmatrix} U_{AN} \\ U_{BN} \\ U_{CN} \end{pmatrix} = \begin{pmatrix} 1 & 0 & 0 \\ 0 & 1 & 0 \\ 0 & 0 & 1 \end{pmatrix} \cdot \begin{pmatrix} S_A \\ S_B \\ S_C \end{pmatrix} \cdot U_d \tag{8-10}$$

S_A、S_B、S_C 分别是逆变器 A、B、C 三相的开关信号。

式 8-10 的相电压选择了逆变器负母线 N 点为参考电位，如果相电压选择负载的中性点

N′为参考电位的话，在对称负载情况下，N′的电位为 $U_{N'N} = (U_{AN} + U_{BN} + U_{CN})/3$，那么逆变器输出相电压数学表达式如下：

$$\begin{pmatrix} U_{AN'} \\ U_{BN'} \\ U_{CN'} \end{pmatrix} = \begin{pmatrix} U_{AN} \\ U_{BN} \\ U_{CN} \end{pmatrix} - \begin{pmatrix} U_{N'N} \\ U_{N'N} \\ U_{N'N} \end{pmatrix} = \begin{pmatrix} 2/3 & -1/3 & -1/3 \\ -1/3 & 2/3 & -1/3 \\ -1/3 & -1/3 & 2/3 \end{pmatrix} \cdot \begin{pmatrix} S_A \\ S_B \\ S_C \end{pmatrix} \cdot U_d \qquad (8\text{-}11)$$

式 8-11 中的负载相电压与三相开关信号之间的关系列写在表 8-6 中。

表 8-6　电压型逆变器的控制信号与输出电压的关系

编　号	$S_A S_B S_C$	三相输出电压($^* U_d$)		
		$U_{AN'}$	$U_{BN'}$	$U_{CN'}$
0	000	0	0	0
1	001	−1/3	−1/3	+2/3
2	010	−1/3	+2/3	−1/3
3	011	−2/3	+1/3	+1/3
4	100	+2/3	−1/3	−1/3
5	101	+1/3	−2/3	+1/3
6	110	+1/3	+1/3	−2/3
7	111	0	0	0

8.3.1　基于 SIMULINK 分立模块的逆变器建模

在 SIMULINK 中，利用其提供的分立模块可以很方便地建立一个三相两电平电压型逆变器仿真模型，如图 8-41a 所示。其中的 Constant1 输出的是三相开关信号，Constant 输出的是直流侧电压 U_d，图中的 VSI inverter 子系统是逆变器模型，其输入为三相开关信号和直流侧电压，输出为 A、B、C 三相电压，子系统如图 8-41b 所示。运行仿真程序，很容易得到图 8-42 所示的仿真波形，图 8-42a 是逆变器的三相输出电压波形，图 8-42b 是逆变器的三相开关信号，显然，它们符合式 8-10。

这种模型适用于不考虑死区效应的逆变器建模，并且也忽略了 IGBT 开关器件及反并联二极管的实际特性，仅把它们作为理想开关器件进行处理。

a)

b)

图 8-41　电压型逆变器的仿真模型

8.3.2　基于 SimPower Systems 库的逆变器模型

如图 8-43 所示，SIMULINK 库浏览器中可以方便地找到 SimPowerSystems 电力系统库，单击左侧的电力电子（Power Electronics）子库，那么在右侧就可以出现常用的各类电力电子器件，在右下侧出现的就是通用桥模块（Universal Bridge）。

a)

b)

图 8-42　逆变器输出电压波形
　　　　与三相开关信号波形

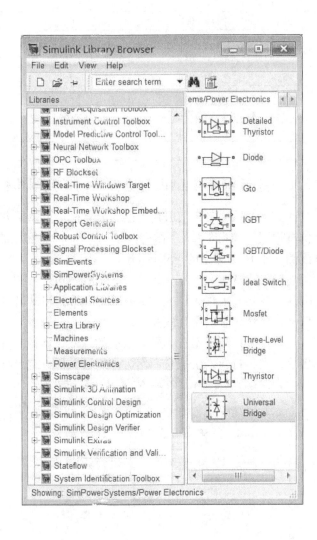

图 8-43　SimPowerSystems 库中的逆变器模块

通用桥模块包含了直流侧接口（显示为 +、-）、交流侧接口（显示为 A、B、C）和控制接口（显示为 g）三个部分。将该模块拖动到一个 mdl 文件界面中，双击以后选择 IGBT/DIODE 反并联的选项，将默认的晶闸管修改为 IGBT 器件。然后用鼠标右键单击该模块，在下方的 format 的子选项中选择 flip block（180°旋转模块）后，成为图 8-44 中常见的三相逆变器的符号。

图 8-44　简单的逆变器仿真程序

在应用该逆变器模块之前，需要了解各接口的含义。在 help 中可以找到 IGBT/DIODE 三相桥式电路的接口示意图，如图 8-45 所示，可以看出控制接口的 g 包含的 6 个开关信号与三相桥式电路中 6 个开关器件之间的对应关系，这与常见的电力电子技术相关资料中的定义方式不同。同样采用 8.3.1 中的三相开关信号作为逆变器的控制信号，需要采用图 8-44 中的 Add 模块与常数 1 模块一同计算出其余三个开关信号，然后通过 Mux 单元合成为 6 路信号，最后通过 Selector 模块调整其顺序后才能正确使用。Selector 模块的作用是定义输出端口的信号顺序，图 8-46 给出了参数设置对话框（需要注意的是，该模块的输出信号个数不需要与输入相同，即是说可以非常灵活地定义其输出信号）。

从电力系统库的电源（Electrical Sources）中找到直流电压源（DC Voltage Source）后加入到仿真程序中，并设置电压为 100V。在 Elements 中找到三相串联 RLC 支路（Three Phase

图 8-45　IGBT/DIODE 三相桥的接口

Series RLC Branch) 设置为纯电阻 (R) 支路, 且电阻为 100Ω。从测量器件子库 (Measurements) 中找到电压测量模块 (Voltage Measurements) 加入到程序中。最后加入 Powergui 模块, 并且设置仿真程序计算器为 ode15s, 即可运行仿真程序。图 8-47 给出了三相电压的仿真波形, 与图 8-42 中的仿真波形相一致。

图 8-46　selector 参数设置

图 8-47　三相电压仿真波形

8.3.3　基于 Simscape 库的逆变器物理建模

近年来, 物理建模在建模与仿真领域内成为一个比较热门的词语。MATLAB 的 Simscape 软件包通过对多物理域系统 (例如机械、液压、电气元件) 的建模与仿真扩展了 SIMULINK 家族产品。其他 SIMULINK 模块的建模是基于数学符号及其运算上的, 而采用物理建模的 Simscape 则直接代表了物理器件及其之间的相互关系。例如泵、电机、运放等元件都是通过传递功率的物理连接线进行互连, 这使得我们在了解系统的物理结构后, 就可以直接进行建模, 而不必弄懂其中复杂的数学规律。

Simscape 软件可以在 SIMULINK 环境下运行, 并且与其他 SIMULINK 家族产品及 MATLAB 计算环境实现无缝连接。在 SIMULINK 库浏览器的下方可以找到与 SIMULINK 平行的 Simscape 库, 其中有基础元件库 (Foundation Library)、SimDriveline、SimElectronics、SimHydraulics、SimMechanics 以及 Utilities 等 6 个子库。点击 SimElectronics 中的 Semiconductor Devices, 可以在右侧看到常用的几个半导体器件, 如图 8-48 所示, 在这里可以选用 N-Channel IGBT 器件。另外, 在基础元件库中的 Electrical 下面的 Electrical Elements 中可以找到常用的电阻器、电容器以及接地; 在 Electrical Sensors 中可以找到电流传感器 (Current Sensor)、电压传感器 (Voltage Sensor); 在 Electrical Sources 中可以找到常用的电压源等器件。

图 8-49 给出了库中的 IGBT 器件的参数设置对话框, 图 8-49a 中需要设置零门极电压的集电极电流、门极开通阈值电压、集电极-发射极的饱和压降、集电极-发射极饱和电流值、

饱和时的门极驱动电压值等参数，在图 8-49b 中可以设置等效结电容：输入电容值与反向传输电容值。

图 8-48　Simscape 库　　　　　　　　图 8-49　IGBT 参数设置

　　设置好 IGBT 参数后，找到 DIODE 器件反并联在 IGBT 两侧，可以很顺利地搭建三相桥式逆变器主电路。直流侧电源与线路等效电阻、三相负载电阻可以从基础元件库中找到。从图 8-49 中可以看出，不像 SimPowerSystems 中的 IGBT 是理想元器件，这里的 IGBT 需要合适的驱动电路。从图 8-50 中可以看出，15 或者 0（SIMULINK 数字信号）经过 Utilities 工具库中的 SIMULINK-PS Converter（两个工具软件之间的接口转换模块）后成为物理信号，将其连接到受控电压源（Controlled Voltage Source）就可以驱动 IGBT 了（还可以串入一个适当阻值的门极限流电阻）。最后还需要在模型中加入一个参考地和 Utilities 工具库中的解算器设置模块($f(x) = 0$)。解算器的参考设置如图 8-51 所示，仿真的波形如图 8-52 所示。A 相的输出电压略微小于 100V，这是因为在线路电阻以及上桥臂 IGBT 上各有一部分电压降。为了观察仿真结果波形，如图 8-50 所示，需要使用一个电压检测模块、一个 PS-SIMULINK Converter 信号转换模块和一个 SIMULINK 中的示波器（Scope）模块。

图 8-50　基于 Simscape 的逆变器建模

图 8-51　解算器设置举例

图 8-52　仿真波形

小　　结

本章详细讲解了三相电压型逆变器的构成及其基本工作原理。

首先详细分析了逆变器的基本结构和各组成单元，包括常见的电力半导体器件（二极管、IGBT 与 IPM、功率 MOSFET 等）及 SiC 材料制作的半导体器件，还有功率母排、储能用电容器、开关器件的吸收电路与驱动模块、逆变器电压电流的检测电路等。

在阐述电压型逆变器工作原理时，首先分析了逆变器中能量传递的三种方式及其两种导通模式，然后分析了输出相电压的特点。最后在 MATLAB 中，采用三种不同的方法对 VSI 进行仿真建模，其中包括了较新版本 MATLAB 提供的基于 Simscape 的物理建模方法。

【困难就像一朵云，虽然挡住了阳光，但是也酝酿了雨水滋润你成长】

【生活里的难过和失落，是为了让我们在一场身不由己的努力中进化出更好的自己】

练　习　题

1. 三相电压型逆变器由哪些单元构成？各单元的作用是什么？

2. 与 Si 材料半导体相比，SiC 材料半导体有何特点？

3. 功率二极管在选用中，有哪些需要特别注意的指标？

4. IPM 与 IGBT 的区别是什么？

5. 功率母排与吸收电路的作用是什么？

6. 不同类型的电容器分别有何特点？

7. 逆变器中常见的电压、电流检测方法是什么？

8. 为什么在控制电路与功率半导体器件之间需要加入驱动模块，其作用是什么？

9. 三相 VSI 的能量传递方式有哪几种？它可以实现整流功能么？可以实现能量的双向传递么？

10. 两电平 VSI 输出相电压有何特点，多电平 VSI 呢？

11. 请简要说明，如果需要考虑逆变器的死区效应，本章介绍的哪些建模方法更为合适？

第9章 电压型逆变器控制技术

在永磁同步电动机变频调速系统中，当电动机工作在不同速度及负载情况下，电动机定子端电压的需求都是不同的，这就要求向电动机供电的电压型逆变器具有输出电压的调节功能。当三相电压型逆变器工作在方波模式下，其输出的基波电压幅值是不能调节的。为解决该问题，各种脉冲宽度调制（Pulse Width Modulation，PWM）技术被提出。各种 PWM 技术有着各自的特点，所以在实际应用中，应该针对具体系统的特点选择最合适的 PWM 技术。以城轨交通地铁列车牵引用电压型逆变器为例，在列车从零速到最高速度范围内，通常情况下，需要综合采用异步调制技术、分段同步调制技术、特定次谐波消去技术等，最后为了提供最高端电压而工作在方波模式下。本章重点介绍正弦 PWM（Sinusoidal PWM，SPWM）、空间矢量 SVPWM（Space Vector PWM，SVPWM）、电流滞环 PWM（Current Hysteresis Band PWM，CHBPWM）三种 PWM 技术。

9.1 方波运行模式及仿真建模

9.1.1 方波运行模式

晶闸管作为开关器件引入到电压型逆变器后，VSI 就一直工作在方波运行模式下，这是因为晶闸管的半控特性使其难以工作在高频开关下。现在由全控型器件作为主开关构成的电压型逆变器有时也会工作在方波模式下，此时它只用来调节逆变器输出的交流电压频率，输出交流电压的幅值是不可调节的。

在方波运行模式下如图 9-1 所示的电压型逆变器的每只主管（$V_1 \sim V_6$）分别各自连续导通输出交流基波电压的半个周期（180°电角度），然后以 180°导通方式纵向换流于同一个半桥的另一只主管。这样，一个周期内三相开关信号 S_A、S_B、S_C 波形如图 9-2a、图 9-2b、图 9-2c 所示（这里输出 50Hz，所以一个周期是 0.02s），三相依次相差 120°电角度。

图 9-1 三相两电平电压型逆变器

根据第 8 章的逆变器工作原理可以知道，逆变器的输出电压等于开关信号乘以直流母线电压，所以逆变器输出的相电压也是方波。以图 9-1 中 N 点为参考地，三个相电压以及 AB 的线电压波形如图 9-3a、图 9-3b、图 9-3c、图 9-3d 所示。

当负载为三相对称负载时，可以推出下式：

$$u_{N'N} = \frac{1}{3}(u_{AN} + u_{BN} + u_{CN}) \tag{9-1}$$

该式描述了负载电压中共模电压的大小，如图 9-3f 所示。图 9-3e 给出了以负载中性点

N′为参考电位的相电压波形，可以看出其波形为六阶梯波，故方波工况又称为六阶梯波工况。此时针对六阶梯波相电压进行傅里叶级数展开，可以得到下式：

$$u_{AN'} = \frac{2U_d}{\pi}\left(\sin\omega t + \frac{1}{5}\sin5\omega t + \frac{1}{7}\sin7\omega t + \frac{1}{11}\sin11\omega t + \frac{1}{13}\sin13\omega t + \cdots\right)$$

$$= \frac{2U_d}{\pi}\left(\sin\omega t + \sum_n \frac{1}{n}\sin n\omega t\right) \tag{9-2}$$

从上式中可以看出 VSI 输出的相电压中除基波分量外，含有大量的谐波分量，尤其是低次谐波分量最多（可对照图 9-17b）从而使相电流中含有较多的谐波分量，如图 9-3g，与正弦电流波形相差较大。同时从式 9-2 中可以看出，基波相电压的幅值仅仅与中间直流回路电压 U_d 有关，当 U_d 不变时，输出交流电压也就不能改变。所以在对交流电动机进行变频调速的早期，为了得到交流电动机所需的变压变频（Variable Voltage Variable Frequency, VVVF）交流电源，需要采用两级变流装置：第一级为晶闸管相控整流以获得可调节的直流电压，第二级为上述的方波逆变器进行变频。当 PWM 脉冲宽度调制技术引入到全控型半导体器件作为主开关器件构成的交流调速系统以后，通过对电压型逆变器实施 PWM 控制，采用一级变流装置就可获得所需的 VVVF 电源，不仅减少了能量变换的环节，提高了效率，而且可以获得更加快速的调节过程，调速性能更好，所以 PWM 控制的电压型逆变器已占据了大多数的应用场合。图 9-3h 中给出了方波运行工

图 9-2　方波模式下输出 50Hz 交流电对应的三相开关信号图形

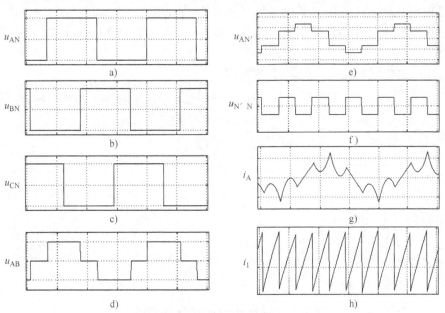

图 9-3　方波运行各物理量波形

况时中间直流环节的电流波形（即图 9-1 电容器的负载侧电流 i_1），从中可以看出直流回路中含有明显的 6 倍基波频率的脉动电流。在 PWM 控制下逆变器直流环节电流为高频脉动的电流，中间环节的大容量电容可以有效吸收这些脉动电流，从而减小中间直流电压的脉动。如果开关频率比较高，则需要采用第 8 章中所述的膜电容器才能够有效吸收这些高频电流。

9.1.2　方波运行模式的电压型逆变器仿真建模

为了产生方波模式下的三相开关信号，可以由 SIMULINK 中的正弦波模块（Sine Wave）经过滞环比较器（Relay）模块处理后得到，如图 9-4a 所示，图 9-4b 给出了正弦波模块参数的设置，其中的 f_1 是待输出交流电压的频率（Hz），对话框中的 sita 是 A 相电压的延迟角度（度），图 9-4c 中给出了滞环比较器的设置。

a)　　　　　　　　　　　　b)　　　　　　　　　　　　c)

图 9-4　三相开关信号输出单元的仿真参数设置

将图 9-4a 中的模块进行子系统封装（命名为 squarewave signals），squarewave signals 对话框如图 9-5a 所示，其中定义了两个变量，即 f1 与 sita，并且在 prompt 中设置了相应的文字提示。

a)　　　　　　　　　　　　　　　　　　b)

图 9-5　子系统封装对话框及其参数设置

采用封装后的子系统和第 8 章的电压型逆变器 SIMULINK 模型建立联合仿真模型，如图 9-6 所示。双击刚刚封装的 squarewave signals 子系统，在图 9-5b 对话框中作相应的参数设置。另外，在图 9-6 中需要设置直流电压，并且采用了三个 Fcn 模块分别计算三相线电压。仿真运行后双击图 9-6 中的两个 scope 提供，可观察相电压及线电压波形，如图 9-7 所示。

图 9-6　三相电压型逆变器在方波模式下的仿真建模

图 9-7　仿真得到的相电压及线电压波形图

9.2　SPWM 技术及仿真建模

9.2.1　SPWM 技术原理分析

SPWM 正弦脉宽调制技术以正弦电压作为电压型逆变器期望输出波形，以频率比正弦波高得多的等腰三角波作为载波（Carrier Wave）（见图 9-8a 中的 u_t），并用频率和期望输出频率相同的正弦波作为调制波（Modulation Wave）（见图 9-8a 中 u_{rA}、u_{rB}、u_{rC}）。调制波与载波相交时会产生一系列的交汇点，由这些交点确定逆变器开关器件的通断时刻（正弦波大于三角波时，上桥臂的主管导通，下管关断；反之则反），从而可以获得在正弦调制波半个周期内呈现两边窄中间宽的一系列等幅不等宽的矩形波，如图 9-8b、图 9-8c、图 9-8d 所示。图 9-8e 给出了输出线电压波形，正负脉冲的幅值均为直流侧电压。

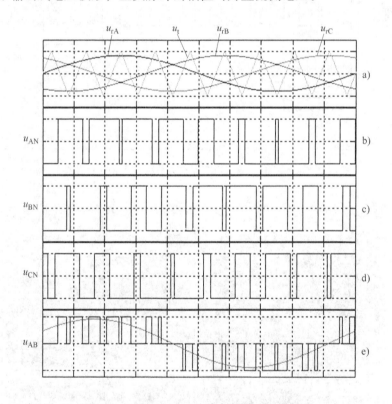

图 9-8　三相 SPWM 正弦脉宽调制原理示意图

9.2.2　载波比与调制比

在 SPWM 中，三角载波频率 f_c 与正弦调制信号频率 f_r 的比值 $N = f_c/f_r$ 称为载波比，根据 N 的变化情况可以将 SPWM 调制方式分为异步调制和同步调制。

1）异步调制（N ≠ 常数）　随着正弦调制信号频率 f_r 的改变，N 不是一个常数的调制方式称为异步调制。通常情况是 f_c 保持不变，这样可以充分利用主管的开关频率。此时在正弦调制波的半周期内，PWM 波形的脉冲个数不固定，相位也不固定，正负半周期内的脉冲不对称。输出电压中的谐波分量会多一些，但是如果 N 足够大，那么谐波分量还是比较小的，所以在较低 f_r 时异步调制技术使用较多。

2）同步调制（N＝常数）　随着调制信号频率 f_r 的改变，N 始终是一个常数，即是说三角载波和正弦参考波信号波始终保持同步（此时三角载波的频率会随着 f_r 的变化而变化）。三相 SPWM 中通常共用一个三角波载波，且取 N 为 3 的奇数倍，这样可以使三相输出电压波形对称，且输出电压中无偶次谐波分量。基本的同步调制方式导致逆变器输出正弦波频率变化时，三角载波的频率变化范围很大，对此进行改进的方法是分段同步调制，如图 9-9 所示。从中可以看出，该方法是把 f_r 的变化范围划分成若干个频段，每个频段内保持 N 恒定，不同频段的 N 不同。在 f_r 较高的频段采用较低的 N，使载波频率不致过高；而在 f_r 较低的频段采用较高的 N，使载波频率不致过低。这样可以确保三角载波的频率（即主管开关频率）始终在一个比较稳定的范围内，从而可以获得更好的性能。

图 9-9　不同频率范围内 SPWM 开关频率示意图

在很多应用场合中，基波频率需要从 0 变化到较高值，全速范围内的 SPWM 方式通常是在逆变器输出低频电压时采用异步调制方式——保持三角载波的频率不变，在输出高频时再切换到同步调制方式，这样可以把两者的优点结合起来。如图 9-9 所示的例子实际上是应用于 750V 供电城市轨道交通列车交流传动系统主牵引逆变器中 IGBT 开关频率示意图，由于主牵引逆变器容量可以达到 1MVA，IGBT 模块的电压、电流等级较高（器件的开关损耗比较大，故而开关频率不能太高），其开关频率限制在 1kHz 以内。此外在 SPWM 中，有一个重要的技术指标——调制比 m。通常定义调制比 $m = u_{rm}/u_{cm}$，即是图 9-8 中正弦调制波形的幅值与三角载波幅值的比值。

9.2.3　输出电压基波幅值特点

当 $m \le 1$ 时，存在规律 $u_{phm} = mU_d/2$。U_d 为直流环节电压，u_{phm} 为三相电压型逆变器输出相电压基波分量的幅值。这就是说，在控制图 9-8 中三角载波幅值为 1 的前提下，令 $u_{rm} = m$，那么在逆变器的输出侧就可以得到幅值为 $u_{phm} = mU_d/2$ 的相电压，故 $m \le 1$ 的区域称为 SPWM 技术的线性调制区域。当 $m > 1$ 时，逆变器进入非线性调制区域，逆变器的输出电压会逐渐饱和，此时不能在其输出侧得到上述与 m 成正比例的交流电压，而是比其要小一些。当逆变器工作在方波工况下时，交流侧可获得的最大基波电压幅值为：$u_{phm} = 2U_d/\pi$。

9.2.4　仿真建模

在 MATLAB/SIMULINK 仿真软件中可以很方便地建立如下模型，对 SPWM 进行仿真。

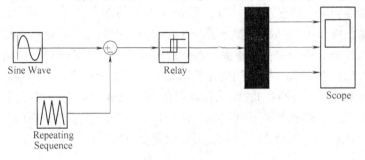

图 9-10　SPWM 仿真模型

图 9-10 巧妙地利用了 SIMULINK 分立模块，方便地实现了三相 SPWM 仿真，只需要简单地将图 9-4 中的常数 0 修改为三角波即可。Sine Wave 正弦波输出模块的参数对话框如图 9-11 所示，通过相位一栏中的设置可以直接使其输出三个正弦波。Repeating Sequence 周期序列输出模块参数对话框如图 9-12 所示，通过设置三角载波的最大点与最小点的坐标及其时间点就可以直接输出三角波形。有的仿真程序采用了方波积分获得三角波的方法，如果仿真步长较小的话，三角波精度还是可以的；但如果步长较大的话，那么该方法输出的三角波就不如图 9-10 中的方法好。

图 9-11　正弦波输出模块设置　　　　　　　图 9-12　周期序列输出模块设置

正弦波形与三角波形比较（Sum）后，可以经过 Switch 模块将两个预先设定的常数（0、1）分别输出。但是采用图 9-10 的方法更为简便——采用 Relay 继电器，继电器模块的参数设置如图 9-13 所示。图中的 eps 是一个常数，它是 MATLAB 内定的一个最小的浮点正数，仿真中可以当作 0 看待（但是在分母为一个趋近于 0 的场合中有着独特的作用）。

继电器输出的是三相 PWM 波形，利用 Demux 可以分解为三个独立的信号，然后连接到一个 Scope 输出模块，双击该模块在其 Parameters 中设置属性如图 9-14 所示（坐标轴个数设置成三个）；如果数据量很大的话，那么还需要在 Data History 中将数据存储空间放大，以便能够在仿真结束时可以观察到完整的仿真波形。

图 9-13　继电器模块设置　　　　　　　图 9-14　观察器模块设置

此外，在 SIMULINK 仿真参数对话框中也需要进行适当的设置，如图 9-15 所示。由于系统需要仿真频率为 1000Hz 的三角波，系统仿真的最大步长设置为三角波周期的 1/20，这样才能够得到比较准确的结果；否则如果设置过大的话（有时 auto 也会出问题），根本得不到正确的三角波，最后的 SPWM 波形也就不正确了。图 9-16 给出了图 9-10 程序仿真的结果。

图 9-17 给出了电压型逆变器分别采用 SPWM 控制和方波控制时输出相电压的谐波分量。可以看出图 9-17b 中方波模式下相电压含有大量的低次谐波，高次谐波电压相对较少。图 a 中 SPWM 模式控制下相电压的低次谐波减小很多，而位于载波频率附近的高次谐波相对较多。不过对于电动机等感性负载，负载的高次谐波电流的

图 9-15　仿真参数——算法器设置对话框

幅值远不如高次谐波电压那么高。

图 9-16　三相 SPWM 仿真结果

图 9-17　SPWM 与方波模式输出电压谐波对比
a) SPWM 控制模式　b) 方波控制模式

　　9.2.3 中已经给出了 SPWM 控制下电压型逆变器输出基波电压幅值特点，下面对其进行仿真分析，为此建立如图 9-18 所示的仿真程序。这里仅对一相电压进行分析，图 9-18 中输出三角波的重复序列（Repeating Sequence）模块的参数设置如图 9-19a 所示，正弦模块的参数设置如图 9-19b 所示，可以看出期望输出正弦波频率为 50Hz，电压调制比为 uam，载波比为 21。为了方便分析，继电器模块模拟了逆变器一相桥臂的功能，其参数设置如图 9-20a 所示。从 SIMULINK 库浏览器中 SimPowerSystems 子库中 Extra Library 的 Measurements 中找到傅里叶分析（Fourier）模块，参数设置如图 9-20b 所示，这里采用它来进行 50Hz 基波电压分量的仿真计算。将傅里叶分析的基波分量结果保存到工作空间需要使用 SIMULINK 库中 sink 子库中的 To Workspace 模块，其参数设置如图 9-21 所示，这里仅仅需要保存最后一个稳态值，因此在 limit data points to last 一栏中设置为 1，变量名称为 uph，数据格式为数组（这里不需要时间信息）。经过上述的设置后，在 SPWM 的线性区域，下式应该成立。

$$uph = uam \tag{9-3}$$

图 9-18 针对基波进行傅里叶分析的 SIMULINK 程序

a)   b)

图 9-19 三角波模块与正弦波模块的参数设置

图 9-20　继电器模块与傅里叶分析模块的参数设置

图 9-21　工作空间变量保存设置

而在方波区域（当 uam 值非常大的时候），那么 uph 应该稳定在式 9-4 给出的值。

$$2U_d/\pi \approx 1.2732 \qquad (9\text{-}4)$$

为了使得程序可以自动完成不同 uam 值下的 uph 仿真计算，在 MATLAB 的文本编辑器中可以输入下述程序并保存为脚本文件。

```
uam1 = 0:0.1:20;
n = length(uam1);
uph1 = zeros(1,n);
for i = 1:n
uam = uam1(i);
sim('ex_spwm2')
uph1(i) = uph;
end
```

执行该脚本文件，在 MATLAB 工作空间中就会出现相关变量，采用指令 plot（uam1，uph1）即可得到 SPWM 技术中，输出基波电压幅值与调制比之间的关系图，如图 9-22 所示。

图 9-22　SPWM 中输出基波电压幅值与调制比之间的关系图

可以发现，在线性工作区域内，uph 与 uam 基本完全相等——这就表明了 uam 对 uph 的线性控制作用；当 uam 大于 1 以后，SPWM 控制逆变器的输出电压增加逐渐缓慢，进入了饱和区域，当其值约为 13.4 的时候，uph 基本达到了最大值，即方波模式输出的 1.2732。

9.3　SVPWM 技术及仿真建模

空间矢量脉宽调制（Space Vector PWM，SVPWM）源于交流电动机定子磁链跟踪的思想。它宜于数字控制器实现，且有输出电流波形好、直流环节电压利用率高等优点。现在不仅在交流电动机的控制中，而且在三相电力系统等领域中也得到了广泛的应用。

9.3.1　两电平电压型逆变器电压空间矢量

式 9-5 根据定子三相电压定义了定子电压矢量，其中引入的旋转矢量因子表示的是空间电角度，因此称该电压矢量为空间矢量。如果已知电压空间矢量，也可以分别求出相应的三相电压分量（u_A、u_B、u_C），见式 9-6。

$$\boldsymbol{U}_s = 2\left(u_A(t) + u_B(t)\mathrm{e}^{\mathrm{j}\frac{2\pi}{3}} + u_C(t)\mathrm{e}^{\mathrm{j}\frac{4\pi}{3}}\right)/3 \tag{9-5}$$

$$u_A = \text{Re}\{\boldsymbol{U}_s\}$$

$$u_B = \text{Re}\{\boldsymbol{U}_s e^{-j\frac{2}{3}\pi}\} \tag{9-6}$$

$$u_C = \text{Re}\{\boldsymbol{U}_s e^{-j\frac{4}{3}\pi}\}$$

当定子三相电压为对称的正弦电压时，式 9-5 定义的电压矢量是一个幅值与相电压峰值相等的空间矢量。矢量端点的运动轨迹是一个圆，运动的角速度为相电压的电角频率。

第 8 章中已经给出了两电平电压型逆变器工作在 180° 导通模式下三相开关信号（S_A、S_B、S_C）与逆变器状态的关系，所以式 9-5 可以改写为式 9-7 为

$$\boldsymbol{U}_s = 2U_d(S_A(t) + S_B e^{j\frac{2\pi}{3}} + S_C e^{j\frac{4\pi}{3}})/3 \tag{9-7}$$

从中可以看出，电压空间矢量会随 3 个开关信号发生变化。3 个开关信号总共有 8 种组合，那么相应的逆变器输出的电压矢量也只有 8 个，他们之间的关系见表 9-1。

表 9-1　两电平电压型逆变器的基本电压矢量

开关状态	$\boldsymbol{U}_n$							
	$\boldsymbol{U}_0$	$\boldsymbol{U}_1$	$\boldsymbol{U}_2$	$\boldsymbol{U}_3$	$\boldsymbol{U}_4$	$\boldsymbol{U}_5$	$\boldsymbol{U}_6$	$\boldsymbol{U}_7$
$S_A S_B S_C$	000	001	010	011	100	101	110	111

这 8 个电压矢量是两电平电压型逆变器固有的几个，因而称之为基本电压空间矢量，它们在三相静止坐标系中如图 9-23 所示。可以看出 8 个电压矢量中：$\boldsymbol{U}_0$ 与 $\boldsymbol{U}_7$ 为零电压矢量，其余 6 个为非零电压矢量，非零电压矢量的幅值均为 $2U_d/3$。

根据电机学原理，电压的积分是磁链，而只有幅值不变、相角连续变化的电压空间矢量才能产生理想圆形的定子磁链。这在仅能输出有限个数电压矢量的逆变器供电情况下是不可能实现的，但是通过快速、交替输出各电压矢量，从而引导定子磁链形成准圆形的轨迹是可行的如图 9-24 所示，这就是空间矢量 PWM 的技术思路。

图 9-23　两电平电压型逆变器的
基本电压矢量

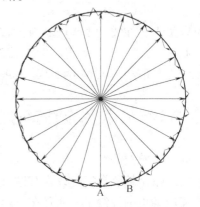

图 9-24　准圆形磁链轨迹示意图

9.3.2　SVPWM 线性组合算法

如图 9-24 所示，为了引导电机的定子磁链沿着图中所示的准圆形轨迹移动，电压型逆变器必须在适当的时刻切换到合适的电压空间矢量。由电机控制策略可以得到一个期望的定子电压空间矢量给定值 $\boldsymbol{u}_g$，或者说电机的控制目标是 ——在 t_g 的时间内，控制电机定子磁链矢量的端点从点 A 移动到点 B，接下来的具体工作就是控制电压型逆变器从 8 个基本电压

空间矢量中做何选择，以使其在 t_g 内实际输出的电压空间矢量对时间的积分与 $u_g t_g$ 相等——即定子磁链变化量相等。

通常的 SVPWM 算法是，首先根据 u_g 所处的空间扇区位置确定好准备输出的基本电压空间矢量，如图 9-25b 选取非零电压矢量 U_4 与 U_6。记它们各自的作用时间分别为 t_1 和 t_2，则有

$$U_4 t_1 + U_6 t_2 = u_g t_g \tag{9-8}$$

然后根据式（9-9）就可以计算出 t_1 和 t_2，式中 u_{gm} 为矢量 u_g 的幅值。

$$t_1 = \frac{3}{2} t_g \left(\frac{u_{gm}\cos\theta}{U_d} - \frac{1}{\sqrt{3}} \frac{u_{gm}\sin\theta}{U_d} \right)$$

$$t_2 = \sqrt{3} t_g \frac{u_{gm}\sin\theta}{U_d} \tag{9-9}$$

一般情况下，$t_1 + t_2 \leqslant t_g$，那么多余的时间 t_0 就可以平均分配在两个零电压矢量 U_0 和 U_7 上，因为它们的作用并不会影响到逆变器输出电压矢量的积分。

$$t_0 = t_g - (t_1 + t_2) \tag{9-10}$$

$$T_0 = T_7 = t_0/2 \tag{9-11}$$

当输出的 PWM 波形对称性比较好时，那么逆变器输出的电压谐波就比较少，图 9-26 给出了最常见的 SVPWM 波形。由于一个开关周期内逆变器先后输出 7 个电压矢量，故称为 7 段式 SVPWM。

图 9-25　空间矢量脉宽调制技术示意图　　　　　图 9-26　各电压矢量时间分配图

a）电压矢量合成方法示意图　b）合成电压矢量范围示意图

当图 9-25 中的期望电压矢量相角分别为 0°、30°、60° 时，图 9-27 给出了采用数字信号处理器实现 SVPWM 算法输出的 PWM 信号。图中从上到下 3 个波形分别为 A、B、C 三相的

图 9-27　DSP 输出的 PWM 信号波形

开关状态，其中的高电平对应了开关信号为 0，低电平对应了开关信号为 1。从图 9-25 显然可以看出，当相角为 0°时，应该采用 U_4 与零电压矢量，没有 U_6 的作用；当相角为 30°时，需要采用 U_4、U_6 和零电压矢量；当相角为 60°时，应该采用 U_6 与零电压矢量，没有 U_4 的作用，这与图 9-27a 中标注的开关状态完全吻合。

9.3.3　SVPWM 几何特征

下面首先分析由图 9-25 所示的 U_4、U_6 两个电压矢量可以合成的电压矢量 u_g 的范围。换句话说，下面的分析是为了尝试分析适合采用 U_4 与 U_6 进行合成的期望电压矢量的空间位置特点。为不失一般性（多电平电压型逆变器中电压矢量幅值不相同），设

$$|U_6| = k|U_4| = k\lambda \tag{9-12}$$

k 为一个已知的正的常数，且它们之间的夹角为 δ（满足 $0° < \delta < 180°$），如图 9-25b 所示，根据图中的三角关系可以推导出下式：

$$\mathrm{ctg}\theta = \mathrm{ctg}\delta + \frac{t_1}{t_2 k \sin\delta} > \mathrm{ctg}\delta \tag{9-13}$$

由于余切函数在该区间是减函数，故 $0 \leqslant \theta \leqslant \delta < 180°$。这意味着，采用两个电压矢量按上述方法合成 u_g 总是位于两矢量的夹角范围内。

下面对采用两个电压矢量合成 u_g 的幅值特性进行推导与分析。设 θ 是一个定值，由式 9-12 知道 $q = t_2/t_1$ 是一个定值。因为 $t_1 + t_2 \leqslant t_g$，所以有 $t_1 \leqslant \dfrac{t_g}{1+q}$。

由三角形余弦定理可以得到

$$|u_g| = \lambda \frac{t_1}{t_g} \sqrt{1 + q^2 k^2 + 2qk\cos\delta} \leqslant \frac{\lambda}{(1+q)} \sqrt{1 + q^2 k^2 + 2qk\cos\delta} = U_{\max} \tag{9-14}$$

式 9-14 中，$|u_g|$ 的最大值 $U_{\max}$ 恰好就是图 9-25b 中线段 OC 的长度。这即是说，由 U_4 和 U_6 可以合成的幅值最大电压矢量的端点恰好就在线段 AB 上。

综上可知，从几何特征上说，采用两个电压矢量所能合成的等效电压矢量正好在由它们围成的三角形的内部与边界上（图 9-25b 中的阴影部分）。此外，还有如下结论：若 u_g 的方向固定，那么 $q = t_2/t_1$ 就是一个定值，此时，两个非零电压矢量作用的总时间与期望合成的电压矢量的幅值成正比。当期望合成的电压矢量达到最大时，$t_1 + t_2 = t_g$ 也为最大。

9.3.4　SVPWM 技术特点

9.3.3 的结论是一般性的，下面具体分析图 9-25a 中两电平逆变器的 U_4 与 U_6 合成电压矢量 u_g 的几何特征。此时有 $k = 1$、$\delta = 60°$、$\lambda = 2U_d/3$ 成立，一方面 u_g 的幅角在 $0° \sim 60°$ 之间；另一方面，由于有

$$t_1 + t_2 = (1 + q)t_1 = \frac{\sin\theta + \sin(\delta - \theta)}{\sin\delta} \frac{|u_g|}{\lambda} t_g \leqslant t_g \tag{9-15}$$

所以有

$$m_1 = \frac{|u_g|}{\lambda} \leqslant \frac{\sin 60°}{\sin\theta + \sin(60° - \theta)} = f(\theta) \tag{9-16}$$

将式 9-16 所示的关系绘制成曲线,如图 9-28a 所示。

式 9-16 右侧为角度 θ 的三角函数,经过函数运算可以求算出其最小值为

$$f_{\min}(\theta) = f(30°) = \sqrt{3}/2 \tag{9-17}$$

上式从图 9-28b 中也可以很容易得出。若 m_1 超出相应的 $f(\theta)$,那它就是不可实现的(逆变器已经饱和)。对于 θ 在 $0° \sim 360°$ 的空间内均可实现的 m_1 必须满足 $m_1 \leqslant \sqrt{3}/2$,这对应图 9-28b 中六边形内切圆的内部及圆本身的区域。这个区域即是 SVPWM 的线性调制区域,所以有

$$|\boldsymbol{u}_g| \leqslant \frac{\sqrt{3}}{2}\lambda = \frac{\sqrt{3}}{2}\frac{2}{3}U_d = \frac{\sqrt{3}}{3}U_d \tag{9-18}$$

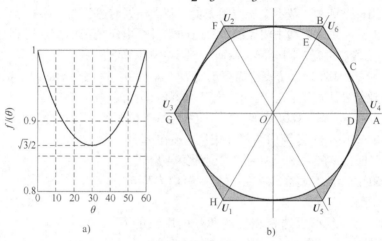

图 9-28　SVPWM 脉宽调制技术的几何特征

a) U_4 与 U_6 合成电压矢量的幅值特点　b) SVPWM 的不同调制区域

变频调速系统中常用的调制比定义为

$$m = |\boldsymbol{u}_g|/(U_d/2) \tag{9-19}$$

所以在电压空间矢量调制 SVPWM 中,线性区的最大调制比为 $m = 2/\sqrt{3} = 1.1547$。在正弦调制 SPWM 中,线性区域的最大调制比 $m = 1$,所以 SVPWM 要比 SPWM 可以更好地利用中间直流电压。

图 9-29 简要分析了为何 SVPWM 具有更高的直流电压利用率。当期望的调制比 $m = 1.1$

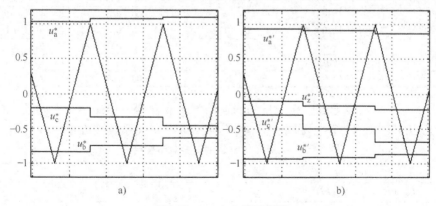

图 9-29　$m = 1.1$ 的示意图

a) SPWM　b) SVPWM

时，从图 9-29a 很容易看出，SPWM 调制下的 A 相电压已进入了非线性调制区。这使得逆变器实际输出电压达不到期望值，并且增加了谐波分量。而图 9-29b 采用了 SVPWM 技术，该技术通过引入零序电压 u_z^*（参考图 9-44），使得三相电压都在线性调制区域内，这样不仅能够控制 VSI 输出期望的电压，而且并未明显增加高次谐波分量（3 的整数倍次谐波例外）。

9.3.5　SVPWM 算法的仿真建模

1. 建模方法 1——时间分配法

第一种建模方法是基于公式 9-8 的时间分配法，其思路是：首先根据电压矢量的空间位置确定需要使用的是哪两个基本电压空间矢量；其次根据前述公式计算出每个电压空间矢量的作用时间；然后在仿真模型中将系统仿真时间与各个电压矢量的切换时刻逐一进行对比，按照图 9-26 的七段法进行时间分配，从而实现 SVPWM 算法。

根据前述 SVPWM 原理，仿真中需要确定 u_a、u_b 和 θ。这三个量的确定都离不开扇区的判断。扇区的判断方法如下：首先计算出某时刻电压空间矢量的角度 φ（ $-180°$ 到 $+180°$ 范围内），φ 在 $0° \sim 60°$ 内为第 1 扇区，φ 在 $60° \sim 120°$ 范围内为第 2 扇区，φ 在 $120° \sim 180°$ 内为第 3 扇区，φ 在 $-180° \sim -120°$ 内为第 4 扇区，φ 在 $-120° \sim -60°$ 内为第 5 扇区，φ 在 $-60° \sim 0°$ 内为第 6 扇区，如图 9-30 所示。

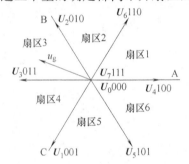

图 9-30　扇区与电压矢量示意图

判断完扇区后，就可以选择相应的两个电压矢量了。设两个电压矢量中，先作用的电压矢量为 u_a，后一个为 u_b。假定 u_g 在第 3 扇区，那么它可以由 U_2、U_3 合成。我们既希望 t_g 时间内电压矢量以零电压矢量开始，又要遵守最低功耗原则，那么只能把 U_2 作为 u_a，U_3 作为 u_b，这时开关信号依次为 000、010、011、111、011、010、000，可见逆变器每次状态切换时只有一路开关动作，开关损耗较小。把每个扇区内 u_a、u_b 的选择方法总结成表 9-2。

表 9-2　u_a、u_b 选择表

扇区号	u_a	u_b	开 关 顺 序						
1	$U_4(100)$	$U_6(110)$	000	100	110	111	110	100	000
2	$U_2(010)$	$U_6(110)$	000	010	110	111	110	010	000
3	$U_2(010)$	$U_3(011)$	000	010	011	111	011	010	000
4	$U_1(001)$	$U_3(011)$	000	001	011	111	011	001	000
5	$U_1(001)$	$U_5(101)$	000	001	101	111	101	001	000
6	$U_4(100)$	$U_5(101)$	000	100	101	111	101	100	000

公式 9-8 中的 θ 可以通过电压矢量的当前角度 φ 来获得，但是由于不同扇区内 u_a 的选取不同，所以 θ 与 φ 的关系也不同。把各扇区内的 θ 与 φ 关系整理成表 9-3。

表 9-3　θ 与 φ 的关系对照表

扇区号	u_a	u_b	θ 与 φ 的关系	扇区号	u_a	u_b	θ 与 φ 的关系
1	$U_4(100)$	$U_6(110)$	$\theta = \varphi$	4	$U_1(001)$	$U_3(011)$	$\theta = -\varphi - 120$
2	$U_2(010)$	$U_6(110)$	$\theta = 120 - \varphi$	5	$U_1(001)$	$U_5(101)$	$\theta = \varphi + 120$
3	$U_2(010)$	$U_3(011)$	$\theta = \varphi - 120$	6	$U_4(100)$	$U_5(101)$	$\theta = -\varphi$

根据前面的分析，编写的 S-Function 程序如下：

```
function  [sys,x0,str,ts] = m040389svpwm004(t,x,u,flag,Udc)
tsam = 0. 02/20/100;
switch flag,
case 0
[sys,x0,str,ts] = Initialization(tsam,Udc);
case 3
sys = Outputscalcul(t,x,u,Udc);
case  {1,2,4,9}
    sys = [];
otherwise
error(['Unhandled flag = ',num2str(flag)]);
end
function  [sys,x0,str,ts] = Initialization(tsam,Udc)
sizes = simsizes;
sizes. NumContStates = 0;
sizes. NumDiscStates = 0;
sizes. NumOutputs = 3;         %3 个输出
sizes. NumInputs = 3;          %3 个输入
sizes. DirFeedthrough = 1;
sizes. NumSampleTimes = 1;    %1 个采样时间
sys = simsizes(sizes);
x0 = [];
str = [];
ts = [tsam 0];
function sys = Outputscalcul(t,x,u,Udc)
% 输入电压矢量的幅值 Ve 和相位 Ph
Ve = u(1);
Ph = u(2);
te = u(3);
du = pi/3;
% 定义控制每个矢量的开关信号
u0 = [0 0 0];
u4 = [1 0 0];
u6 = [1 1 0];
u2 = [0 1 0];
u3 = [0 1 1];
u1 = [0 0 1];
u5 = [1 0 1];
```

```
u7 = [1 1 1];
% 判断输入矢量位于哪个扇区,从而选择相应的 ua,ub,Phe.(为计算 ta、tb、t0)
if Ph > 0&Ph <= du
    Phe = Ph;
    h = 1;
    ua = u4;
    ub = u6;
elseif Ph > du&Ph <= 2 * du
    Phe = 2 * du - Ph;
    h = 2;
    ua = u2;
    ub = u6;
elseif Ph > 2 * du&Ph <= 3 * du
    Phe = Ph - 2 * du;
    h = 3;
    ua = u2;
    ub = u3;
elseif Ph > - 3 * du&Ph <= - 2 * du
    Phe = - Ph - 2 * du;
    h = 4;
    ua = u1;
    ub = u3;
elseif Ph > - 2 * du&Ph <= - du
    Phe = Ph + 2 * du;
    h = 5;
    ua = u1;
    ub = u5;
else
    Phe = - Ph;
    h = 6;
    ua = u4;
    ub = u5;
end
% 计算 ta、tb、tc(ms)
ta = 1.5 * (cos(Phe) - 1/sqrt(3) * sin(Phe)) * Ve * te/Udc;
tb = sqrt(3) * Ve * sin(Phe) * te/Udc;
t0 = te - ta - tb;
if t0 < 0
    ta = ta/(ta + tb) * te;
```

```
        tb = te - ta;
end
% 判断开关时间
tw = 0.02/20;
t1 = rem(t, tw);
if t1 < t0/4
        y = u0;
elseif t1 < (t0/4 + ta/2)
        y = ua;
elseif t1 < (t0/4 + ta/2 + tb/2)
        y = ub;
elseif t1 < (t0/4 + ta/2 + tb/2 + t0/2)
        y = u7;
elseif t1 < (t0/4 + ta/2 + tb/2 + t0/2 + tb/2)
        y = ub;
elseif t1 < (t0/4 + ta/2 + tb/2 + t0/2 + tb/2 + ta/2)
        y = ua;
else y = u0;
end
% 输出
sys = [y(1,1), y(1,2), y(1,3)];
```

关于上述程序的说明如下：

1) 程序中的一些参数设置如下：逆变器直流侧电压 400V，期望逆变器输出一个旋转周期为 0.02s、幅值为 150V 的旋转电压矢量。每一个周期分成 20 个小区间，那么每一小区间内电压矢量的作用时间为 0.02/20s。

2) 本程序是一个 S-Function 函数程序，S-Function 程序有很多功能，本程序中只用了它的时间采样功能，让此仿真程序每隔 tsam = 0.02/20/100 更新一次给定矢量。另外，在 S-Function 程序中，直接使用字母 t 就能得到系统当前的仿真时间。

3) 程序中判断开关时刻的原理是这样的：把一个电压矢量的保持时间 $t_w = 0.02/20$ 分成 7 段：$t_0/4$、$t_a/2$、$t_b/2$、$t_0/2$、$t_b/2$、$t_a/2$ 和 $t_0/4$，如图 9-26 所示。用当前的仿真时间除以 t_w 后取余数，根据余数的大小就能够判断当前的仿真时间属于 7 个时间段内的哪一个，进而可以确定要输出的电压矢量。

图 9-31 给出的是一个完整的 SVPWM 仿真模型，说明如下：

1) Clock 模块输出一个时间信号，输出值等于当前的 MATLAB 仿真时间。

2) MATLAB Function 模块的功能是产生一个旋转矢量。双击模块，弹出图 9-32 所示的对话框，在 MATLAB Function 对话框 Parameters 一栏文字编辑区域内填写 "1.0 * 150 * (cos(314 * u) + i * sin(314 * u))"，u 代表输入，即前一级的时间信号，在 Output signal type 中选择 complex，表示输出是一个复数，这样就得到了一个用复数表示的电压空间矢量。

图 9-31　SIMULINK 仿真模型

图 9-32　MATLAB-Fcn 参数对话框

3）Complex to Magnitude-Angle 模块的功能是将复数转变为幅值与相角。

4）4 个 Display 模块能够显示当前的数值，在仿真时起到辅助观察的作用，删除它们不会影响系统的运行。双击 Display 后在对话框的 Decimation 参数中设置较大的整数可以加快系统的仿真速度。

5）图 9-31 中有两个 S-Function 模块，第一个 S-Function 模块的作用是对随时间连续变化的电压矢量进行采样，采样间隔为 0. 02/20s。它的程序如下：

function $[\text{sys}, \text{x0}, \text{str}, \text{ts}] = \text{m040389svpwm003}(\text{t}, \text{x}, \text{u}, \text{flag})$

tsam = 0. 02/20;

```
switch flag,
    case 0
        [ sys,x0,str,ts ] = Initialization( tsam ) ;
    case 3
        sys = mdlOutputs( t,x,u ) ;
    case {1,2,4,9}
        sys = [ ] ;
    otherwise
        error( [ 'Undandled flag = ',num2str( flag ) ] ) ;
end
function   [ sys,x0,str,ts ] = Initialization( tsam )
sizes = simsizes ;
sizes. NumContStates = 0 ;
sizes. NumDiscStates = 0 ;
sizes. NumOutputs = 2 ;
sizes. NumInputs = 2 ;
sizes. DirFeedthrough = 1 ;
sizes. NumSampleTimes = 1 ;   % 1 个采样时间
sys = simsizes( sizes ) ;
x0 = [ ] ;
str = [ ] ;
ts = [ tsam 0 ] ;
function sys = mdlOutputs( t,x,u )
sys = [ u( 1 ),u( 2 ) ] ;
```

双击第一个 S 函数模块 S-Function 可以弹出图 9-33a 所示的对话框，在 S-Function name 中填入 "m040389svpwm003"，由于没有传递参数，S-Function parameters 一栏不必填。双击第二个 S 函数模块 S-Function1，弹出图 9-33b 所示的对话框，在 S-Function name 中填入要调用的程序的名字 "m040389svpwm004"，在 S-Function parameters 中填入需要传递的参数 400（逆变器直流侧电压）。

6）Constant1 模块产生一个常数 0.02/20，表示电压空间矢量的保持时间为 0.02/20s。

7）两个 Scope 模块的作用相当于示波器，Scope 用以观察三相电压波形，Scope1 单独观察一相的电压波形。

8）为了让仿真顺利进行，还需要对 SIMULINK 的仿真环境参数进行必要的设置，点击 Simulation 菜单中 Configuration Parameters 选项后就打开了仿真参数设置对话框，如图 9-34 所示。仿真开始时间（Start time）为 0，结束时间（Stop time）为 0.04s，最大仿真步长（Max step size）为 0.02/20/200。设置最大仿真步长很重要，如果仿真步长太大，大于逆变器开关周期，那么仿真结果会出现严重的失真。步长越小，采样频率越高，但仿真速度也越慢。

图 9-33 S 函数参数设定对话框

图 9-34 Configuration Parameters 对话框

9）本仿真模型涉及两个采样时间的概念，很有必要分清它们的区别。第一个采样时间是指在 S-Function 函数中的采样时间 tsam，它表示仿真系统每经过 tsam 时间对函数的输入量进行一次采样，这种采样是必需的。例如在第一个 S-Function 中，需要将开关时间作为 tsam，这就将每个电压空间矢量的保持时间设置为开关周期，从而保证 SVPWM 算法的正常执行。第二个采样时间是图 9-34 中 SIMULINK 仿真系统的采样时间，它可以通过改写 Max step size 来设置，以达到平衡仿真精度和仿真速度的目的。当然系统仿真步长要明显小于 tsam 采样时间。

图 9-35 给出了逆变器 A 相的开关信号波形，图 9-36 为放大后的三相开关信号波形。

图 9-35　一相开关信号波形

图 9-36　放大的三相开关信号波形

2. 建模方法 2——计时器比较法

第一种仿真方法虽然实现了 SVPWM 的算法，但是算法中的某些函数并不适合在 DSP 上运行。下面对第一种仿真方法进行改进，按照适合 DSP 实现的方式设计算法。

图 9-37 给出了一种新的判断开关时刻的方法——利用计数器产生一个等腰三角形，将其与一个恒定的值进行比较以确定开关时刻。图中的 7 个小时间段对应了 6 个开关时刻，它们可以利用 u_{sw1}、u_{sw2}、u_{sw3} 与三角波比较获得。图中三角波的幅值设置为 U_d，周期设置为开关周期 tsam。当三角波的值在 $0 \sim u_{sw1}$ 范围时输出 u_0；当三角波的值在 $u_{sw1} \sim u_{sw2}$ 范围时时输出 U_a；当三角波的值在 $u_{sw2} \sim u_{sw3}$ 范围时输出 U_b；当三角波的值在 $u_{sw3} \sim U_d$ 范围时输出 u_7。

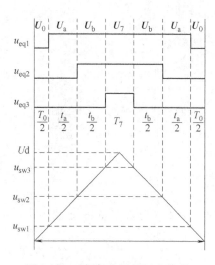

图 9-37　时间与电压的对应关系

u_{sw1}、u_{sw2} 与 u_{sw3} 的值满足下列关系：

$$u_{sw1} = \frac{U_d t_0/4}{t_g/2} = \frac{U_d t_0}{2 t_g} \tag{9-20}$$

$$u_{sw2} = U_d t_1/t_g + u_{sw1} \tag{9-21}$$

$$u_{sw3} = U_d t_2/t_g + u_{sw2} \tag{9-22}$$

因为本仿真算法不需记录时间，所以改进后的算法可用一般的 MATLAB 函数编写程序，程序如下：

function y = m040389svpwm005(u)

% 本函数共有 5 个输入变量，分别是电压矢量的幅值、电压矢量的相位、电压矢量的作用时间，直流电压 U_d、三角载波（注意：三角载波的幅值必须等于直流电压）。

Ve = u(1);

Ph = u(2);

te = u(3);

Udc = u(4);

du = pi/3;

% 定义控制每个矢量的开关信号

u0 = [0 0 0];

u1 = [1 0 0];

u2 = [1 1 0];

u3 = [0 1 0];

u4 = [0 1 1];

u5 = [0 0 1];

u6 = [1 0 1];

u7 = [1 1 1];

% 判断输入矢量位于哪个扇区，从而选择相应的 ua,ub,Phe.（为计算 ta、tb、t0）

if Ph > 0&Ph <= du

    Phe = Ph;

    h = 1;

    ua = u1;

    ub = u2;

elseif Ph > du&Ph <= 2 * du

    Phe = 2 * du - Ph;

    h = 2;

    ua = u3;

    ub = u2;

elseif Ph > 2 * du&Ph <= 3 * du

    Phe = Ph - 2 * du;

    h = 3;

    ua = u3;

```
    ub = u4;
elseif Ph > - 3 * du&Ph < = - 2 * du
    Phe = - Ph - 2 * du;
    h = 4;
    ua = u5;
    ub = u4;
elseif Ph > - 2 * du&Ph < = - du
    Phe = Ph + 2 * du;
    h = 5;
    ua = u5;
    ub = u6;
else
    Phe = - Ph;
    h = 6;
    ua = u1;
    ub = u6;
end
% 计算 ta、tb、t0(ms)
A = Udc;
ta = 1. 5 * (cos(Phe) - 1/sqrt(3) * sin(Phe)) * Ve * te/A;
tb = sqrt(3) * Ve * sin(Phe) * te/A;
t0 = te - ta - tb;
if t0 < 0
    ta = ta/(ta + tb) * te;
    tb = te - ta;
end
% 时间折算成电压值
usw1 = Udc * t0/te/2;
usw2 = Udc * ta/te + usw1;
usw3 = Udc * tb/te + usw2;
% 判断并输出
if u(5) > = 0&u(5) < usw1
    y = u0;
elseif u(5) > = usw1&u(5) < usw2
    y = ua;
elseif u(5) > = usw2&u(5) < usw3
    y = ub;
else y = u7;
end
```

用 SIMULINK 搭建的仿真模型如图 9-38 所示，说明如下：

1）仿真中仍然用到了 S-Function 模块 "m040389svpwm003"（前面已经给出），因为对连续电压空间矢量的离散化必不可少；另外也可利用 SIMULINK 的 Discrete 子库中的零阶保持器（Zero-order hold）模块来实现采样保持。

2）此仿真模型较图 9-31 多了两个输入模块，一个是代表逆变器直流电压的 U_{dc}（设为常数 400）；另一个模块是 Repeating Sequence，作用是产生一个周期为 0.02/20s 的三角波，变化范围为 0～400（即图 9-37 中的三角波）。

图 9-38　第二种方法的 SIMULINK 仿真模型

仿真结果分析

图 9-38 的仿真结果如图 9-39 和 9-40 所示。

图 9-39　一相开关信号波形

图 9-40　放大的三相开关信号波形

为了对 SVPWM 控制逆变器输出的交流电压进行验证，需要在 SIMULINK 里添加一些辅助模块，如图 9-41 所示。

图 9-41　采用 SIMULINK 进行仿真验证

对图 9-41 作以下说明：

1）Switch 开关是一个理想开关器件，用它来模拟逆变器一相半桥电路的功能，当输入信号为 1 时，输出为 200；输入信号为 0 时，输出为 -200，3 个 Switch 组成了逆变器的 3 个桥臂，这样就搭建成一个理想化的逆变器模型。

2）butter 模块设置成低通滤波器，图中 4 个低通滤波器自上到下的截止频率分别为基波频率（50Hz）、3 次谐波频率、5 次谐波频率和 7 次谐波频率。

3）Fourier 模块可以测量基波或各次谐波的幅值，图中设置成测量基波的幅值。

　　图9-42 是逆变器输出相电压经过低通滤波后的结果。由图9-42a 可知，在经过不到2 个周期的过渡过程之后，相电压基波波形近似成为正弦波；从图9-42d 马鞍形波形可以看出，相电压中含有明显的 3 次谐波。

　　图9-41 中的 Display4 中显示的 148.8 就是相电压基波的幅值，说明已经非常接近 150V 的三相正弦电压了。图9-43 则更直观地显示了基波电压幅值的变化过程。可见，在经过一个周期过渡以后，相电压幅值保持约150V 不变。

图9-42　低通滤波后的相电压波形

图9-43　Fourier 模块输出的基波相电压幅值

3. 建模方法3——三角波调制法（改进的 SPWM 建模）

　　有文献对 SPWM 和 SVPWM 之间的关系进行研究，指出可以推导出图 9-44 所示的基于 SPWM 的 SVPWM 实现算法，即需要在原有的三相正弦调制波中同时加入一个零序分量 u_z^*。

$$u_z^* = (1 - 2\lambda) - (1 - \lambda)u_{max}^* - \lambda u_{min}^* \tag{9-23}$$

　　式中的 u_{max}^*、u_{min}^* 分别代表三相正弦调制波中的最大值与最小值；λ 表示零电压矢量作

用总时间中 U_0 所占的时间份额（为 0 ~ 1 之间的实数）。**注意式 9-23 中的 3 个电压均是以 $U_d/2$ 作为基准的标幺值电压。**

图 9-44　基于 SPWM 的 SVPWM 算法示意图

9.4　CHBPWM 技术及仿真建模

PWM 控制技术的目标是控制电压型逆变器的输出电压，如果需要控制逆变器输出交流电流，那么就需要采用电流控制型的 PWM 技术，其中电流滞环 PWM（Current Hysteresis Band PWM，CHBPWM）是最为典型的一种。这种技术具有电流响应速度快的特点，在需要电流快速响应的场合得到很好的应用，例如在交流电动机的矢量控制系统中就可以方便地对励磁电流和转矩电流进行控制。不过 CHBPWM 技术控制的逆变器中功率开关器件的开关频率不稳定，会给滤波器的设计带来困难；但从另一个角度上看，其噪声能量被分摊在更广阔的频率范围内。

9.4.1　CHBPWM 技术原理

单相电流 CHBPWM 控制系统结构如图 9-45 所示，系统的给定电流与反馈电流值 i_a 经过滞环控制器（Hysteresis Band Controller，HBC）的作用后得到两个相反的开关信号，分别控制单相半桥电路的 VT_1、VT_4 两个开关器件。

图 9-45　CHBPWM 技术控制系统结构图

HBC 滞环控制器的环宽为 $2h$，将给定电流与实际电流进行比较后，当电流偏差 Δi_a 超过 $\pm h$ 时，滞环控制器 HBC 的控制信号发生变化，否则开关信号将会保持不变。具体来说，如图 9-46 所示，当电流误差 Δi_a 超过 h——即需要增加实际的负载电流时，VT_1 的开关信号变为 1，VT_4 的开关信号变为 0，那么式 9-23 成立（忽略开关器件的压降）。式中的 E_a 为负载侧的反电动势（设置为恒定的 150V），L 为负载电感（1mH），R 为负载侧的等效电阻（包括电路电阻、电感器的电阻等，设置为 0.1Ω），U_d 为逆变器直流侧电压（设置为 300V）。由于 R 很小，所以从式 9-23 可以看出，电感电流（即负载电流）的导数为正，即电流会逐渐增加。当负载电流值增大到与给定电流相等时，HBC 仍保持输出不变，因而会使负载电流继续增大。

$$L\frac{di_a}{dt} = U_d - E_a - R * i_a = 150 - R * i_a \tag{9-24}$$

当电流误差 Δi_a 低于 $-h$——即需要减小负载电流时，VT_1 的开关信号变为 0，VT_4 的开关信号变为 1，那么式 9-24 成立。从式中可以看出，电感电流的导数为负值，即电流会逐渐减小。当负载电流值减小到与给定电流相等时，HBC 仍保持输出不变，因而会使负载电流继续减小。

$$L\frac{di_a}{dt} = -E_a - R * i_a = -150 - R * i_a \tag{9-25}$$

随后不断重复上述两种工况，HBC 控制逆变器的输出负载电流密切跟随给定电流。图 9-46 中给定电流是正弦电流，如果给定电流值是一个恒定的直流电流，那么 CHBPWM 同样适用。

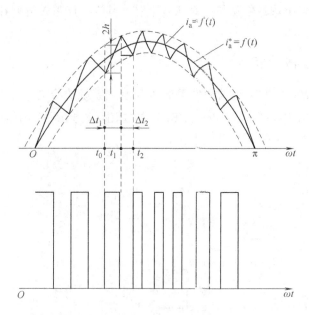

图 9-46　CHBPWM 控制技术中典型的电流波形与电压 PWM 波形图

9.4.2　CHBPWM 技术特点

因为采用了 HBC 非线性控制器，所以 CHBPWM 技术控制的电流响应速度最快，并且该技术易于实现（特别是模拟控制电路），总结其特点如下：

1）电流的上升和下降分别遵循公式 9-23 和 9-24，即指数形式的变化规律，如果开关频率足够高，在短时间内观察的电流近似线性变化。

2）电流跟踪控制的精度与滞环的宽度 h 有直接关系，但是由于实际的控制系统以及开关器件存在响应延迟，使得电流跟踪误差往往会大于 h。

3）在较大功率的应用场合，开关器件的开关频率受到限制，h 不能设置太小。当环宽选得较大时，开关频率低，但电流波形失真较多，电流谐波分量高；如果环宽小，电流跟踪性能好，但开关频率却增大了。

4）虽然实际电流围绕给定电流上下波动，但实际电流的电流值与给定电流并不相等。

此外，从公式 9-23 和 9-24 可以看出，电流的导数受到多个因素的影响，从而导致在不同情况下，电流的实际控制效果会有不同。分析如下：

1）显然，实际电流控制效果与反电动势 E_a 直接相关，如果负载没有反电动势特性，那么就不能控制负载电流为负值；不同的反电动势大小，电流增加与减小的速度不同。可以设想如果是电动机反电动势负载，当电动机运行速度较低时，反电动势较小，那么电流增加较快而减小较慢，控制相电流为负值可能有困难；当电动机工作在较高速度时，反电动势较大，那么在控制正值的相电流时就会有困难。这一点与电压型 PWM 技术原理上是一致的，所以电压型 PWM 技术也会要求有较高的直流电压利用率。

2）提高直流母线电压 U_d 显然可以增加正值负载电流的控制效果，但是如果实际的系统并不需要较大的 U_d，那么则会导致电流增加过快，如果控制系统延迟较大，则实际电流会超过电流上限值较多。

3）电感 L 较大时，电流导数的绝对值就更小，因而电流变化更加缓慢，有利于平滑负载电流。但是当系统需要较快的电流响应时，较大的电感则会成为阻碍。

4）电阻 R 一般比较小，其影响不大。但是在电流控制的极限情况下（例如反电动势非常大，或者负载电流非常大），其压降也会影响到实际控制效果。在小功率负载中，R 相对较大一些，其压降也会影响 i_a 的控制效果。

5）正因为影响电流上升与下降的因素太多，所以 CHBPWM 控制的逆变器开关频率并不固定。如果系统需要加装滤波器进行滤波，那么设计就较为困难——不能针对某特定的频率进行设计，需要综合考虑实际电流的总谐波分量。

6）换一个角度看，电力电子系统采用了高频开关，其谐波含量丰富，可能会在某个频段造成实际的电磁干扰（Electromagnetic Interference，EMI）问题。而 CHBPWM 技术中开关频率不恒定，所以谐波能量会分布在较宽的频段内，有可能会降低某些频率点的电磁发射水平。

9.4.3　CHBPWM 仿真建模分析

图 9-47 给出了 SIMULINK 中对单相 CHBPWM 进行仿真的模型文件，电路参数设置如前所述。系统给定电流为 50Hz 的正弦电流，其幅值是 50A。Fourier 模块用来对负载电流中的基波分量进行计算。快速傅里叶变换（FFT）模块从 SimPowerSystems 库的 Extra Library 子库的 Discrete Measurement 中找到，其参数设置如图 9-48 所示，采样时间（Sampling time Ts）200e-6 即 200μs，这意味着采样频率为 5kHz，所以有效分析的电流谐波频率为 2.5kHz。由于基波为 50Hz，这就是说，该 FFT 模块有效分析的谐波次数最高为 50 次。

图 9-47　SIMULINK 中 CHBPWM 技术控制电流仿真模型图

图 9-48　FFT 参数设置界面

　　图 9-49 给出了 HBC 环宽为 1A 时的实际电流波形图，其中给定电流为黄色波形中间的红色曲线所示，可以看出电流波形正弦度较好。图 9-50 给出了针对实际电流进行 FFT 分析的频谱图。

图 9-49　环宽为 1A 时的给定电流与实际电流波形图

图 9-50　环宽为 1A 时的电流 FFT 分析结果

　　把 HBC 的环宽设置为 10A，重新进行仿真。图 9-51 给出了实际电流的仿真波形图，图 9-52 给出了其 FFT 频谱图。

　　从图 9-50 和图 9-52 的对比中可以看出，滞环宽度 h 越大，那么其高频电流分量越明显——这个结论似乎有问题。为了深入分析这个结论是否正确，将不同 h 下的负载电流绘制在 MATLAB 的 figure 中，明显发现 $h = 1$ 时的电流谐波频率较大，在 0.002s 内大约有 20 个周期的谐波，因此谐波约为 10kHz；$h = 10$ 时电流谐波频率较小，在 0.002s 内大约有 6 个周期的谐波，因此谐波约为 3kHz。据此分析可以得知，图 9-50 与图 9-52 的结果是有问题的。

前面已经指出图 9-48 中 FFT 模块参数设置使得频谱分析的有效频率限制在 2.5kHz。而根据图 9-53 分析，两种情况下的谐波频率都高于 2.5kHz，因此前面的 FFT 分析结果确实是错误的（即图 9-50、图 9-52 为错误的仿真结果）。为此，重新设置图 9-48 中的采样时间（Sampling time Ts）为 20e-6，即 20μs，这使得该模块可以分辨的频率范围增加到 25kHz，对应了 50Hz 信号的 500 次谐波。重新进行 FFT 分析的结果分别如图 9-54 和图 9-55 所示。

图 9-54 显示 $h=1$ 时最明显的电流谐波发生在 $200 \times 50 = 10$kHz，图 9-55 显示 $h=10$ 时最明显的电流谐波发生在 $60 \times 50 = 3$kHz，这个结论与前面的时域分析结果完全吻合。

图 9-51　环宽为 10A 时的给定电流与实际电流波形图

图 9-52　环宽为 10A 时的电流 FFT 分析结果

图 9-53　两种滞环宽度下负载电流波形图

图 9-54　滞环宽度 1A 时负载电流 FFT 频谱图（修正后）

图 9-55　滞环宽度 10A 时负载电流 FFT 频谱图（修正后）

小　　结

永磁同步电动机变频调速系统中，当电动机工作在不同速度及负载情况下，电动机定子端所需的电压频率及幅值都是不同的，这就要求向电动机供电的电压型逆变器具有输出电压可调的功能。

当三相电压型逆变器工作在方波模式下，其输出的基波电压幅值是不能调节的。为解决该问题，各种脉冲宽度调制（Pulse Width Modulation，PWM）技术被相继提出。本章重点分析了三种常见的 PWM 技术：正弦 PWM（Sinusoidal PWM，SPWM）、空间矢量 SVPWM（Space Vector PWM，SVPWM）、电流滞环 PWM（Current Hysteresis Band PWM，CHBPWM），并详细阐述了几种 PWM 技术在 MATLAB 环境下的仿真建模。

不同的 PWM 技术有各自的特点，所以在实际应用中，应该针对具体系统的特点选择最合适的 PWM 技术。以城轨交通地铁列车牵引用电压型逆变器为例，在列车从零速到最高速度范围内，通常情况下，需要综合采用异步调制技术、分段同步调制技术、特定次谐波消去技术等，最后为了提供最高端电压而工作在方波模式下。

附录 D 给出了基于 SPWM 与 SVPWM 内在联系的一种 SVPWM 仿真模型。

【别让往昔的悲伤和对未来的恐惧毁了你当下的幸福】

【别和往事过不去，因为它已经过去；别和现实过不去，因为你还要过下去】

练　习　题

1. 工作在方波模式下的电压型逆变器有什么特点？
2. 为何要采用 PWM 控制技术去控制 VSI？常见的 PWM 有哪几种？
3. 什么是调制比、调制深度、异步调制、同步调制、线性调制区、过调制区、电压空间矢量？
4. 试对比 SPWM、SVPWM、CHBPWM 的不同。
5. SHEPWM 是什么意思？
6. 交流电动机定子电压空间矢量与定子磁链矢量关系怎样？如何控制定子磁链矢量的轨迹？
7. 为何 SVPWM 较 SPWM 有更高的直流侧电压利用率？它们的电压频谱相同吗？
8. 不同 PWM 技术的开关频率各自有什么特点？为何在高压大功率轨道交通领域中，IGBT 的开关频率往往较低？
9. 两电平 VSI 的基本电压空间矢量有几个？三电平 VSI 呢？
10. 如果已知某参考电压空间矢量，如何计算三相电压的参考值？
11. 采用线性组合方式实现 SVPWM 时，参考电压矢量的实现可以有不同的电压矢量组合方案吗，不同方案的特点分别是什么？
12. 结合自身的仿真经历，尝试说明合理设置仿真程序对获得正确仿真结果的意义。

第10章 电压型逆变器供电变压变频调速系统的特殊问题

交流电动机变压变频调速系统中的变频电源是整个调速系统的一个关键部件。它是主电路的一个重要组成部分，是能量流动的重要一环；同时，它又是控制电路对主电路施加控制时的直接控制对象。正是通过这种控制作用，才使得一种形式的电能（电网提供的电源）变成一种负载电机期望的电能以满足系统调速所需。变频电源同时对负载所需交流电源的频率及其电压（或电流）的幅值等进行控制，现在基本上都采用固态电力电子器件构成的静止式电力电子变换装置，通常采用 PWM 控制技术，它的存在给交流电动机变压变频调速系统也带来了一系列的特殊问题。本章对其中一些问题进行简介与分析。

10.1 主电路结构

图 10-1a 为交流电动机恒压恒频（Constant Voltage Constant Frequency，CVCF）工频电网供电系统，图中电阻 R 与电感 L 是线路及变压器内阻抗；图 10-1b 为采用 VSI 供电的 VVVF供电系统，采用不可控二极管整流器，R_1、L_1 为电路及变压器（或电路平波电抗器）的阻抗，C_1 为 VSI 的直流侧支撑电容器，L_2、C_2 为 VSI 输出侧滤波器。交流异步电动机工作在CVCF 供电系统中，其转速直接决定于电网频率，不适用于大范围调速；如果是交流同步电动机，那么电动机始终工作在同步转速，无法调速。但是电网直接供电情况下，网侧的电流为正弦波，也不会有较多的电压、电流谐波。如果图中的交流电动机为异步电动机，则网侧的功率因数变化范围较大；当电动机为同步电动机时，网侧的功率因数可保持在较高数值上，从而使电网的容量可以得到充分的利用。当电动机工作在 VVVF 供电系统中，由于采用变频技术的缘故，电动机的调速性能大大提高，但该系统的多个环节都会给调速系统带来一些特殊问题。

图 10-1 三相交流电动机供电系统

10.2 整流电路

采用不可控的二极管整流器最为简单与可靠，并且交流侧的基波功率因数也较高，但是它显然限制了功率的反向流动（从右到左侧），即从负载侧到交流电网侧。当负载电动机工作在发电状态，机械能经电动机转换为电能，又经 VSI 变成了直流电能。而电网侧二极管整流器阻挡了能量向电网反馈。所以，较多的能量流进了图 10-1 中的支撑电容器 C_1 后，其电压便会迅速上升，进而危及到系统各单元的正常工作。此时，需要一个可控的能量泄放通道，如图中所示的受开关控制的 R_b 支路。该支路可以有效地削弱直流环路中过高的电压。在 1500V 供电的地铁列车中，该电阻通常只有几个欧姆。简单估算一下可知，其瞬时功率值是异常大的（可达上 MW）。使用二极管整流器的另一个不足是，当交流电网电压变化后，整流后的直流电压也随之变化，电压的波动可能会一直传递给负载电动机，影响其正常工作。

对二极管整流器进行改进，于是出现了 PWM 整流器，有的文献中称之为脉冲整流器。PWM 整流器利用全控型开关器件取代二极管和晶闸管器件，以 PWM 斩波控制整流取代不控整流或相控整流，从而获得优良性能：网侧电流为正弦波形；网侧功率因数可控（可以工作在单位功率因数下）；功率双向流动以及动态响应特性好等。

10.2.1　PWM 整流器结构

最常用的分类是将 PWM 整流器分为电压型和电流型两大类。电压型 PWM 整流器（Voltage Source Rectifier，VSR）的显著特征是其直流侧采用大容量电容器进行储能，从而使 VSR 的直流侧呈现低阻抗的电压源特性，如图 10-2a 所示，其中 $VD_1 \sim VD_4$ 为续流二极管，$VT_1 \sim VT_4$ 为全控型开关器件。电流型 PWM 整流器（Current Source Rectifier，CSR）与 VSR 正好对偶，采用电感器作为直流侧储能器件，从而使得 CSR 直流侧呈现高阻抗的电流源特性，如图 10-2b 所示。在实际应用中，电压型 PWM 整流器广泛应用于各种场合中，下面针对电压型 PWM 整流器进行原理分析。

$$a)　　　　　　　　　　　　　　　　b)$$

图 10-2　单相 VSR 与 CSR 整流器电路原理图

不考虑变流器本身的内部损耗，由功率平衡原理可得到

$$u_{ab} i_s = u_{dc} i_{dc} \tag{10-1}$$

由式可见：通过控制整流器的交流侧可以实现对直流侧的控制；反之，控制整流器直流侧也可以实现对交流侧的控制。

10.2.2　电压型 PWM 整流器工作原理

电压型 PWM 整流器工作时通常要求电网侧的功率因数为 1，假设 PWM 整流器的输入端交流电压和交流电流分别为

$$\begin{cases} u_s = U_{im} \sin(\omega_s t) \\ i_s = I_{im} \sin(\omega_s t) \end{cases} \tag{10-2}$$

图 10-3 是图 10-2a 中 PWM 整流器的交流侧等效电路，其中 L 和 R 分别为整流器折合到交流网侧的电感和电阻，u_N 为整流器交流电压 u_{ab} 的基波分量，由图可得交流回路的电压相量方程式为

$$\dot{U}_s = \dot{U}_N + \dot{I}_s R + j\omega L \dot{I}_s \qquad (10\text{-}3)$$

假设 $\dot{U}_s$ 与 $\dot{U}_N$ 之间的相角为 ϕ，$\dot{U}_s$ 与 $\dot{I}_s$ 之间的相角为 θ，则电网向负载提供电能时的 VSR 相量图如图 10-4a 所示，负载向电网反馈电能时的相量图如图 10-4b 所示。

图 10-3　PWM 整流器交流侧等效电路图

图 10-4　电压型 PWM 整流器控制相量图

a）整流工况　b）逆变工况

由式 10-3 和矢量图 10-4 可知：如果电网侧电压 $\dot{U}_s$ 和电感 L、电阻 R 为已知量，那么只要控制好 $\dot{U}_N$ 的幅值和相位，也就控制了 $\dot{I}_s$ 的幅值和相位。反之，只要控制了 $\dot{I}_s$ 的幅值和相位，也就控制了 $\dot{U}_N$ 的幅值和相位，因此式 10-3 是实现 PWM 整流器控制的基本原理公式。

由图 10-2 可知，u_{ab} 可以取 u_{dc} 和 $-u_{dc}$ 两个值，另外整流器还存在某一桥臂的 IGBT 和另一桥臂的二极管同时导通的情况——例如图 10-2 所示电压、电流方向下 VD$_1$ 和 VT$_3$ 同时导通，此时整流器交流侧被 IGBT 短路，即 $u_{ab} = 0$。根据 IGBT 和二极管的不同导通组合，整流器共有 8 种工作模式，表 10-1 列出了各种模式下 u_{ab} 的取值、i_s 的变化情况、交流侧与中间直流环节之间的能量传输关系。

表 10-1　VSR 整流器的工作模式

u_s	i_s	导通元件	u_{ab}	i_s	能量传输方向
>0	>0	VD$_1$、VT$_3$ 或 VT$_2$、VD$_4$	0	↗	交流电源→L
		VD$_1$、VD$_4$	u_{dc}	↘	交流电源 + L→直流侧
		VT$_2$、VT$_3$	$-u_{dc}$	↗↗	直流侧 + 交流侧→L
	<0	VT$_1$、VD$_3$ 或 VD$_2$、VT$_4$	0	↘	L→交流电源
		VT$_1$、VT$_4$	u_{dc}	↗	直流侧→交流电源 + L
		VD$_2$、VD$_3$	$-u_{dc}$	↘↘	L→直流侧 + 交流侧
<0	>0	VD$_1$、VT$_3$ 或 VT$_2$、VD$_4$	0	↘	L→交流电源
		VD$_1$、VD$_4$	u_{dc}	↘↘	L→直流侧 + 交流侧
		VT$_2$、VT$_3$	$-u_{dc}$	↗	直流侧→交流电源 + L
	<0	VT$_1$、VD$_3$ 或 VD$_2$、VT$_4$	0	↗	交流电源→L
		VT$_1$、VT$_4$	u_{dc}	↗↗	直流侧 + 交流侧→L
		VD$_2$、VD$_3$	$-u_{dc}$	↘	交流电源 + L→直流侧

对于图 10-2 中的 VSR，存在下式：

$$u_s = r i_s + L \frac{\mathrm{d}i_s}{\mathrm{d}t} + u_{ab} \qquad (10\text{-}4)$$

利用式 10-4 可以对表 10-1 中的电流变化情况进行详细的分析，同时需要注意到该整流器具有 $u_{dc} > u_s$ 的升压特性。

10.2.3　VSR 的控制方式

PWM 控制技术是 PWM 整流器的关键一环。为了保证直流侧电压恒定，控制系统通常采用电压闭环控制。要使 PWM 整流器工作时达到单位功率因数，必须对交流侧电流进行控制以保证该电流为正弦且与电网电压相位一致。目前已经发展出多种控制方法，根据有无引入电流反馈的原则，可将控制方法分为两大类：引入交流电流反馈的控制方法称为直接电流控制，没有引入交流电流反馈的控制方法称为间接电流控制。

直接电流控制方法通过运算得到交流输入电流指令值后，再引入交流电流反馈以跟踪指令电流信号，从而实现交流电流的直接控制。该方法由于具有良好的电流控制特性而得到广泛关注，具体包括滞环电流控制、固定开关频率控制、预测电流控制等方法。

滞环电流控制是一种电流瞬时值反馈控制，其控制原理框图如图 10-5 所示。其工作原理是：直流电压给定值 U_{ref} 与直流电压实际值 u_{dc} 之差送入 PI 调节器，调节器输出为交流侧电网电流的幅值，将它与电压同步信号相乘得到电流指令。该指令与电流传感器反馈的实际电流比较，利用滞环比较器给出 VSR 整流器的触发脉冲，从而实现对给定电流信号的跟踪控制。由于同步信号来自电网电压，因此实际电流与电网电压同相，从而实现了单位功率因数运行。滞环电流控制方法的优点是：控制系统结构简单，实现方便；具有快速的电流瞬态响应和固有的电流限制能力；无需载波信号，输出电压中不含特定频率的谐波分量；当滞环宽度固定时，电流跟踪误差范围同样固定；控制算法中不使用电路参数，因此对系统参数不敏感，具有高的稳定性，鲁棒性好。但是，采用滞环电流控制的整流器开关频率在一个工频周期内不固定，它随着负载以及电源电压等的变化而波动；需要较高的开关频率才能保证较好的控制性能，因此在大功率应用场合中并不合适。

图 10-5　滞环电流控制原理框图

将电流给定值与电流实际值之差与固定频率的三角载波进行比较，可以得到具有固定开关频率的直接电流控制器，其原理框图如图 10-6 所示。

图 10-2a 中的交流侧电感器 L 是 PWM 整流器的重要单元，它不仅影响到整流器电流环的动、静态响应，还制约着整流器的输出功率、功率因数和直流电压。具体来看，可以将它的功能总结如下：

1）隔离网侧电源电动势与 PWM 整流器交流侧电压。通过控制整流器交流侧电流的幅值、相位，实现整流器的四象限运行。

2）衰减整流器交流侧的谐波电流，从而实现整流器交流侧电流的正弦波控制或一定频率范围内的任意波形控制。

3）使 PWM 整流器直流侧具有升压的特性。

图 10-6　固定开关频率直接电流控制原理框图

4）在 PWM 整流器获得良好电流波形的同时，还可以向电网传输无功功率，甚至实现网侧纯电感、纯电容的运行特性。

5）使得 PWM 整流器控制系统获得一定的阻尼特性，从而有利于系统的稳定运行。

图 10-7 给出了功率因数分别为 +1 与 −1 下的 VSR PWM 整流器的交流侧电压、电流波形示意图。由于功率双向流动和功率因数可控的特性，PWM 整流器已不局限于传统意义上的整流变换：当整流器从电网吸取电能时，整流器运行于整流状态；当整流器向电网回馈电能时，整流器运行于有源逆变状态；当整流器的功率因数不等于 1 时，可以给电网提供有源滤波和无功补偿等功能。

图 10-7　单位功率因数下交流电网电压、电流波形示意图

a）整流　b）逆变

10.3　VSI 输入侧滤波器

电压型逆变器的直流侧电容器是 VSI 中的一个关键部件。它的作用可以概括为：稳压、滤波、与负载的无功交换等。图 10-1b 中的 R_1、L_1 为电路等效电阻及等效电感（包含了变压器的电阻与电感）。有的系统会加入平波电抗器，此时的 R 与 L 就会更加明显。图中的 L 与 C 在一起构成了二阶滤波器。与一阶滤波器相比，二阶滤波器对高频振荡分量的抑制作用更加明显，但是也存在着固有振荡频率 ω_0。接近 ω_0 的交流电流会在二阶滤波器上产生明显的脉动电压成分。该脉动电压若幅值比较大，则会严重影响 VSI 及交流电机的控制性能。

在电动汽车等多数应用场合中，图 10-1b 中的 L 仅为电路寄生电感，而在地铁列车的车辆电气牵引主电路中，往往会串入 mH 级的电抗器（其直流电阻约为 10mΩ），其主要目的是限

制直流供电电流的变化率，减少短路产生的危害；并为过电流检测与保护提供足够的时间。

图 10-8　逆变器直流侧电感器电流波形

图 10-8 给出了在某列车运行过程中，实际测量的电感器电流波形，可以看出确实存在一定的低频（几十赫兹）脉动成分。图 10-1b 中的 R_1 起到阻尼作用，会减少图 10-8 中的脉动电流并加速其衰减。

VSI 通过闭环控制可等效成一种恒功率变换装置，考虑到图 10-1b 中的输入侧 LC 滤波器，为了保证交流电动机调速系统处于稳定状态，需满足下式为

$$\frac{V_{\text{in}}^2}{P_0} > R_1 > \frac{L_1 P_0}{C_1 V_{\text{in}}^2} \tag{10-5}$$

式中，P_0 为逆变器输出有功功率。

10.4　VSI 输入侧电流谐波

10.4.1　VSI 直流输入侧电流谐波的来源

在 PWM 技术控制作用下，逆变器输出的交流侧电压中除了交流电动机运行所需的基波电压，还含有大量的谐波电压成分。所以，交流电动机从逆变器吸取的电流中除了基波电流成分以外，还含有大量的谐波电流成分。由于交流电动机是电感类负载，所以尽管谐波电压成分在某些情况下会比较明显，但是谐波电流相对较小（方波工况除外）。

逆变器的输出端存在大量的谐波电流，它们在逆变器输入侧电流 i_d 中也有所体现。

采用 PWM 调制技术时，逆变器的开关状态可以用开关函数 $s_x(t)$ 描述（$x = 0$、1、2 分别表示 A、B、C 三相）。根据 PWM 调制技术特点和逆变器输出电压的需求，开关函数 $s_x(t)$ 可以表示为

$$s_x(t) = m_1 \sin(\omega_1 t - 2\pi x/3) + \sum_k m_k \sin k(\omega_1 t - 2\pi x/3) \tag{10-6}$$

上式中，调制比 m_1 满足 $0 < m_1 \le 1$，它体现了 PWM 技术对逆变器输出基波电压幅值的控制；m_k（谐波次数 $k = 5$、$7\cdots$）表示逆变器输出 k 次谐波电压成分——不同的调制技术对应有不同的谐波成分；ω_1 为三相逆变器输出交流基波电压的电气角频率。

在开关函数 $s_x(t)$ 的作用下，变压变频的交流电压施加在交流电动机定子端以后，会产生相应的定子电流成分 $i_x(t)$，见式 10-7。

$$i_x(t) = I_1\sin(\omega_1 t - \phi_1 - 2\pi x/3) + \sum_g I_g\sin\big[g(\omega_1 t - 2\pi x/3) - \phi_g\big] \qquad (10\text{-}7)$$

上式中 I_1 为逆变器输出给交流电动机相电流基波分量的幅值，g 为谐波次数，I_g 为电动机相电流中 g 次谐波电流幅值，ϕ_g 为 g 次谐波电流与相应谐波电压的滞后相位角。三相逆变器直流侧的输入电流（图 10-9 中 i_d）可以表示为

$$i_d(t) = \sum_{x=0,1,2} i_x(t) \cdot s_x(t) \qquad (10\text{-}8)$$

图 10-9 主电路系统等效电路示意图

将公式（10-6）和（10-7）代入（10-8），推导出 i_d 如下：

$$
\begin{aligned}
i_d = &\sum_x m_1 I_1\sin\Big(\omega_1 t - \frac{2\pi x}{3}\Big)\sin\Big(\omega_1 t - \frac{2\pi x}{3} - \phi_1\Big) + \\
&\sum_x I_1\sin\Big(\omega_1 t - \frac{2\pi x}{3} - \phi_1\Big)\sum_k m_k\sin k\Big(\omega_1 t - \frac{2\pi x}{3}\Big) + \\
&\sum_x m_1\sin\Big(\omega_1 t - \frac{2\pi x}{3}\Big)\sum_g I_g\sin\Big[g\Big(\omega_1 t - \frac{2\pi x}{3}\Big) - \phi_g\Big] + \\
&\sum_x\sum_g I_g\sin\Big[g\Big(\omega_1 t - \frac{2\pi x}{3}\Big) - \phi_g\Big]\sum_k m_k\sin k\Big(\omega_1 t - \frac{2\pi x}{3}\Big)
\end{aligned} \qquad (10\text{-}9)
$$

从公式（10-9）可以看出 i_d 由四项构成，分别记为 a、b、c、d，将它们化简后可以得到：

$$a = -\frac{1}{2}\sum_x m_1 I_1\Big[\cos\Big(2\omega_1 t - \frac{4\pi x}{3} - \phi_1\Big) - \cos\phi_1\Big] = \frac{3}{2}m_1 I_1\cos\phi_1$$

$$
\begin{aligned}
b = &-\frac{1}{2}\sum_x\sum_k I_1 m_k\Big[\cos\Big(\omega_1 t + k\omega_1 t - \frac{2\pi x}{3}(1+k) - \phi_1\Big) - \\
&\cos\Big(k\omega_1 t - \omega_1 t - \frac{2\pi x}{3}(k-1) + \phi_1\Big)\Big]
\end{aligned}
$$

$$
\begin{aligned}
c = &-\frac{1}{2}\sum_x\sum_g m_1 I_g\Big[\cos\Big(\omega_1 t + g\omega_1 t - \frac{2\pi x}{3}(g+1) - \phi_g\Big) - \\
&\cos\Big(g\omega_1 t - \omega_1 t - \frac{2\pi x}{3}(g-1) - \phi_g\Big)\Big]
\end{aligned}
$$

$$
\begin{aligned}
d = &-\frac{1}{2}\sum_x\sum_g\sum_k I_g m_k\Big\{\cos\Big[(g+k)\omega_1 t - \frac{2\pi x}{3}(g+k) - \phi_g\Big] \\
&- \cos\Big[(g-k)\omega_1 t - \frac{2\pi x}{3}(g-k) - \phi_g\Big]\Big\}
\end{aligned}
$$

上面几项中，a 在稳态情况下为一恒定值，它对应着直流侧提供的有功功率——当交流电动机处于电动工况运行时，电动机基波电流滞后基波电压的相位角度 ϕ_1 在 $0° \sim 90°$ 之间，此时 a 为正值；当交流电动机处于电制动工况运行时，相位角 ϕ_1 在 $90° \sim 180°$ 内，此时 a 为负值，表明能量从交流电动机反馈给直流侧。b 中的奇数 k 有三种情况：$k = 6n + 1$、$k = 6n + 3$ 及 $k = 6n + 5$。当 $k = 6n + 1$ 时，b 中的第二项将会为非零值，此时对应的角频率为 $6n\omega_1$；当 $k = 6n + 5$ 时，b 中的第一项将会为非零值，此时对应的角频率为 $(6n + 6)\omega_1$；其他情况下，b 项为零。因此，可以看出 b 项的最终结果将会为一个 6 倍基波频率分量的非零值，这一部分谐波电流与直流电压在一起就会相应产生谐波功率成分。c 项与 d 项的最终结果类似于 b。上述分析中的 k 与具体的 PWM 调制技术有关。

综上，可以看出当逆变器输出 VVVF 交流电压供给交流电动机时，在逆变器的输入侧会产生不同频率的谐波电流，其中有直流电流成分和大量的 6 倍频基波频率的谐波电流成分。当逆变器输入端没有电路滤波器进行滤波时，众多谐波电流都会流经馈电的整条电路，那么在电路杂散电感和杂散电容作用下，一方面可能会造成高频电压振荡现象，另一方面会产生较强的电磁干扰现象，所以在实际应用中，逆变器输入端都会加入 LC 电路低通滤波器。

10. 4. 2 　LC 滤波器对输入侧谐波电流的抑制作用

LC 电路滤波器由图 10-9 中的 L_1 与 C_1 共同构成，为推导逆变器直流侧电流 i_d 在电网侧产生的电流 i_L，可以将供电系统直流电压源进行短路，如图 10-9 中虚线所示，图中的电阻 R_L 为供电电路的等效串联电阻，R_C 为电容器等效串联电阻。

图 10-9 中的电容器 C_1 有

$$sU_c(s) - U_c(0) = I_c(s)/C_1$$

图中的电感器 L_1 有

$$sI_L(s) - I_L(0) = U_L(s)/L_1$$

所以有

$$I_L(s) = \frac{C_1[U_1(s) - U_c(0)] + sL_1C_1I_L(0) + (sC_1R_C + 1)I_d(s)}{s^2L_1C_1 + sC_1R_\Sigma + 1} \tag{10-10}$$

上式中，$R_\Sigma = R_L + R_C$，它是 LC 滤波器回路的等效串联电阻。

当逆变器直流侧电流 i_d 中含有直流分量与谐波分量时，可以根据式（10-10）分别求出相应的 i_L。对于线性电路，可以采用叠加定律对各激励产生的响应分别计算后叠加得到总的响应。这里不考虑电容器和电感器的初始状态产生的响应，因此 i_L 为

$$I_L(s) = \frac{(sC_1R_C + 1)I_{dc}(s)}{s^2L_1C_1 + sC_1R_\Sigma + 1} \tag{10-11}$$

其中，i_d 中直流分量的频域表达式为 $I_d(s) = I_{dc}/s$，它产生的 i_L 响应为

$$I_L(s) = \frac{(sC_1R_C + 1)I_d/s}{s^2L_1C_1 + sC_1R_\Sigma + 1} \tag{10-12}$$

借助 MATLAB 工具进行拉氏反变换后，可以得到式 10-13 的时域表达式为

$$i_L(t) = I_{dc} + \frac{I_{dc}}{\omega_1}e^{-\xi\omega_0 t}\left[\frac{\omega_0 - \omega_1\xi}{\sqrt{1 - \xi^2}}\sin(\sqrt{1 - \xi^2}\omega_0 t) - \omega_1\cos(\sqrt{1 - \xi^2}\omega_0 t)\right] \tag{10-13}$$

式（10-13）中 $\omega_0 = 1/\sqrt{L_1 C_1}$，$\omega_1 = 1/(C_1 R_C)$，$\xi = R_\Sigma \sqrt{C_1/L_1}/2$。从该式可以看出：$i_L(t)$ 的稳态分量刚好等于 I_{dc}，这说明电动机与逆变器系统需要的直流电流全部从电感器经过，换句话说，这个直流分量全部由电网提供。另外从该式中还可以看出，i_d 直流分量会激发出 LC 滤波器的固有振荡分量，该分量在暂态过程中出现，然后逐渐衰减到 0。如果系统的阻尼系数和无阻尼振荡频率过于小，那么时间常数 $1/(\xi\omega_0)$ 就会很大。

逆变器直流侧电流 i_d 中的频率为 ω 的正弦电流 i_1 的时域表达式为：$i_d(t) = \sqrt{2}I_1\sin\omega t$，其频域表达式为 $I_d(s) = \sqrt{2}I_1 \dfrac{\omega}{s^2 + \omega^2}$。可以推导出 i_1 产生的电流 i_L 频域响应为

$$I_L(s) = \frac{\sqrt{2}I_1 \omega \omega_0^2 C_1 R_C (s + \omega_1)}{(s^2 + \omega^2)(s^2 + 2\xi\omega_0 s + \omega_0^2)} \tag{10-14}$$

对其进行拉氏反变换，可以得到 $i_L(t)$ 的时域表达式为

$$\begin{aligned}
i_L(t) = k\Bigg\{ &\left[(\omega_0^2 - 2\omega_0\omega_1\xi - \omega^2)\cos\omega t + \left(2\omega_0\omega\xi - \omega\omega_1 + \frac{\omega_1}{\omega}\omega_0^2 \right)\sin\omega t \right] - \\
&e^{-\xi\omega_0 t}(\omega_0^2 - 2\omega_0\omega_1\xi - \omega^2)\cos(\sqrt{1-\xi^2}\,\omega_0 t) - \\
&\frac{e^{-\xi\omega_0 t}}{\omega_0\sqrt{1-\xi^2}}(\omega_1\omega_0^2 + \xi\omega_0^3 - 2\xi^2\omega_1\omega_0^2 + \xi\omega^2\omega_0 - \omega_1\omega^2)\sin(\sqrt{1-\xi^2}\,\omega_0 t) \Bigg\}
\end{aligned} \tag{10-15}$$

式（10-15）中 $k = \dfrac{\sqrt{2}I_1\omega\omega_0^2 C_1 R_C}{4\xi^2\omega^2\omega_0^2 + \omega_0^4 + \omega^4 - 2\omega^2\omega_0^2}$。从中可以看出，正弦电流激励产生的电流响应有两个分量：一个是强迫分量（式 10-15 中的第一项），它在 LC 低通滤波器作用下幅值有很大程度的衰减，衰减程度与滤波器参数以及正弦电流激励的频率等因素有关；另一个分量是暂态分量，它根据滤波器固有特性进行衰减，然而在暂态中仍会出现较大的振荡电流。

下面分别采用不同频率的电流对 LC 滤波器进行激励，逆变器直流侧电流 i_d 的峰值设为 1000A，滤波电感 $L_1 = 5\text{mH}$，等效电阻 $R_L = 0.1\Omega$，滤波电容 $C_1 = 8\text{mF}$，等效电阻 $R_C = 0.1\Omega$。图 10-10a 是 300Hz 正弦激励 i_d 产生的 i_L 电流响应波形，图 10-10b 是 25Hz 的 i_d 激励产生的 i_L 电流响应波形。根据前面推导公式的计算结果，300Hz 激励的电流响应约为 12A，25Hz（接近谐振频率 ω_0）激励的电流响应约为 $4 \times 1000 = 4000\text{A}$，计算结果与仿真结果非常吻合。

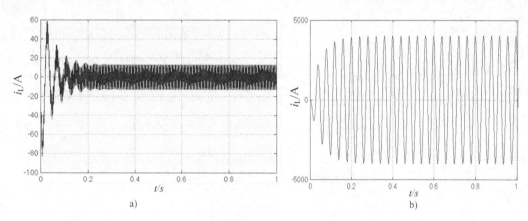

图 10-10　i_L 电流仿真波形

10.4.3 方波工况下输入侧电流的仿真分析

下面针对逆变器输出 50Hz 交流电压向四台并联的三相交流异步电动机供电进行仿真。假定逆变器工作在方波工况下。图 10-11a 给出的是交流电动机的相电压 u_A 与相电流 i_A 波形，可以看出相电压呈现明显的方波，由于电流的波动导致电压也有稍许的波动；交流电动机的相电流中包含有明显的低频谐波成分。图 10-11b 给出的是逆变器直流侧电流 i_d 波形，可以看出该电流中除了含有直流成分以外，明显含有较高的 6 倍频谐波成分。图 10-11c 给出的是直流侧电流 i_L 波形，可以看出该电流中在直流成分中叠加了稍许的谐波电流。

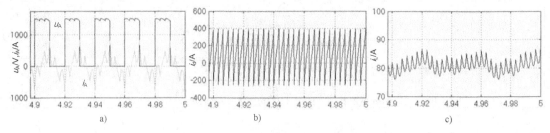

图 10-11　方波工况下 u_A、i_A、i_d 与 i_L 波形

图 10-12 是利用 MATLAB 仿真工具对电流 i_L 进行频谱分析的结果。从中可以看出：最明显的 300Hz 低频分量正好对应于逆变器输出基波电流频率的 6 倍，这与前面的理论分析相吻合。图 10-12 还表明直流侧电流中含有 VSI 输出基波电流的 12 倍频和 18 倍频等谐波成分，同时还存在 25Hz 滤波器谐振频率的分量。

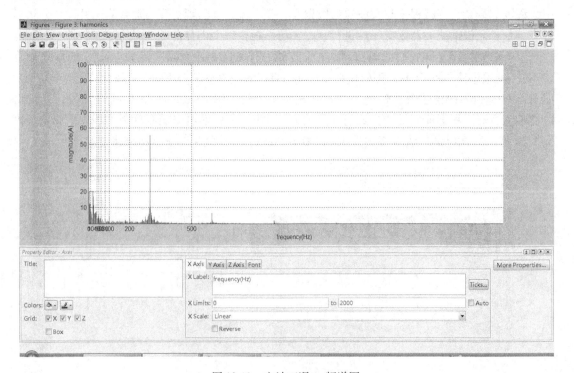

图 10-12　方波工况 i_L 频谱图

由于方波工况下交流电动机的相电压为方波，所以电动机的相电流中含有大量的低次谐波，电动机的仿真数据见表 10-2，VSI 直流侧的仿真数据见表 10-3。

表 10-2　一台交流电动机的仿真数据

谐波次数	相电压峰值/V	相电流峰值/A	电流相位角/度
1	950	68	71
5	195	42	88
7	131	20	90
11	88	8.6	89
13	70	5.8	90

表 10-3　VSI 直流侧的仿真数据

谐波次数	i_d/A	i_L/A
0(直流分量)	82	82
6	180	2.3
12	101	0.6

在方波工况下，公式 10-6 中的 $m_k = 2/(\pi k)$（$k = 1$、5、7……），根据公式 10-9 计算可得

$$a = 3/2 \times 0.6365 \times 68 \times \cos 71° \times 4 \approx 84$$

这表明直流电网的电流需求约为 84A，该数值与仿真结果 82A 较为接近。表 10-3 还表明，系统除了从电网吸取直流电流，还会吸收谐波电流，其中的 6 次谐波（300Hz）约为 180A。该谐波电流来源于交流电动机谐波电流。按照前面的公式 10-9 进行估算：电动机基波电流与谐波电压（5、7 次）对应产生的 300Hz 电流分量为：

$$b = \left[-3/2 I_1 m_5 \cos(6\omega_1 t - 71°) + 3/2 I_1 m_7 \cos(6\omega_1 t + 71°) \right] \times 4$$

电动机的基波电压与谐波电流（5、7 次）产生的直流侧 300Hz 电流分量为

$$c = \left[-3/2 m_1 I_5 \cos(6\omega_1 t - 88°) + 3/2 m_1 I_7 \cos(6\omega_1 t - 90°) \right] \times 4$$

故 $b + c \approx 168 \sin 6\omega_1 t - 10 \cos 6\omega_1 t$，交流电动机在逆变器直流侧产生的 300Hz 电流分量约为 168A，这与表 10-3 中的仿真数据（180A）比较接近。

10.5　VSI 输出滤波

当负载需要变频电源时，VSI 采用 PWM 控制以产生期望的 VVVF 电源。当负载需要恒压恒频电源时，也可以采用 PWM 控制技术使 VSI 输出 CVCF 电源，而不受输入直流电压小幅度波动的影响。

前面已经指出，PWM 控制的 VSI 输出电压中含有众多的谐波。对于 VVVF 调速系统，负载期望的是变频交流电源，因此在不同的负载期望下，VSI 的输出电压谐波会在很大范围内变化，这种系统一般不会在 VSI 的输出侧加装滤波器。

当负载期望的是恒压恒频交流电源时，例如地铁列车的照明、空调等车载辅助电气设备需要 220V/380V、50Hz 工频交流电源，它们对电源质量（包括电压幅值、电压畸变率等）的要求较高。此时，VSI 输出的脉冲型电压波形是远不能满足其需求的，因此往往会在 VSI 的输出侧加装 LC 滤波器以改善电压质量。图 10-13 给出了一种典型的地铁列车辅助电气系统。

图10-13 地铁列车典型的辅助电气系统

图10-14　滤波器前后的电压波形

辅助电气系统的输入电源是通过受电弓从接触网得到的标称 DC 1500V 的直流电压（允许的波动范围是 DC 1000 ~ 1800V）。高压直流电经过输入滤波器（6.5mH 电感与 900μF 电容构成的 LC 二阶滤波器）后向高压 IPM 逆变器供电，过电压保护支路中采用了 800A/3300V 的高压 IGBT 和约 2Ω 的制动电阻。输出低通滤波器由三相电感器（1.1mH）与三相电容器（310μF）构成，该滤波器将逆变器输出的脉冲电压滤波成近似正弦电压，图 10-14 可以清楚地看到这一点。滤波器后面三相工频变压器的作用是：进行电压变换（一次侧与二次侧电压分别为 715V 与 400V），输出三相 AC 400V 供电给交流负载；将用电设备与高压 DC 1500V 进行隔离；向负载提供了一个中性点 N。在列车的辅助电气系统中，该逆变器通常称为辅助逆变器。上海地铁三号线列车的辅助逆变器额定容量为 120kVA，功率因数为 0.85，输出电压总谐波畸变率 <10%。从图 10-13 中可以看出，在变压器输出的三相工频交流电中有一路分支，经过不控整流器和带有高频变压器的隔离型 DC/DC 变换器后，提供了标称 110V 的直流电。该电源一方面向车载 110V 蓄电池进行浮充，另一方面对电气系统的各控制电路供电。

10.6　EMI 滤波器

10.6.1　EMC 与 EMI 简介

1. EMC 与 EMI 基本概念

1822 年安培提出了一切磁现象的根源是电流的假说。1831 年法拉第发现变化的磁场在导线中产生感应电动势的规律。1864 年麦克斯韦全面论述了电和磁的相互作用，提出了位移电流的理论，总结出麦克斯韦方程并预言电磁波的存在。麦克斯韦的电磁场理论是研究电磁兼容的理论基础。1881 年英国科学家希维赛德发表了"论干扰"的文章，标志着电磁兼容性技术研究的开端。

1888 年德国科学家赫兹首创了天线，第一次把电磁波辐射到自由空间，同时又成功地接收到电磁波，从此开始了电磁兼容性的实验研究。1889 年英国邮电部门研究了通信中的干扰问题，使电磁兼容性研究开始走向工程化。1944 年德国电气工程师协会制订了世界上第一个电磁兼容性规范 VDE0878，1945 年美国颁布了第一个电磁兼容性军用规范 JAN-I-225。

根据我国国家军用标准 GJB72-85《电磁干扰和电磁兼容性名词术语》第 5.10 条的定义，电磁兼容性（Electromagnetic Compatibility，EMC）是设备（分系统、系统）在共同的电磁环境中能一起执行各自功能的共存状态，即该设备不会由于受到处于同一电磁环境中其他设备的电磁发射导致或遭受不允许的降级；它也不会使同一电磁环境中其他设备（分系统、系统）因受其电磁发射而导致或遭受不允许的降级。

因此，EMC 包括两个方面的要求：一方面是指设备在正常运行过程中对所在环境产生的电磁干扰（Electromagnetic interference，EMI）不能超过一定的限值；另一方面是指设备对所在环境中存在的电磁干扰具有一定程度的抗干扰度，即电磁敏感性（Electromagnetic susceptibility，EMS）。

现代社会中电子与电工产品数量猛增，并且产品呈现高频化、高速数字化、高密度组装、低电压化、高功率化、频点密度提高、频带加宽、移动化趋势，这些特点使得产品的电磁干扰日益加剧。

电磁干扰由三个要素组成：干扰源、传播途径和敏感设备，也就是由意外的源通过意外的传播途径，使敏感设备产生了意外的响应。其中常见的人为干扰源如图 10-15 所示。

图 10-15　人为干扰源类别

传播途径是电磁干扰三要素中的关键一环，按传播途径可以把电磁干扰划分为如图 10-16 所示的几类。

图 10-16　按照干扰传播路径分类

传导耦合是指电磁噪声的能量在电路中以电压或电流的形式，通过金属导线或其他元件（如电容器、电感器、变压器等）耦合至被干扰设备（电路），包括直接传导耦合和公共阻抗耦合。辐射耦合是指电磁噪声的能量，以电磁场能量的形式，通过空间或介质传播，耦合到被干扰设备（电路），可分为远场耦合和近场耦合两种情况。在实际的应用中，两个设备之间发生干扰时通常存在多种耦合途径，如图 10-17 所示。

图 10-17　电磁噪声传播示意图

　　直接传导耦合是指电磁干扰能量以电压或电流的形式，直接通过导线、金属体、电阻器、电容器、电感器或变压器等耦合到被干扰设备或电路上。根据耦合元件的不同，直接传导耦合分为电导性耦合、电感性耦合及电容性耦合。

　　公共阻抗传导耦合包括公共地阻抗传导耦合和公共电源阻抗传导耦合。公共地阻抗传导耦合，是指噪声通过印制电路和机壳接地线、设备的公共安全接地线以及接地网络中的公共地阻抗产生公共地阻抗耦合。图 10-18a 所示为公共地线的连线内阻产生的耦合，电路 1 的地电流流过公共地的连线，然后在公共地的连线上产生电压降。这些干扰信号电压降通过公共地阻抗传递给电路 2。公共连线的内阻与电压频率有关，当干扰信号频率较低时，它基本上等于连接线的电阻；当干扰频率较高时，它基本上等于连接导线的等效感抗。因此，干扰信号的耦合效率会随着干扰频率的不同而变化。公共电源阻抗传导耦合，是指噪声通过交/直流供电电源的公共电源时产生公共电源阻抗耦合如图 10-18b。一个公共电源同时向多个负载供电是比较常见的，这种供电方式会造成传导耦合干扰。实质上，公共电源传递干扰能量是通过这些负载的公共电源内阻来完成的。

图 10-18　公共阻抗耦合示意图
a）公共地阻抗耦合示意图　b）公共电源阻抗耦合示意图

　　电路中的干扰信号可以划分为差模干扰（Differential Mode，DM）与共模干扰（Common Mode，CM），如图 10-19 所示的 EMI 干扰源示意图及其干扰等效路径。针对具体的干扰需要经过仔细分析，认清它是哪一类干扰后再采取对应的有效措施。A 与 B 是待测设备（E-quipment Under Test，EUT）的供电端子（相线、中线等）；差模电流在相线之间（包括中线）流动，如图 10-19a 中的 I_d；共模电流在相线或中线与地线之间流动，见图中的 I_c。图中，EUT 工作时的供电电压是在 A、B 间提供的。但由于差模干扰电压 U_d 的存在，在 A、B 间会流过差模干扰电流，Z_d 是差模电压源等效内阻。由于共模干扰电压 U_c 的存在，会有共模干扰电流流过，Z_c 是共模电压源等效内阻，C_s 是干扰源电路与地线之间的杂散电容。考虑到上述干扰信号后，EUT 的两个供电端子 A、B 的对地电压 U_1、U_2 就包含了共模与差模干扰，并且两个端子的电流 I_1、I_2 也都包含了共模与差模电流信号（暂不考虑 EUT 的正常工作电流）。如下所示：

$$I_1 = \frac{I_c}{2} + I_d$$

$$I_2 = \frac{I_c}{2} - I_d \tag{10-16}$$

如果采用合适的设备测量到两个干扰电流信号后，可以利用式 10-17 分离出共模干扰电流与差模干扰电流。

$$I_d = \frac{I_1 - I_2}{2}$$

$$I_c = I_1 + I_2 \tag{10-17}$$

测量相线之间的电压可以获得差模电压，但是共模电压不易测量。因为共模干扰电流是通过电路与地平面之间的杂散参数形成闭合回路，这些杂散参数主要是一些寄生电容，共模干扰的大小不仅由共模电压源的大小决定，还取决于电网阻抗和系统各种寄生参数。

图 10-19　差模与共模干扰示意图

根据电磁噪声的频率、电磁干扰源与被干扰设备（电路）之间的距离，辐射耦合可分为远场（辐射场）耦合和近场（感应场）耦合两种情况，如图 10-20 所示。

近场辐射耦合也称为感应场耦合，是指干扰源与敏感设备之间的距离小于干扰信号 1/6 波长（$\lambda/2\pi$）时的情况。近场耦合主要包括线与线、机壳与机壳、场与导线等之间的耦合问题。一般来说，机架上设备之间以及设备机箱内电路之间的耦合是近场耦合。根据干扰机理的不同，具体包括由分布电感引起的磁场耦合与由分布电容引起的电场耦合。

远场辐射耦合是指干扰源与敏感设备之间的距离大于干扰信号 1/6 波长（$\lambda/2\pi$）下的

空间电磁场耦合。其能量是以电磁波的形式从干扰源传输到敏感设备的，干扰源中的能量借助寄生天线将能量辐射到空间形成电磁波。当某些敏感设备中的一些寄生天线接收到干扰信号并传到敏感电路后就形成电磁干扰。由于辐射或接收辐射能量的器件实际上都起着天线的作用，因此这类问题可以用天线理论进行分析。

图 10-20　辐射耦合划分示意图

电磁干扰问题很早就得到业界的重视，并且制定了国际标准、国家标准、行业标准等一系列标准进行 EMI 约束与 EMC 设计指导。

制定电磁兼容国际标准的组织主要是国际电工委员会（International Electrotechnical Commission，IEC）下属的国际无线电干扰特别委员会（International Special Committee on Radio Interference，CISPR）和第 77 技术委员会（TC77）、国际标准化组织（International Standard Organization，ISO）。以汽车为例，CISPR 下设的 D 分会（SCD）是关于车辆和内燃机驱动装置的无线电骚扰分委员会，主要负责制定汽车整车和零部件的无线电骚扰特性标准；ISO/TC22 主要是制定汽车整车和零部件的电磁抗扰度标准，具体的标准见表 10-4。

表 10-4　电磁兼容国际标准

制定机构	标准号	标准名称
ISO/TC22	ISO 11451	道路车辆 窄带辐射的电磁能量产生的电骚扰 车辆试验方法
	ISO 11452	道路车辆 窄带辐射的电磁能量产生的电骚扰 部件试验方法
	ISO 7637	道路车辆 由传导和耦合引起的电骚扰
	ISO 10605	道路车辆 静电放电产生的电骚扰试验方法
IEC/CISPR	CISPR 25	用于保护用在车辆、船和装置上车载接收机的无线电骚扰特性的限值和测量方法
	CISPR 12	车辆、船和由内燃机驱动的装置无线电骚扰特性限值和测量方法

目前，在汽车及车载电子设备 EMC 测试领域，电磁兼容标准主要有以下几类：汽车电磁兼容国际标准（如 ISO、CISPR 等）、汽车电磁兼容地区标准（如欧洲的 EEC 指令和 ECE 法规）、国家电磁兼容标准（如美国汽车工程学会（SAE）、德国电气工程师协会（VDE）等。另外，一些大的汽车厂商还制定了自己的 EMC 测试标准和规范，如福特等。

目前，我国的电动汽车（整车及零部件）电磁兼容测试标准大部分参照国际标准进行制定，具体的对照关系见表 10-5。其中，关于电动汽车零部件 EMI 发射方面的标准为 GB 18655—2002，因此该标准中关于测试条件及测试方法的内容成为实验实施方案的主要参考。

表 10-5　国内电动汽车部分电磁兼容标准

标　准　号	标 准 名 称	对照国际标准
GB 14023	车辆、船和内燃机 无线电骚扰特性 用于保护车外接收机的限值和测量方法	CISPR 12
GB/T 18655	车辆、船和内燃机 无线电骚扰特性 用于保护车载接收机的限值和测量方法	CISPR 25
GB/T 18387	电动车辆的电磁场发射强度的限值和测量方法，宽带，9kHz～30MHz	SAE J551-5
GB/T 19951	道路车辆 静电放电产生的电骚扰试验方法	ISO 10605
GB/T 17619	机动车电子电器组件的电磁辐射抗扰性限值和测量方法	95/54/EC

国家推荐标准 GB/T 18655—2010 对应于 CISPR 25—2008，规定了车辆和零部件/模块 EMI 发射测量的一般要求（包括供电电源、测量仪器、屏蔽室等）、车载天线接收到的 EMI 发射测量和采用电压法、电流探头法、ALSE 法、TEM 小室法、带状线法对零部件和模块的测量等内容。例如，针对零部件（如车载逆变器等）的安装情况不同可以采用合适的测量布置，图 10-21 是对电源回线远端接地的 EUT 的 EMI 传导发射进行测量的试验布置图。

图 10-21　传导发射测量方法（电源回线远端接地的 EUT）

图 10-21 中 1 是供电电源（可以布置在接地平面上），2 是线路阻抗匹配网络（Line Impedance Stabilization Network，LISN），3 是 EUT（如果试验计划要求则应将壳体接地），4 是模拟负载（如果试验计划要求则应将金属外壳接地），5 是接地平面，6 是电源线，7 是具有低介电常数的支撑物，8 是同轴电缆（50Ω），9 是测量设备，10 是屏蔽室，11 是 50Ω 负载，12 是壁板连接器。

图 10-21 中采用了两个 LISN 用来稳定电路的阻抗，从而可以在同一个标准电路阻抗下测量传导骚扰的电压值。表 10-6 给出了采用电压法测量的准峰值或峰值限值要求的一部分内容（较低频段的骚扰电压），里面规定了 5 个不同等级的骚扰限值。

表 10-6　传导骚扰准峰值或峰值限值（电压法）

业务/波段	频率/MHz	电平/dBμV									
		等级 1		等级 2		等级 3		等级 4		等级 5	
		峰值	准峰值	峰值	准峰值	峰值	准峰值	峰值	准峰值	峰值	准峰值
广播											
LW	0.15 ~ 0.30	110	97	100	87	90	77	80	67	70	57
MW	0.53 ~ 1.8	86	73	78	65	70	57	62	49	54	41
SW	5.9 ~ 6.2	77	64	71	58	65	52	59	46	53	40
FM	76 ~ 108	62	49	56	43	50	37	44	31	38	25
TV 频段 I	41 ~ 88	58	—	52	—	46	—	40	—	34	—

电磁干扰包括了干扰源、传播途径和敏感设备三个要素。因此，消除或削弱电磁干扰的影响需要针对这三个要素的一个或多个采取相应的对抗措施。目前，电磁兼容性设计的主要思路是：①通过优化电路和结构的设计，将干扰源本身产生的电磁噪声强度降低到能接受的水平；②通过各种干扰抑制技术，将干扰源与被干扰电路之间的耦合减弱到可接受的程度。常见的技术如下：

（1）缓冲电路与软开关技术

采用该技术，降低 IGBT 等电力电子开关器件在高频开关过程中产生的较高 du/dt 和 di/dt，从而抑制过多电磁干扰产生。同时，缓冲电路还能减少器件的开关损耗、避免器件损坏、提高电路的可靠性。

（2）屏蔽技术

屏蔽技术是通过切断辐射耦合路径来提高设备的 EMC 性能，它是实现电磁干扰防护的重要手段之一。其基本原理是用导电或导磁材料将内外两侧的空间进行电磁隔离（可以是薄膜、隔板、金属喷涂、金属盒等形式），从而抑制电磁辐射能量从一侧空间向另一侧空间的传输。屏蔽技术通常可分为三大类：电场屏蔽（静电场屏蔽和低频交变电场屏蔽）、磁场屏蔽（直流磁场屏蔽和低频交流磁场屏蔽）、电磁场屏蔽（高频电磁场的屏蔽）。

（3）接地技术

地线干扰包括地环路干扰和公共地阻抗干扰。以印制电路板（Printed Circuit Board，PCB）为例，可以使用下述方案消除地环路中的干扰电流：

1）减小地线长度或增加地线宽度。在电路板空间允许的情况下尽量加粗地线和使用地线网格。

2）使用光电隔离。

3）使用共模扼流圈。在连接电缆上使用共模扼流圈相当于增加了地环路的阻抗，这样在一定的地线电压作用下，地环路电流会减小。但要注意控制共模扼流圈的寄生电容，否则对高频干扰的隔离效果会很差。

消除公共地阻抗干扰主要有以下两种解决方案：

1) 减小公共地线部分的阻抗。

2) 通过适当的接地方式避免容易相互干扰的电路共用地线，一般要避免强电电路和弱电电路共用地线、数字电路和模拟电路共用地线。实际中通常将电路按照强电信号、弱电信号、模拟信号、数字信号等进行分类，然后在同类电路内部用串联单点接地，不同类型的电路采用并联单点接地，如图 10-22 所示。

（4）滤波技术

滤波技术是在信号的传输线路或处理过程中采取合适的滤波器，以削弱（反射或吸收）无用或有害成分。滤波技术对直接削弱传导干扰是非常有效的。与信号处理中的信号滤波器相比，EMI 滤波器有一些不同的特点：

图 10-22　串并联混合单点接地

1) 滤波器中的 L、C 元件，通常需要处理和承受相当大的无功电流和无功电压，所以它们必须具有足够大的无功功率容量。

2) 信号处理中用的滤波器，通常是按阻抗完全匹配状态设计的，所以可以得到预想的滤波特性。但在 EMI 滤波器设计中很难做到这点，因此必须认真考虑滤波器的失配特性，以保证它们在 0.15～30MHz 范围内都能获得足够好的滤波特性。

3) EMC 滤波器主要用来抑制因瞬态噪声或高频噪声造成的 EMI。所以 EMI 滤波器中的 L、C 元件寄生参数的要求非常苛刻。EMI 滤波器的制作与安装都需要经过精心的设计。

4) EMI 滤波器是对抗电磁干扰的重要元件，但必须正确的使用，否则，可能会产生新的噪声。若滤波器与端阻抗严重失配则可能产生"振铃"；如使用不当，还可能使滤波器对某一频率产生谐振；若滤波器本身缺乏良好的屏蔽或接地不当，还可能给电路引入新的 EMI 噪声。

（5）电源线干扰及其对策

电源是控制系统可靠工作的重要保证，因此电源系统的设计应充分考虑到它的电磁兼容性。电源模块选型时要考虑其性能指标是否满足需求，在电路板布线时也应充分考虑其电磁兼容性。在电路板上设置电源线网格可以减小电源线的电感，但会占用宝贵的布线空间，因此通常会更多采用并联储能电容、旁路电容、去耦电容的方法。

10.6.2　VSI 逆变器中的 EMI

电动汽车大功率 DC/AC 变换器的主电路和控制电路都是 EMI 噪声源。就电磁噪声的本质而言，主电路产生的 EMI 与控制电路中的 EMI 没有本质的区别。然而就其发生的机理和分布特征而言，主电路和控制电路产生的电磁噪声有各自的特点。主电路具有高功率密度、高电压、高电流变化率，因此产生的电磁噪声强度大；主电路中功率器件的开关频率不是很高，通常是十几千赫兹到几百千赫兹；主电路的噪声源，主要是功率半导体开关器件，并且以传导干扰和近场辐射干扰为主。控制电路是低电平系统，但是却能产生很高的瞬时电压，如果处理不当则会产生很大的干扰；控制电路的噪声频率通常很高。

典型电力电子装置产生的干扰频谱如图 10-23 所示。除了低频谐波外，还会出现大量的开关频率谐波，它们从 kHz 延伸到 MHz 范围内。开关器件开通、关断过程中的 $\mathrm{d}i/\mathrm{d}t$、$\mathrm{d}u/$

d*t* 越来越高，在它们的激励下，系统中的寄生电感、寄生电容容易形成谐振，频率可达数十兆赫兹。

图 10-23　典型电力电子装置产生的干扰频谱（f_0 电源基频，开关频率 f_{sw}）

1. 开关器件

常用的大功率可控器件有：IGBT、POWER MOSFET 等，它们本质上都是一个开关，因此它们在开通与关断过程中会产生瞬态的电压和电流浪涌，并通过分布参数形成宽带的电磁干扰。

IGBT 的输入控制部分为 MOSFET，输出级为双极型晶体管，因此兼有 MOSFET 和晶体管的优点，具有较高的开关速度。在开关过程中，集电极-发射极之间高变化率的电压、电流（d*u*/d*t* 与 d*i*/d*t*）形成的电磁噪声，要比晶体管严重得多。图 10-24 给出了 IGBT 开通和关断的关键波形。

图 10-25a 中给出了梯形波的时域波形，波形的上升时间为 t_r，图 10-25b 中给出了该梯形波的频谱特性，可以看出其频谱中含有极丰富的谐波分量。

2. 功率二极管

图 10-26 给出了功率二极管由零偏置转为正向偏置时动态过程的波形。可以看出，在这一动态过程中，功率二极管的正向压降会出现一个电压过冲 U_{FR}，经过 t_{FR} 时间于接近稳态压降值。图 10-26b 给出了功率二极管由正向偏置转为反向偏置时的动态过程波形。当原处于正向导通的功率二极管外加电压突然从正向变为反向时，该二极管并不能立即关断，而是经过一段短暂的时间后才能进入截止状态。让二极管导通时存储的电荷在短时间内消失就产生了反向恢复电流 i_R，当 $i_R \approx 0$ 时二极管才能彻底关断。由于此过程中二极管处于反向导通，此时 d*i*/d*t* 很大。由于电路中存在分布电感（内部电感和引线电感），电感中将产生一个很高的感应电动势，该感应电动势与输出电压一起加到其他器件（如主开关器件），引起开关器

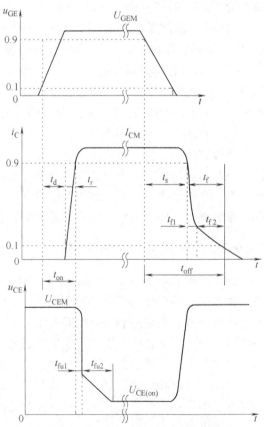

图 10-24　IGBT 的开通和关断波形

件开通时的电压尖峰。同时，i_R 在寄生电感及器件结电容等组成的谐振电路中产生寄生振荡，在二极管电压的前沿上产生了电压尖峰，该峰值可以达到电源电压的两倍。

图 10-25　梯形波时域与频谱特性

图 10-26　二极管的动态过程波形
a) 开通过程波形　b) 关断过程波形

图 10-27　EMI 接收机测量的二极管产生的干扰

　　在二极管两端并联电容器可以减小它产生的高频干扰，图 10-27 给出了并联不同的电容器时，采用 EMI 接收机测量的二极管高频干扰信号。

3. 逆变器输出侧 EMI 问题

　　逆变器输出的具有陡峭边沿的电压脉冲中包含有大量高频谐波，逆变器与电动机之间的连接电缆存在杂散电容和电感，这些分布参数受到谐波的激励会产生减幅振荡，在电动机的输入端造成了电压过冲现象，如图 10-28 所示。同时，电动机内部绕组也存在杂散电容，输入端的过冲电压在绕组中产生尖峰电流，使其在绕组绝缘层不均匀处引起过热，甚至烧坏绝缘层，影响到电动机的可靠性，因而大大缩短了电动机的寿命。

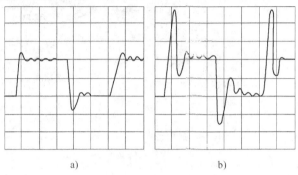

a)　　　　　　　　　　　　　　　　b)

图 10-28　100m 长传输电缆、开关频率 7kHz 下测量的电压波形

a）逆变器输出电压波形　b）电动机输入电压波形

解决上述问题的办法是在电动机的输入端安装低通 LC 滤波器，如图 10-29 所示。其中阻尼电阻 R_d 是为了防止可能由逆变器谐波引起的滤波器的谐振。高 du/dt 的影响可以通过低通滤波器旁路到地。

图 10-29　电动机输入端加入低通滤波器解决过电压和共模电流问题

10.7　VSI 的输出限制

1. 输出基波电压幅值

在采用 PWM 控制技术时，VSI 的输出基波电压可以降低到 0V（不过此时仍会有大量的高次谐波电压）；当 VSI 工作在方波模式下，其输出电压达到最高（直接决定于直流侧电压）。

当调制比 m 较小时，VSI 工作在 PWM 线性调制区，谐波电压较少，其谐波特点与具体的 PWM 模式有关。当 VSI 工作在 PWM 非线性调制区时，逆变器输出的低次电压谐波增加很多。当 VSI 在方波模式下输出最高基波电压时，具体的低次谐波电压可根据公式 9-2 确定。

但由于 VSI 存在电路阻抗、半导体器件压降以及电压型逆变器控制死区等的影响，逆变器输出基波电压的幅值会略低于理论值。

2. 输出基波电压频率

VSI 输出基波电压的周期与频率比较容易调节，可以输出非常低频的交流信号，但输出基波的最高频率受到限制：若 VSI 工作在 PWM 模式，在逆变器开关频率一定的前提下，为了保证输出电压谐波不致过高，则输出电压基波频率要明显低于开关频率；若 VSI 工作在方波模式，其输出频率的上限可以等于主开关器件的开关频率，但此模式下输出电压的低次谐波多；若负载电流越大，那么器件发热越加严重。因而在一定的散热条件下，半导体器件的开关频率 f_s 受到限制，所以也影响到输出基波电压频率的上限。

3. 输出电压相位角

在 PWM 技术的控制作用下，由于 VSI 的输出是一系列有限数量的电压（等幅不等宽）脉冲（并且 f_s 也有限）。PWM 控制信号往往是按照一定的时间间隔由数字控制器产生，再经过波形放大及开关器件开通、关断的一系列过程后会产生一定的延迟。平均延迟时间通常可以近似认为 PWM 周期的一半，即

图 10-30　等效为一阶环节的 VSI 单元

$$T_d = 1/(2f_s) \qquad (10\text{-}18)$$

在实际的分析过程中，可以把延迟环节近似成输入为调制比 m、输出为相电压基波 u 的一阶惯性环节对待，如图 10-30 所示，注意这里用到了直流侧电压。

10.8　VSI 的工作效率

VSI 的电能传输路径包含直流侧母线、输入滤波器、各个全控型 IGBT 器件及二极管、输出滤波器和输出交流母线，各单元电路的电阻均会产生一定的压降，于是产生了各自的损耗。VSI 交流侧回路的电感（输出滤波及交流母线）降低了负载所需的基波电压成分，理想的电感并不会产生损耗，而实际的电感存在等效串联电阻（Equivalent Series Resistance, ESR）对应的铜耗以及涡流、磁滞等对应的铁耗。另外，由于基波电压降低了，所以 VSI 的控制系统会自动提高开关器件的导通占空比以确保负载得到期望的电压——这仍会以另一种方式增加系统的损耗。

实际开关器件在导通与关断的过程中，由于电压与电流的交叠从而产生了损耗。不同电压等级 IGBT 的损耗差异是很大的，这就导致了电动汽车中 IGBT 的工作频率一般为 10 ~ 20kHz，而地铁列车用高压 IGBT 的开关频率则通常不超过 1kHz。采用缓冲电路可以在一定程度上减少开关器件的损耗，但很多缓冲电路只是将其转移到其他辅助器件中。需要采用一些特殊的电路结构（如无损缓冲、零电流开关电路等）才可以减少一些损耗。

PWM 控制的 VSI 工作时会产生大量的高次电压谐波，它们作用于负载（如电动机）上，会产生相应的谐波电流。这些电流又会在 VSI 中产生一部分额外的损耗。

小　　结

交流电动机变压变频调速系统中的变频电源是整个调速系统的一个重要关键部件。它是主电路的一个重要组成部分，是能量流动的重要一环；同时，它又是控制电路对主电路施加控制作用的直接控制对象。现在基本上都采用静止式电力电子变换装置和 PWM 控制技术，它的存在给交流电动机变压变频调速系统也带来了一系列的特殊问题。

本章首先简要分析了变频调速系统主电路的结构，然后分别针对系统的整流电路、VSI

输入侧滤波器及其电流谐波、VSI 输出滤波、VSI 工作效率及其输出限制进行了阐述，最后针对开关电源中普遍存在的 EMI 问题进行了分析，并给出了常见的一些对抗措施。

【爱心使人健康；善心使人美丽；真心使人快乐】

【你若爱，生活在哪里都爱；你若恨，生活在哪里都可恨；你若感恩，处处可感恩】

练 习 题

1. 何谓静止式电源装置？

2. 何谓 CVCF、VVVF、CVVF？

3. 请绘制三相电压型 PWM 整流器的电路，并把它与三相桥式 VSI 进行对比。

4. PWM 整流器的工作特点是什么？为何在较大功率的场合得到了普遍的应用？

5. VSI 直流侧的电容器有何作用，前端的电感器有何作用？VSI 的谐波源在哪里？

6. 为何在某些场合需要在 VSI 输出侧安装电源滤波器？有时还需要安装 EMI 滤波器？

7. 什么是 EMC、EMI、EMS、CM、DM、LISN、EUT？

8. EMI 三要素是什么？简要说明从三要素入手如何减小 EMI。

9. 常用的 EMC 技术有哪几种，作用分别是什么？

第11章 电机控制用数字微控制器

11.1 概述

从模拟控制系统过渡到数字控制系统，给交流调速系统性能的提升带来了广阔的空间。数字化控制系统可以通过修改控制软件方便地调整系统控制规律、便捷地进行系统调试、快速地通过网络实现数据共享与网络化控制、灵活地保存系统运行情况，可针对系统进行较全面的故障分析，更重要的是控制电路的稳定性和抗干扰性能大大提高，易于实现智能化控制。

诸多厂商（如 TI、Infineon、Freescale、NXP、Renesas Electronics、Bosch 等）都提供了用于实现 PWM 以及电机调速控制用的数字微控制器。高度集成的数字微控制器通常在片内集成了模拟电路接口（ADC）、数字电路接口（通用 I/O 口以及用于 PWM 控制的高速端口）、脉冲捕获/正交脉冲编码（CAP/QEP）、通用异步串口通信（UART）、同步串行通信 SPI、CAN 通信、片内数据 RAM、片内程序 ROM 等。

为了更方便地对电机进行控制，很多数字控制器在片内已经集成了 PWM 发生器，用户只需要合理设置相应的寄存器就可以方便地产生所需的 PWM 控制信号；有的数字控制器集成了对功率电路驱动进行保护的端子（如 PDPINT 等）。

数字信号处理器（Digital Signal Processor，DSP）较一般的单片机产品更适于高性能的数字控制系统中，其优势主要有：

1）运行速度比单片机快，主频较高；

2）比单片机更适合于数据处理，而且数据处理的指令效率高；

3）集成度相对于单片机较高，片内资源丰富；

4）具备多任务处理功能，可以降低系统成本；

5）灵活性较大，大多数算法都可以利用软件实现。

图 11-1 给出了一个典型的基于 DSP 的数字控制系统的功能结构图。

1. DSP 控制系统硬件电路设计要点

（1）布线规则

1）系统通信中（包括 CAN、串行通信等）发送和接收的数据线要彼此分开，可以在 PCB 板的不同布线层进行方向垂直的布线。

2）高速电路器件引脚间的引线弯折越少越好。高频电路的布线最好采用全直线，若需要转折，可用 45°折线或圆弧转折，这样做可以减少高频信号对外的发射和相互间的耦合。

3）高频电路器件引脚间的引线在 PCB 板层间的交替越少越好，即是说元件在连接过程中所用的过孔（Via）越少越好，一个过孔可带来约 0.5pF 的分布电容，减少过孔数能显著提高信号速度。

4）高频电路布线要注意信号线近距离、平行走线引入的"交叉干扰"。若无法避免平行布线，可在平行信号线的反面布置大面积"地"来减少干扰。同一层内的平行布线几乎无法避免，但是在相邻的两个层内的布线方向务必取为相互垂直。

5）对特别重要的信号线或局部单元实施地线包围的措施。

图 11-1　数字微控制器为核心的典型控制系统功能图

（2）地线设计

1）数字地与模拟地分开。若电路板上既有数字逻辑电路又有模拟电路，应使它们尽量分开。低频电路的地应尽量采用单点并联接地，实际布线有困难时可部分串联后再并联接地。高频电路宜采用多点串联接地。

2）接地线应尽量加粗。若接地线用很细的线条，则接地电位随电流的变化而变化，使抗噪性能降低。

（3）退耦电容的配置

1）电源输入端跨接 $10 \sim 100 \mu F$ 的电解电容器。如有可能，接 $100 \mu F$ 以上的更好。在 CAN 总线的隔离电源处更要加装尽量大的电解电容器，以防止功率开关器件对电源的串扰影响数据的电平信号。

2）原则上每个集成电路芯片都应布置一个 $0.01 \mu F$ 的瓷片电容，如遇印制电路板空间不够，可每 $4 \sim 8$ 个芯片布置一个 $1 \sim 10 uF$ 的钽电容。

3）对于抗噪能力弱、关断时电平变化大的器件（如 RAM、ROM 存储器件），应在芯片的电源线和地线之间直接接入退耦电容。

2. 控制系统软件设计简介

交流电机与逆变器的控制软件通常由三大模块组成：初始化模块、运行模块和通信模块。初始化模块仅在控制系统刚开始工作时（上电或复位）执行一次。通信模块包括本控制系统与其他控制系统（例如电动汽车中的整车控制器）通信的 CAN 总线通信程序、与上位计算机等监控设备所用的串行通信程序。运行模块是控制系统的主体工作部分，通常情况下由特定的中断进行触发并随后执行相关的中断服务程序（ISR）。在系统初始化的后期中，中断往往被开启。通常情况下，系统的内部定时器计时到特定时刻就开始触发不同类型的中断。电机的实时控制算法（如矢量控制算法）就需要在中断服务程序中被定时执行，并必须以足够快的速度完成，不能影响到下一次的中断触发。图 11-2 给出了一个通用的软件全局流程图示例。

图 11-2　通用软件全局流程图

11. 2　TMS320F24x

TI 公司 TMS320C2000 系列 DSP 集成了 CPU 核与控制外设于一体。C2000 的 DSP 既具有数字信号处理能力，又具有强大的时间管理能力和嵌入式能力，非常适用于工业、汽车、医疗和消费类市场中的电机与功率变换的数字控制，在太阳能逆变器、风力发电等绿色能源应用领域也得到广泛应用。

TMS320C2000 目前主要有 16 位 TMS320F24x 和 32 位的 TMS320C28x 两个子系列。TMS320F24x 是较早的 16 位定点 DSP 控制器，速度性能达到 40MIPS，提供了高度集成的闪存、控制和通信外设，也提供了引脚兼容的 ROM 版本。代表产品有 TMS320F240 和 TMS320F2407（名字中的 F 表示程序存储器为 Flash memory）。

11. 2. 1　TMS320F24x 性能特点

图 11-3 给出了 TMS320F240 的功能框图，其特点如下：

（1）CPU

具有 16 位定点 DSP 内核运算能力，处理速度为 20MIPS，具有独立的数据总线和地址总线，支持并行的程序和操作数寻址，这种高速运算能力使自适应控制、卡尔曼滤波等技术得以实现。

（2）存储器

片内 544×16 字位双端口数据/程序 RAM、片内 16k 字×16 位的 FLASH 闪存、224k 字×16 的最大可寻址存储器空间（64k 字的程序空间、64k 字的数据空间、64k 字的 I/O 空间和 32k 字的全局空间）；外部存储器接口模块具有 16 位地址总线和 16 位数据总线。

（3）事件管理器 EV（Event Manager）

事件管理器（EV）是 TI 公司 C2000 系列 DSP 最具特色的部分，它提供了非常适于电机控制的功能：

1）比较单元与 CMP/PWM 输出——共有 3 个 16 位全比较单元和 3 个 16 位简单比较单元。每个全比较单元可输出两路带可编程死区的 CMP/PWM 的信号。通过设置不同工作方式，可选择输出非对称 PWM 波、对称 PWM 波或空间矢量 PWM 波。

图 11-3　TMS320F240 功能框图

2）通用定时器——共有 3 个 16 位通用定时器，可用于产生采样周期，作为比较单元产生 PWM 输出以及软件定时的时基。

3）1 个可编程的死区函数。

4）4 个捕获输入中的两个可直接连接来自光学编码器的正交编码脉冲信号（QEP）。

5）PDPINT 用于功率驱动保护中断，该中断激活并触发后，可自动禁止 PWM 引脚有效驱动电平的输出。

（4）方便的 I/O

1）双 10 位模数转换器（ADC）——包含两个有内部采样电路的 10 位 A/D 转换器，共有 16 个 A/D 通道，每个通道的转换时间仅为 6.6ms。

2）SPI 和 SCI——同步串行外部接口（SPI）可用于同步数据通信，典型应用包括外部 I/O 扩展，如显示驱动等；SCI 口即通用异步收发器（UART），用于与 PC 等通信。

3）看门狗（WD）和实时中断定时器（RTI）——监控系统软件及硬件工作，在 CPU 系统混乱时产生系统复位。

TMS320LF2407 芯片包含了两个事件管理器（EVA 和 EVB），两个事件管理器（A 和 B）的功能基本相同。以事件管理器 A（EVA）为例，它控制的 PWM 端口编号为 1~6，这 6 路 PWM 端口可用来控制一台三相两电平逆变器。

DSP 中 EV 的完全比较单元用于产生必需的 PWM 脉冲信号送给逆变器的驱动电路板。编程中可以把 EVA 中的计数器 TIMER1 作为时间基准，用来实现 10kHz 频率（大功率变换器较为常用的开关频率）的对称互补 PWM 信号。图 11-4 说明了 DSP 系统的初始化和 PWM 中断 ISR 的时间分配，其中 *PWMPRD* 是周期寄存器（T1PR）的值（初始化为 1000），DSP 工作主频为 20MIPS，这样就保证了开关频率为 10kHz。

图 11-4　软件初始化和 PWM 中断 ISR 时间分配图

11. 2. 2　SVPWM 算法实现

前面提到了 SVPWM 与 SPWM 方法的关联（式 9-22），通过引入一个系数 λ，可以在 SPWM 中方便地实现 SVPWM 算法。如果 λ 设定为 0 或者 1，就会发现此时某一相在一个开关周期中将会出现没有开关转换的时刻，原本的七段式波形将会简化成为五段式波形，此时的开关方式称为线电压调制的方式。该方式已经集成在 DSP 事件管理器内部的硬件空间矢量调制单元，使用该单元实现五段式 SVPWM 算法称为硬件法。它与软件法（未使用 DSP 的硬件空间矢量调制单元而是通过程序灵活设置 CMPR 来控制输出脉冲）的对比见表 11-1。

表 11-1　DSP 内硬件法与软件法 SVPWM 对比

	硬　件　法	软　件　法
需更新的寄存器变量	CMPR1、CMPR 2	CMPR1、CMPR2、CMPR3
波形特点	五段式、固定	七段式、可灵活修改

注意：两种方式中 CMPR1、CMPR2 数值的含义是不同的。

1. 硬件法 SVPWM

所谓硬件法就是利用 DSP 片内 EV 模块内嵌的硬件单元来产生 SVPWM 波形的方法，这种方法编程相对简单，所以把它放在软件法之前讲述。有些 DSP 芯片的内部没有支持 SVPWM 的硬件配置，这时可用后面的软件法实现 SVPWM，软件法的编程相对复杂，但整体思路和硬件法是一致的。

（1）硬件法实现 SVPWM 的原理

由硬件法产生 SVPWM 的波形与图 11-5 中七段式 SVPWM 波形有一个重要的不同，那就是 T_0 和 T_7 的分配方式不同，如图 11-5 所示。在七段式 SVPWM 中，当有零电压矢量作用时，通常按 1:1 把零电压矢量的作用时间 t_0 平均分配成 T_0 和 T_7，所以整个 PWM 周期的时间被分成七段，这种波形叫做七段式波形。而用硬件法时，DSP 的硬件内部已经固定好 T_0 与 T_7 的时间分配关系——根据功率开关器件开关次数最少的原则，有时仅有 U_0 作用，有时只有 U_7 作用。这样一个 PWM 周期的时间就分成了五段：$t_a/2$、$t_b/2$、T_0、$t_b/2$、$t_a/2$ 或 $t_a/2$、$t_b/2$、T_7、$t_b/2$、$t_a/2$，这种波形叫做五段式波形。

DSP 内部的硬件 SVPWM 单元固化了 T_0 和 T_7 的时间分配，通过设置比较方式控制寄存器 ACTRX（X = A、B）的高四位就可以选择不同的时间分配组合，第 15 位 SVRDIR 置"0"表示电压空间矢量

图 11-5　七段式波形与五段式波形

逆时针旋转，置"1"表示顺时针旋转。第 14 ~ 12 位的 $D_2D_1D_0$ 分别表示 C、B、A 三相电压信号，如当空间矢量位置为 60° 时，对应 A、B、C 三相电压信号应该是"110"，所以 $D_2D_1D_0$ 为"011"。图 11-6 按扇区的不同以及顺/逆时针把各种组合方式一一列出扇区如图 9-30 所示。

图 11-6　硬件法中开关时刻的组合方式

图 11-6　硬件法中开关时刻的组合方式（续）

　　虽然 DSP 自身固化的零电压矢量时间分配方式不同，但是如果电压矢量始终保持逆时针转动或顺时针转动，仍能保证逆变器一次只切换一个开关状态的原则。例如当电压矢量逆时针方向从第五扇区旋转到第六扇区时，开关状态由"100"变为"101"，逆变器功率开关中只有 A 相发生了变化。

DSP 控制的五段式 SVPWM 波的产生原理如图 11-7 所示。

图 11-7　五段式 SVPWM 波形的产生

图 11-7 中的三角波代表通用定时器的计数寄存器 T1CON 的值，通用定时器的工作模式设置为连续增/减计数模式。通用定时器内部有三个比较寄存器 CMPR1、CMPR2 和 CMPR3，在 CMPR1 中存放第一个比较匹配点（即 $t_a/2$）；在 CMPR2 中存放第二个比较匹配点（即 $t_a/2 + t_b/2$）。在通用定时器周期寄存器 T1PR 中存入周期值的一半。通用定时器的计数寄存器 T1CON 从 0 开始增计数，在 T1CON 的值与比较寄存器 CMPR1 的值相等之前事件管理器 A（EVA）的 PWM 信号保持不变，始终输出 U_4；当 T1CON 的值与 CMPR1 的值相等时，开始输出 U_6，然后保持不变；当 T1CON 的值与 CMPR2 的值相等时 EVA 开始输出 U_7，然后保持不变；当 T1CON 的值与周期寄存器 T1PR 的值相等时，计数器开始减计数；当 T1CON 的值再次与 CMPR2 的值相等时，输出 U_6，然后保持不变；当 T1CON 的值再次与 CMPR1 的值相等时，输出 U_4，然后保持不变，直到 T1CON 的值为零。这时计数器自动开始下一周期的增计数，如果在此处使能定时器 1 的下溢中断，即当 T1CON 的值为零时产生中断，且中断没有被屏蔽，则会跳入中断服务程序（参见图 11-4）。在中断服务程序中可以计算出下一周期内的两个比较匹配值，并设置 ACTRA 以修改下一周期内的时间分配方式。

硬件法除了自动分配零电压矢量作用的时间外，还自动分配作为 A、B、C 三相输出的 PWM 口。通常把 PWM 端口 1、3、5 为一组，控制逆变器上桥臂的三个开关；端口 2、4、6 为一组，用以控制逆变器下桥臂的三个开关。

（2）软件编程

为了产生连续的 SVPWM 波形，通用定时器必须持续不停

图 11-8　硬件法主程序流程图

地计数，计数方式为连续增/减方式。当每个计数周期结束时产生下溢中断并跳入相应的中断服务程序，在中断服务程序中完成下一个计数周期内比较寄存器数据的计算。硬件法的主程序流程如图 11-8 所示。

实现 SVPWM 算法的中断服务程序的流程如图 11-9 所示。

以汇编语言为例，一个完整的 DSP 软件程序由以下三类文件组成：

1）命令文件（＊.cmd），该文件对 DSP 内程序存储器和数据存储器的空间进行分配，见附录 E。它由三部分组成：第一部分是输入/输出文件和选项等，在本设计中并没有用到；第二部分是目标存储器的定义，由 MEMORY 命令定义；第三部分是各段的定义，由 SEC-TIONS 命令定义。

2）头文件（＊.h），该文件的内容为用户自定义的常量、寄存器和 DSP 内部寄存器的

助记符，或者是中断向量表。通常在主程序的开始用汇编指示符 ".include"和 ".copy"对头文件进行调用。本设计的头文件有两个，一个是 "lf2407_regs.h"，这个程序包括了
LF2407 所需的各种寄存器（开发软件已经自带）；另一个头文件是中断向量表，内容见附录 F。

3）汇编语言源文件（*.asm），该文件内容是源程序代码，见附录 G。

有关主程序的说明如下：

4）正弦函数表里只存储了 $0\sim60°$ 的 61 个正弦值。当电压矢量的扇区号确定时，根据当前给定的电压矢量角度可以算出它与 u_a 矢量的夹角 θ，θ 的范围就在 $0\sim60°$ 之间。当计算 $t_a/2$ 时需要知道 $\sin(60-\theta)$ 的值，可以用表尾地址减去 θ，即可查到 $\sin(60-\theta)$ 的值；当计算 $t_b/2$ 时需要 $\sin\theta$，就用表头地址加上 θ，即可查到 $\sin\theta$ 的值。

5）程序中的计算方法采用 Qx 格式，例如：正弦函数表中存储的数据是 Q14 格式的，即为 $(\sin\theta)\times2^{14}$，这样可以提高正弦值的精度。在计算过程中，要十分注意 Q 格式的转换，左移一位相当于 $Q+1$，右移一位相当于 $Q-1$。不同 Q 格式的数字不能直接相加减，若要进行加减计算必须先统一 Q 值。Qm 格式的数与 Qn 格式的数相乘或除，等于两数直接相乘或除，所得的积或商的 Q 值为 $(m+n)$ 或 $(m-n)$。

图 11-9　硬件法中断服务程序流程图

6）此程序的中断响应采用了两次跳转方式：第一次跳转发生在定时器 1 产生下溢中断时，此中断为 2 级中断，程序会自动跳至通用中断服务程序（入口为：GISR2）。在此中断服务中将 PIVR 的值左移一位作为偏移值，加上外设中断向量表的起始地址后，通过 BACC 指令产生第二次跳转，进入中断服务程序 T1U_ISR。这里的 PIVR 是外设中断向量寄存器，它是一个只读寄存器，当 CPU 响应外设中断请求时，会将当前中断对应的外设中断向量值自动存入 PIVR 中。把 PIVR 的值左移一位的原因是，在中断向量表（pwm_generate_vec.h）中使用的都是跳转指令 B，此指令为两个字长，所以实际的偏移地址应为 PIVR 值乘 2。

7）电压旋转矢量角度增量的确定：此程序每次退出中断之前都要在辅助寄存器 AR1 中加上 18，这是因为电压旋转矢量的周期是 0.02s，即 0.02s 内电压矢量转过 360°。中断每 0.02/20s 进入一次（对应的开关频率为 1kHz），所以每次进入中断的时候电压矢量都转 $360/20=18°$。当然如果提高进入中断的频率，电压矢量每次进入中断的角度增量就会变小，这样产生的电机定子旋转磁链就更接近圆形。在本程序中，由于正弦函数表的精度是 1 度，

所以进入中断的频率最高只能调至 $50Hz \times 360 = 18kHz$，若要再高，必须修改正弦函数表。

8）死区的设置：实际逆变器中功率开关器件的开通和关断都会有一定的过渡时间。如果逆变器上半桥臂的开关尚未关断，此时同一桥臂的另一开关却已经导通，那么就会使电源短路，产生很大的电流，极易造成功率开关的损坏。为了避免这一现象的发生，除了功率转换电路自身要采取措施进行硬件保护之外，还需要在用户程序层面进行保护，使得跨接在电源两端的两个功率开关能够在一个开关关断以后，另一个开关才开始导通，即需要在程序中设置"不灵敏区域"（死区）。本程序具有死区控制的功能，在前述程序的设置中并没有使能。如果要使用此程序控制逆变器工作，需要对相关的语句进行适当的修改，相关语句如下（具体设置方法已在附录程序的注释中给出）：SPLK #0000h，DBTCONA。该语句用来配置死区控制寄存器 A。

9）此程序的输出结果是可以控制逆变器工作的 PWM 波，其中 1、3、5PWM 端口是一组，高电平有效，分别控制 A、B、C 三相的上桥臂开关管；2、4、6PWM 端口是一组，低电平有效，分别控制 A、B、C 三相下桥臂开关管。

10）从程序的编写思路可以看出，如果需要改变期望电压矢量的频率或幅值，或者改变逆变器直流电压等，程序中用到的参数就需要编程人员手工计算后再修改，程序的灵活性不强。实际上可以将参数的计算过程编入程序，让 DSP 根据输入量自动计算参数，也可以通过实时的数据采集取得计算 SVPWM 参数所需的基本给定值，从而更灵活地控制 DSP 发出期望的开关指令。

（3）实验结果

运行上述程序，测量 PWM1 口得到如下实验波形。

图 11-10　硬件法 SVPWM 波形

由上面的两幅图可以看出，硬件法产生的 SVPWM 波形与前述的七段式 SVPWM 波形不大相同，它虽然也有中间宽两边窄的总特点，但并不严格遵守这种规律。造成这种现象的原因是硬件法对于零电压矢量的时间分配与七段式方法不同。采用硬件法时，有的扇区只有 $T_0(000)$ 时间而没有 $T_7(111)$ 时间，如逆时针旋转时的 2、4、6 扇区；有的扇区则刚好相反，只有 T_7 时间而没有 T_0 时间，如逆时针旋转时的 1、3、5 扇区。

2. 软件法 SVPWM

（1）算法原理

软件法 SVPWM 的产生原理与前面 MATLAB 仿真中开关信号波形的产生原理一致，产生的波形是七段式 SVPWM 波，如图 11-11 所示。

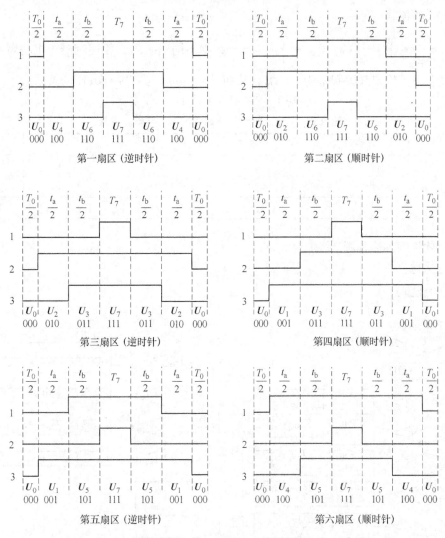

图 11-11 软件法的 SVPWM 波形

软件法与硬件法最重要的差别在于前者不能自动为 A、B、C 三相分配输出端口。例如在图 11-12 中定时器仍然按照连续增/减方式计数，在匹配点 1 的两次匹配之间，1 号电压为高电平；在匹配点 2 的两次匹配之间，2 号电压为高电平；依次类推。但是究竟 1 号电压对应 A、B、C 三相中的哪一相却不能由系统自动确定，而要通过编程人员在软件里面设置。

使用软件法产生 SVPWM 时，CMPR1、CMPR2、CMPR3 将分别控制 PWM 端口 1 和 2、3 和 4、5 和 6，所以一般设置 1、2PWM 端口为 A 相上、下桥臂开关管的控制信号，3、4PWM 端口为 B 相上、下桥臂开关管的控制信号，5、6PWM 端口为 C 相上、下

图 11-12 软件法波形产生示意图

桥臂开关管的控制信号。

令 $t_1 = \dfrac{t_a}{2} + \dfrac{t_b}{2} + \dfrac{t_0}{4}$，$t_m = \dfrac{t_b}{2} + \dfrac{t_0}{4}$，$t_s = \dfrac{t_0}{4}$，则不同扇区内三相逆变器中上桥臂导通时间规律见表11-2。假定开关频率为 f_s，那么某相导通时间 t 与对应 CMPR 的关系为

$$CMPR = PWMPRD \times (1 - t \times f_s) \tag{11-1}$$

表 11-2　三相上桥臂导通时间的 1/2 与扇区关系

扇区	A 相	B 相	C 相	扇区	A 相	B 相	C 相
1	t_1	t_m	t_s	4	t_s	t_m	t_1
2	t_m	t_1	t_s	5	t_m	t_s	t_1
3	t_s	t_1	t_m	6	t_1	t_s	t_m

（2）软件法的流程图

图 11-13　软件法中断服务程序流程图

软件法使用的 "lf2407_refs. h"、"pwm_generate_vec. h" 与硬件法的文件相同，不再列出。其 "∗. asm" 文件的程序编写思路也与硬件法相同，只是算法上做了调整。图 11-14 是用示波器观测 PWM1 端口波形的实验记录，图 11-14b 为局部放大后的波形。

（3）DSP 中常用的一种空间电压矢量（SVPWM）算法流程

在软件实现 SVPWM 控制算法的过程中，SVPWM 波形计算需要的已知量有：静止坐标系中两个正交电压分量指令 $u_{s\alpha}$ 和 $u_{s\beta}$、直流母线电压 U_{dc}、PWM 载波周期 T，具体的计算步骤如下：

a)　　　　　　　　　　　　　　　　b)

图 11-14　示波器测量到的 SVPWM 波形

1) 判断矢量 u_s 所处的扇区

通过分析 $u_{s\alpha}$ 和 $u_{s\beta}$ 的关系，可按如下规律计算扇区 $SECTOR$：

①$IF\, u_{s\beta} > 0\, THEN\, A = 1\, ELSE\, A = 0$

②$IF\, \sqrt{3}u_{s\alpha} - u_{s\beta} > 0\, THEN\, B = 1\, ELSE\, B = 0$

③$IF\, -\sqrt{3}u_{s\alpha} - u_{s\beta} > 0\, THEN\, C = 1\, ELSE\, C = 0$

则扇区为

$$SECTOR = A + 2B + 4C \qquad (11-2)$$

2) 计算逆变器相邻两个电压空间矢量工作
导通时间 T_1、T_2

为了方便说明，定义中间变量 X、Y、Z 为

$$\begin{cases} X = (2 \cdot u_{s\beta}/\sqrt{3}) \cdot T/U_{dc} \cdot (3/4) \\ Y = (u_{s\beta}/\sqrt{3} + u_{s\alpha}) \cdot T/U_{dc} \cdot (3/4) \\ Z = (u_{s\beta}/\sqrt{3} - u_{s\alpha}) \cdot T/U_{dc} \cdot (3/4) \end{cases} \quad (11-3)$$

SVPWM 的空间矢量和扇区的划分以及第 3
扇区的空间矢量的合成，如图 11-15 所示。

在线性工作区内，不同扇区对应的导通时
间 T_1、T_2 按表 11-3 取值。

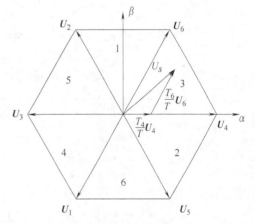

图 11-15　电压空间矢量图及第 3 扇区
工作周期的分配

表 11-3　在线性工作区扇区号与工作周期 T_1、T_2 对照表

扇区号	1	2	3	4	5	6
T_1	Z	Y	-Z	-X	X	-Y
T_2	Y	-X	X	Z	-Y	-Z

在非线性区饱和情况下的计算（将两个非零电压矢量的作用时间按比例缩小）：

$$IF (T_1 + T_2) > PWMPRD\ THEN$$

$$T_1 = T_1 \frac{PWMPRD}{T_1 + T_2}$$

$$T_2 = T_2 \frac{PWMPRD}{T_1 + T_2}$$

其中 $PWMPRD$ 为周期寄存器的值,与 $T/2$ 的时间是对应的。

3)计算三相桥臂各自所需的工作周期为

$$\begin{cases} T_A = (PWMPRD - T_1 - T_2)/2 \\ T_B = T_A + T_1 \\ T_C = T_B + T_2 \end{cases} \tag{11-4}$$

根据参考电压矢量所在扇区,把正确的工作周期分配给三相电机的正确相,也就是正确的寄存器 CMPRX。表 11-4 给出了确定方法。

表 11-4　扇区号与寄存器 CMPRX 的取值对照表

	1	2	3	4	5	6
CMPR1	T_B	T_A	T_A	T_C	T_C	T_B
CMPR2	T_A	T_C	T_B	T_B	T_A	T_C
CMPR3	T_C	T_B	T_C	T_A	T_B	T_A

图 11-16 给出了第 3 扇区 PWM 开通模式以及寄存器 CMPRX 的取值。

图 11-16　第 3 扇区 PWM 模式和工作周期

11.3　TMS320F2812

TMS320C28x 是 32 位控制器,主要包括了 TMS320F280x、TMS320F281x、TMS320F282xx 和浮点的 TMS320F283xx 系列。4 个子系列都是采用同样的 C28x CPU 核,软件完全兼容。

11.3.1　性能特点

1. 总体特点

TMS320F2812 是 TI 公司的一款用于控制的高性能、多功能、高性价比的 32 位定点 DSP

芯片。该芯片兼容 TMS320LF2407 指令系统，最高可在 150MHz 主频下工作，并带有 18K × 16 位零等待周期片上 SRAM 和 128K ×16 位片上 FLASH。其片上外设主要包括 2×8 路 12 位 ADC（最快 80ns 转换时间）、2 路 SCI、1 路 SPI、1 路多通道缓存串行口 McBSP、1 路增强 的 eCAN（Enhanced Controller Area Network）等，并带有两个事件管理模块（EVA、EVB），分别包括 6 路 PWM/CMP、2 路 QEP、3 路 CAP、2 路 16 位定时器（或 TxPWM/TxCMP）。另 外，该器件还有 3 个独立的 32 位 CPU 定时器，以及多达 56 个独立编程的 GPIO 引脚，可外 扩大于 1M ×16 位程序和数据存储器。TMS320F2812 可进行双 16 ×16 乘加和 32 ×32 乘加操 作，因而可兼顾控制和快速运算的双重功能。通过对 TMS320F2812 定点 DSP 芯片合理的系 统配置和编程可实现快速运算。图 11-17 给出该 DSP 的内部功能框图。

图 11-17　TMS320F2812 功能框图

2. 存储空间

TMS320F2812 为哈佛（Harvard）结构的 DSP，即在同一个时钟周期内可同时进行一次取指令、读数据和写数据的操作。在逻辑上有 4M×16 位程序空间和 4M×16 位数据空间，但物理上已将程序空间和数据空间统一为一个 4M×16 位的存储空间，各总线按优先级由高到低的顺序为：数据写、程序写、数据读、程序读。为了尽可能提高器件的工作速度，在对 FLASH 寄存器编程使其在较高速度下工作的同时，可将时间要求比较严格的程序（如时延计算子程序、FIR 滤波子程序等）、变量（如 FIR 滤波器系数、自适应算法的权向量等）各堆栈空间搬移到 H0、L0、L1、M0、M1 空间来运行。

3. 中断

TMS320F28x 系列 DSP 都有非常丰富的片上外设，每个片上外设均可产生 1 个或多个中断请求。中断由两级组成，其中一级是 PIE 中断，另一级是 CPU 中断。CPU 中断有 32 个中断源，包括 RESET、NMI、EMUINT、ILLEGAL、12 个用户定义的软件中断 USER1 ~ USER12 和 16 个可屏蔽中断（INT1 ~ INT14、RTOSINT 和 DLOGINT）。所有软件中断均属于非屏蔽中断。由于 CPU 没有足够的中断源来管理所有的片上外设中断请求，所以在 TMS320F28x 系列 DSP 中设置了一个外设中断扩展控制器（PIE）来管理片上外设和外部引脚引起的中断请求。

PIE 中断共有 96 个，被分为 12 个组，每组内有 8 个片上外设中断请求，96 个片上外设中断请求信号可记为 INTx. y（x = 1，2，…，12；y = 1，2，…，8）。每个组输出一个中断请求信号给 CPU，即 PIE 的输出 INTx（x = 1，2，…，…12）对应 CPU 中断输入的 INT1 ~ INT12。TMS320F28x 系列 DSP 的 96 个可能的 PIE 中断源中有 45 个被 TMS320F2812 使用，其余的被保留作以后的 DSP 器件使用。ADC、定时器、SCI 编程等均以中断方式进行，可提高 CPU 的利用率。

4. PWM 发生单元

TMS320F2812 提供了两个结构和功能相同的事件管理器 EVA 和 EVB 模块，每个事件管理器模块都包含：通用定时器（General Purpose Timers，GPT）、全比较/PWM 单元（Full Compare Units）、捕获单元（Capture Unit）、正交编码脉冲电路（Quadrature Encode Pulse Circuit）。

通用定时器可以为比较、PWM 电路、软件定时提供时基，用于产生采样周期；有 3 种连续工作方式，具有可编程预定标器的内部或外部输入时钟；通用定时器可独立工作或互相同步工作。

TMS320F2812 的两个事件管理器共可产生 16 路独立 PWM 信号。由 3 个具有可编程死区的全比较单元产生独立的 3 对 PWM 信号，由通用定时器比较单元产生独立的两路 PWM 信号。全比较单元主要用来生成 PWM 波形，每个比较单元可以生成一对（两路）互补的 PWM 波形，生成的 6 路 PWM 波形正好可以驱动一个三相桥式电路；双缓冲的周期和比较寄存器允许用户根据需要对 PWM 的周期和脉冲宽度进行编程；对每一个比较单元输出，死区的产生可单独被使用/禁止；利用双缓冲的 ACTRx 寄存器，死区产生器的输出状态可以被高速配置。事件管理器 A 内部 PWM 信号产生的功能方框图如图 11-18 所示。

图 11-19 给出了对称 PWM 与非对称 PWM 波形的产生原理图，其中对称 PWM 波形的产生步骤为：

1）通过 T1CON 的 12 与 11 位将 T1（或 T3）设置为连续增/减计数模式；
2）装载周期寄存器 T1PR（等于 PWM 载波周期对应值）；
3）将比较控制寄存器 COMCONA/B 配置成使能比较操作，使能 PWM 输出引脚；
4）如果死区使能，通过 DBTCONA/B 设置死区时间值；
5）适当地配置比较方式控制寄存器 ACRTA/B。

图 11-18 PWM 功能框图

图 11-19 对称 PWM 波形与非对称 PWM 波形产生原理图

与非对称 PWM 波形相比，对称 PWM 波形的特点在于它存在有两个相同长度的非激活区（无效区），这两个区分别位于 PWM 波形的起始和结束处。

11.3.2 基于 SIMULINK 的 DSP 中 SVPWM 程序开发

1. 系统介绍

图 11-20 给出了采用 TMS320F2812 DSP 控制的交流电动机变频调速系统。上位机控制平

台采用 LABVIEW 8.5 编写的控制软件，软件将转速设定值及其他运行参数通过 USB 总线传送到 DSP 控制系统，实时控制电动机。

图 11-20　基于 DSP 的调速系统结构示意图

2. SIMULINK 控制软件的开发

DSP 程序是在 MATLAB 2009 中 SIMULINK 软件包中进行开发的。下面简单介绍开发流程，详细的 SIMULINK 程序可以参阅书后附录 H。

图 11-21 给出了 SIMULINK 中 TI 公司 C2000 系列 DSP 开发工具界面，其中可以找到 C2000 系列各类型 DSP 对应的开发板（如 F2812 eZdsp 等）。在 C281X DSP Chip Support 子库中可以找到 DSP 各种片内资源的开发模块。

图 11-21　SIMULINK 中有关 TI 公司 C2000 系列 DSP 开发工具界面

从 SIMULINK 库-> Target Support Package TC2-> C2000 Target Preferences 下选择 F2812 eZdsp 模块拖放到 mdl 文件界面中，如图 11-23 所示。

图 11-22　SIMULINK 中 C281X 系列 DSP 芯片支持工具

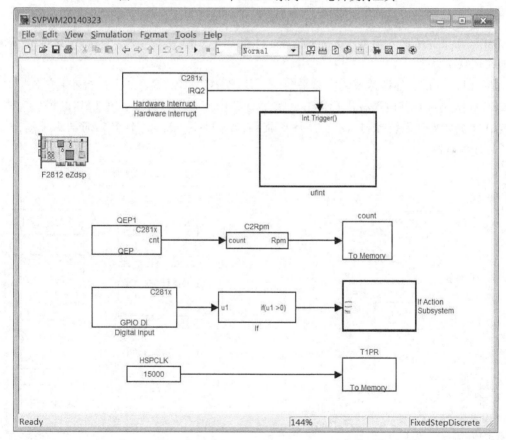

图 11-23　mdl 文件界面

双击图 11-23 中的 F2812 eZdsp 模块，出现图 11-24 的对话框，对其进行参数设置。在 Board Info 选项卡中的 Board type 设置 DSP 开发板类型，如 F2812 eZdsp（可任意设置）；在 Processor 处理器选择 F2812；在 CPU Clock 设置 150MHz；CCS 的设置为：CCS Board name 中

选择安装的仿真器名字（如 F2812 SEEDXDS510USB Emulator），Processor name 中选择处理器的名字（如 TMS320C2800_0）。

a)　　　　　　　　　　　　　b)

图 11-24　SIMULINK 中 F2812 eZdsp 模块的参数设置对话框

如图 11-24b 所示，在 Peripherals 选项卡下的 SCI_A 参数中，选中复选框 Blocking mode，其他采用默认设置。

在图 11-20 所示的调速系统实验平台中，基于 LABVIEW 编写的上位机控制软件通过 PC 机 USB 数据线与 DSP 电路板进行通信，因此 DSP 中会有相应的读、写 USB 的模块。图 11-25 给出了变频调速系统控制软件主程序流程图，图 11-26 给出了 DSP 定时器 1 下溢中断服务子程序流程图。

图 11-25　变频调速控制软件主程序流程图

图 11-26　下溢中断子程序流程图

SIMULINK 中对 DSP 下溢中断子程序进行编程的模型文件如图 11-27 所示，其中图 11-27a 给出了图 11-23 中 ufint 子系统的内部结构，它根据转速指令信息、定子电压补偿信息、同步/异步调制方式等信息进行 SVPWM 的计算；图 11-27b 给出了 Svpwm Calc 子系统的内部结构图，其中右上角的 PWM1 子系统用来控制 DSP 内部事件管理器产生 PWM 波形，右下角模块把相关信息通过 USB 发送给上位机。更详细的 SIMULINK 仿真模型可以参考附录 H。

a)

b)

图 11-27　EVA 下溢中断服务程序框图

11.4　其他几种典型的 DSP 芯片

1. TC1797

英飞凌公司的 TriCore 1797 芯片达到了汽车级处理芯片的安全和稳定水准，具有非常高的可操控性能。TC 1797 将精简指令集计算（RISC）处理器架构、数字信号处理（DSP）操作和寻址模式、片上存储器和外设集成在一颗芯片上，便于实现功耗低、速度快、性价比高的嵌入式应用解决方案。DSP 操作和寻址模式提供了强大的计算能力，能有效地分析真实世界中的各种复杂信号；RISC 加载/存储架构以较低的系统成本实现了高计算带宽；片上存储器和外设的优化设计可支持要求极其苛刻的高带宽实时嵌入式控制系统的各种任务。

图 11-28 给出了 TC1797 芯片内部功能框图。

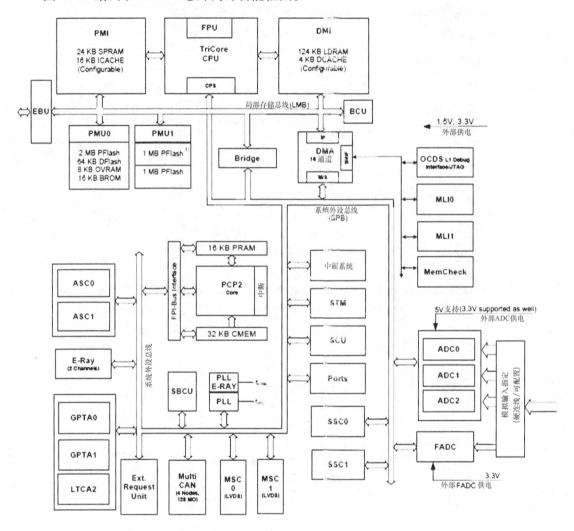

图 11-28　TC1797 芯片内部功能框图

（1）CPU

CPU 最大时钟信号 180MHz，TC1797 芯片封装共有 416 个引脚输出，拥有 32 位数据的强大处理功能，4GB 的地址空间，大多数操作可以在一个时钟周期内执行，具有很强的位处理功能、单精度浮点单元、可变的优先级判定机制。

（2）外设控制处理器（Peripheral Control Processor，PCP）

PCP 近似于一个传统的处理器。它有 32 位的 Harvard 构架的 RISC 内核，可以访问程序和数据存储器（包括 TriCore CPU 使用的存储器），其外围设备也与 TriCore CPU 的近似。PCP 与

CPU 的主要区别是：PCP 只有在响应中断服务请求时执行代码，不像传统的微处理器支持不依赖于任何中断来源的后台任务操作。PCP 的这种运行方式使其一般作为一个通道处理器使用。PCP 可以轻松地与许多外设进行直接内存访问（DMA），其可编程性也使 PCP 可以对从外设进行读或写的数据进行处理，因而解放了 TriCore CPU 去完成更高层次应用的任务。

（3）模数转换器 ADC

TC 1797 的 ADC 模块共包含 3 个核心，即 ADC0、ADC1 和 ADC2。每个核心包括 16 个转换通道，每个通道都可以独立进行模数转换。除此之外，不同核心还可以通过寄存器的配置实现主从同步转换。ADC 模块支持 5V 与 3.3V 的输入参考电压，对于通道输入参数支持 8、10、12 位的分辨率。每个核心有 16 个独立的结果寄存器来进行数据存储、寄存器的有效位定义数据是否有效以及是否读出。对于变换结果的处理，还有边界限制控制和加减滤波等方法。

（4）CAN

TC1797 的 CAN 总线结构遵循通用的 V2.0B 标准。在 CAN 总线模块中有 4 个独立的 CAN 节点以及 128 个独立的信息对象。这些信息对象分布在 4 个节点共 8 个列表中，由用户进行自定义。

（5）看门狗

看门狗用于检测系统故障，监控程序的正常运行。看门狗电路是一个定时计数器，一旦到达最大计数值就会复位，防止程序进入死循环。在程序正常执行一遍后，会清零看门狗计数器，所以不会到达最大计数值。如果外部干扰等原因造成程序进入死循环，定时计数器到达最大计数值后就会把芯片复位。

（6）内存 DMA

DMA 的基本操作是进行数据移动，数据位可以达到 8、16 或者 32 位。其主要功能是将数据从一个地址传送到另一个地址而不用经过 CPU 或者其他片上设备。DMA 移动可以被硬件或者软件触发，共有 16 个独立的通道，可编程移动优先级，每个通道有 32 位的地址空间容量。

2. DSP56F807

Freescale 半导体公司前身为摩托罗拉半导体产业部，是世界半导体产业与技术的开拓者，也是全球大型的半导体公司之一，在微控制器领域长期居全球市场领先地位，尤其是在汽车微控制器领域。Freescale 公司的微控制器产品系列齐全，温度范围不同，以可靠性高、性价比高和应用方便引导微控制器的发展。

Freescale 的 DSP56F807 是一种 16 位数字信号控制器芯片，是专用于工业电机驱动、不间断电源等控制的 DSP 芯片，这种 DSP 能够通过内部 A/D 模块瞬时读取逆变电源的输出，并实时计算输出逆变电源主电路的 PWM 控制信号，以实现逆变电源的全数字控制。

如图 11-29 所示，Freescale DSP56F807 的配置主要包括：

1）60k 可编程 FLASH 程序存储器，2k 随机程序存储器；

2）8k 可编程 FLASH 数据存储器，4k 随机数据存储器；

3）2k 可编程引导 FLASH 存储器；

4）可寻址 64k 程序存储器和寻址 64k 数据存储器；

5）一个 CAN2.0 接口，两个 SCI 异步串行口和一个 SPI 同步串行口；

6）两个 8 路 12 位 A/D 转换模块；

7）两个相位检测接口和两个 PWM 模块；

8）14 个独立 I/O 口和 18 个共享 I/O。

图 11-29　DSP56F807 内部功能框图

DSP56F807 有两个脉宽调制模块 PWMA 和 PWMB，每个 PWM 模块有 6 个输出引脚，这 6 个通道能够被配置成 6 个互补独立模式。例如 1 对互补对和 4 个独立输出；2 对互补对和两个独立输出；3 对互补对等。除此之外还有 4 个电流状态输入引脚 FAULTA0 ~ FAULTA3。

PWM 的主要特性有：3 对互补的 PWM 信号或者 6 个独立的 PWM 信号；互补通道模式下能实现：可编程区死时间插入、通道电流状态输入和软件的顶、底脉宽纠正，独立的顶、底通道极性控制；边对齐或者中心对齐的脉宽产生方式；半周期参数重载能力和从 1 ~ 16 的整数重载频率；单独的软件控制 PWM 输出；可编程的出错保护；极性控制；带有寄存器写保护功能。

3. TMS320F2833x

TMS320F2833x 是 TI 公司推出的浮点数字信号控制器，包含了定点的 32 位 C28x CPU 核，还包括一个单精度 32 位 IEEE754 浮点单元（FPU），浮点协助处理器可达 300MFLOPS，主要产品有 TMS320F28332、TMS320F28334 和 TMS320F28335。

针对 TMS320F2833x 系列 DSP，用户可以使用高级语言开发系统控制软件，也可以使用 C/C++ 开发数学算法。TMS320F2833x 系列 DSP 在完成数学算法和系统控制方面都具有相当高的性能，这避免了一个系统需要多个处理器的麻烦。

如图 11-30 所示，TMS320F28335 的片上资源有：

1）采用 32 位浮点 DSP，工作速度 150MHz；

2）片上存储器：FLASH 为 256k × 16 位、SRAM 为 34k × 16 位、Boot ROM 为 8k × 16 位、OTP ROM 为 1k × 16 位，其中 FLASH、OTP ROM 和 16k × 16 位的 SRAM 受密码保护，用以保护用户程序；

3）片上外设：ePWM 为 12 路、HRPWM 为 6 路、QEP 为 2 通道、ADC 为 2 × 8 通道（12 位、80ns 转换时间、0 ~ 3V 量程）、SCI 异步串口为 3 通道、McBSP 同步串口为 2 通道、SPI 同步串口为 1 通道、eCAN 总线为 2 通道、I²C 总线为 1 通道、DMA 为 6 通道、看门狗。

图 11-30　TMS320F28335 的功能框图

小　结

　　数字化控制系统可以通过修改控制软件方便地调整系统控制规律、便捷地进行系统调试、快速地通过网络实现数据共享与网络化控制、灵活地保存系统运行情况，可针对系统进行较全面地故障分析，更重要的是控制电路的稳定性和抗干扰性能大大提高，易于实现智能化控制。

　　本章首先简单描述了数字控制系统的硬件与软件部分，然后分别以 TI、Infineion、Free-scale 等公司的产品为例，描述了常见 DSP 芯片的主要功能特点，并结合具体的典型芯片，给出了实现 SVPWM 控制算法的流程与例程。

　　附录 E、F、G 给出了采用 TI 典型 DSP 实现 SVPWM 算法的相关程序文件。附录 H 给出了使用 SIMULINK 来开发 DSP 程序的 SVPWM 仿真模型。

　　【生活可能不像你想的那么好，但是也不会像你想的那么糟】

　　【开心了就笑，不开心就过会儿再笑】

练　习　题

　　1. 简述采用 TI 公司 DSP 中的事件管理器产生 PWM 信号的流程。

　　2. CAP/QEP、CAN 的功能是什么？

　　3. 高速 DSP 控制系统的硬件电路设计中应注意什么？ IC 芯片电源引脚处常用的 $0.01\mu F$ 电容器的作用是什么？

　　4. 什么是 ISR？作用是什么？

　　5. 在 SVPWM 算法中，如何判定参考电压矢量所处的空间扇区？

　　6. 试结合本书内容，对比分析电机控制用典型 DSP 芯片的共同特征。

第12章 PMSM 的矢量控制变频调速系统

12.1 PMSM 转子磁场定向矢量控制技术概念

根据运动学方程式 3-40 可以知道，对永磁同步电动机调速系统的转速控制需要通过对永磁同步电动机电磁转矩 T_e 的控制来实现，所以电动机的转矩控制是电气调速系统的核心任务。

重新列写永磁同步电动机在 dq 转子坐标系中的转矩公式为

$$\begin{aligned}
T_e &= 1.5 n_p \left(\psi_d i_q - \psi_q i_d \right) \\
&= 1.5 n_p i_q \left(\psi_f + \left(L_d - L_q \right) i_d \right) \\
&= T_{e1} + T_{e2}
\end{aligned} \tag{12-1}$$

从中可以看出电动机转矩分为两个部分，其一为永磁体产生的磁链 ψ_f 与定子电流转矩分量 i_q 作用后产生的永磁转矩 T_{e1}，其二为转子的凸极结构使得定子电流励磁分量 i_d 与转矩分量 i_q 产生的磁阻转矩 T_{e2}。

$$\begin{aligned}
T_{e1} &= 1.5 n_p i_q \psi_f \\
T_{e2} &= 1.5 n_p \left(L_d - L_q \right) i_d i_q
\end{aligned} \tag{12-2}$$

这两部分转矩都与定子电流转矩分量 i_q 成正比例，也即是说，可以通过控制定子电流转矩分量的大小来控制电动机的转矩——这一电流与直流电动机的电枢电流相对应，因此永磁电动机的转矩控制可以转化为定子电流转矩分量的控制。另一方面定子电流的励磁分量 i_d 会影响电动机定子磁链的大小，可以通过它产生弱磁升速的效果——这一点与直流电动机的励磁电流类似。所以永磁同步电动机与直流电动机存在着很大的相似性。图 12-1 给出了永磁同步电动机内部结构图。

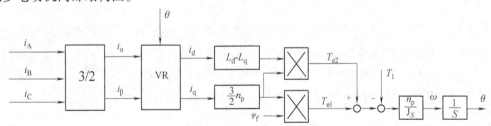

图 12-1　PMSM 内部结构图（电流解耦）

在对交流电动机的转矩进行控制时，必须以磁场的良好控制为前提。目前 PMSM 的高性能控制技术主要有磁场定向矢量控制技术（Field Orientation Control，FOC）与直接转矩控制技术（Direct Torque Control，DTC），两种技术分别建立在转子磁场和定子磁场的控制基础上针对电动机的转矩进行高性能闭环控制。永磁同步电动机磁场定向矢量控制技术的核心是在转子磁场旋转 dq 坐标系中，针对电动机定子电流的励磁电流 i_d 和转矩电流 i_q 分别进行独立控制。图 12-2 给出了永磁同步电动机矢量控制技术原理框图。

图 12-2　PMSM 矢量控制技术原理框图

图 12-2 中的控制系统根据调速的需求（结合给定转速与电动机的反馈转速），设定合理的电动机转矩与磁链目标值（磁链设定需要考虑电动机电压与工作转速，转矩设定需要考虑电动机的电流，两者的合理设定都需要考虑电机的实际运行环境），结合图 12-1 中 PMSM 转矩与电流的关系，给出合理的 i_{dref} 与 i_{qref} 指令值。这两个电流仅仅存在于 dq 坐标系电动机的数学模型中，并不能直接用来对电动机进行控制，所以需要将它们转化为三相定子坐标系中的变量。经过图 12-2 中的 2r/2s 旋转变换与 2/3 变换两个单元的作用后，得到了三相定子电流的指令值（i_{Aref}、i_{Bref}、i_{Cref}）。采用合适的 PWM（如电流滞环 PWM）技术控制逆变器三相输出电流紧紧跟随该电流参考值。当电机三相定子电流得到很好的控制时，就可以认为 dq 旋转坐标系中的励磁电流 i_d 与转矩电流 i_q 得到了很好的控制，那么 PMSM 的磁场与电磁转矩就得到了很好的控制。

采用 dq 坐标系磁场定向矢量控制策略可以对永磁同步电动机进行高性能的控制。目前，永磁同步电动机的转子磁场定向矢量控制技术较成熟，动态、稳态性能较佳，因此得到了广泛的实际应用。

12.2　典型的转子磁场定向 FOC 控制 PMSM 变频调速系统

FOC 控制 PMSM 变频调速系统通常采用经典的 PI 线性调节器，控制系统调节器参数可以按照经典的线性控制理论进行设计，或者采用工程化设计方法进行设计；逆变器的控制通常采用成熟的 SPWM、SVPWM 等技术。根据图 12-2 设计的永磁同步电动机矢量控制变频调速系统可以有多种不同的具体形式，下面分析几种常见的形式。

12.2.1　dq 坐标系电流闭环 PI 调节的 FOC 控制系统

目前，最为常见的永磁同步电动机 FOC 控制系统如图 12-3 所示。系统有一个转速外环，通过速度自动调节器（ASR）提供 i_q 的指令值，i_d 指令值通过其他方式提供（例如根据电动机弱磁程度）。两个电流指令值分别通过经典的 PI 调节器获得 dq 轴控制电压 u_{dref} 与 u_{qref}，将电压变换到 $\alpha\beta$ 静止坐标系后采用 SVPWM 技术控制电压型逆变器向 PMSM 供电。

如图 12-3 所示控制系统中的电压型逆变器、SVPWM、各个坐标变换单元在前面章节已经介绍和分析过，这里着重对图中的 3 个 PI 调节器进行分析。

$$W_{PI}(s) = K_P + \frac{K_i}{s} = K_P \frac{\tau s + 1}{\tau s} \qquad (12\text{-}3)$$

图 12-3　永磁同步电动机矢量控制系统结构框图

PI 调节器的数学表达式见式 12-3，其对数幅频特性曲线如图 12-4 所示。可以看出，在较高频段（对应了系统的快速调节过程）的放大倍数主要决定于 K_P，这是因为积分器呈现低通特性；在较低频段（对应了系统进入稳态后的缓慢调节阶段）的放大倍数与 K_i 密切相关（不同频率与 K_i 的关系程度不同）。

图 12-5 分别给出了恒定的 K_P、K_i、τ 下的 PI 调节器对数幅频特性曲线的变化情况。从中可以看出：

1）当 K_P 恒定时，若 K_i 增加，则时间常数减小。低频范围内响应加快，中频段有所加快，高频范围内没有明显影响。

图 12-4　PI 调节器的对数幅频特性

图 12-5　不同调节器参数对 PI 调节器幅频特性的影响
a）K_P 恒定　b）K_i 恒定　c）τ 恒定

2）当 K_i 恒定时，若 K_p 增加，则时间常数增加。高频范围内响应明显加快，中频段也有所加快。

3）当时间常数恒定时，K_p 与 K_i 同比例变化。按照时间常数对调节器参数进行调节，可以比较明确地调节系统的转折频率。

技术人员通常会尝试增加 K_p 来加快系统响应速度。从图 12-5 中可以看出，这将直接增大图中的 K_1，从而导致调节器幅频特性上移，明显可以增加系统的调节力度，系统的响应会因此加快；但由于高频段的特性同样会上移，所以会导致闭环系统对高频干扰的响应过于敏感，不利于系统的稳定。

换句话说，如果希望提高闭环系统对高频的响应，需要适当加大 K_p；如果希望提高闭环系统对低频的响应，可以适当加大 K_i；如果希望闭环系统对较高频率信号不敏感，可以选择适当的时间常数 τ。

以 MATLAB/SIMULINK 为例，在建立 PI 调节器仿真模型时，可以采用图 12-6 中的两种不同结构，读者可以根据分析与调试的方便选择其一。注意图中饱和限幅（Saturation）值需要进行合理的设定。以 ASR 为例，由于通常情况下调速系统往往设计成稳态无静差，并且 ASR 的输出为 i_q 指令，所以积分器限幅与 ASR 的输出限幅应设为允许的 i_q 最大值。

图 12-6　两种 PI 调节器仿真模型

下面针对图 12-3 的 PMSM 矢量控制系统中的 PI 调节器采用工程化设计方法进行参数设计。首先画出图 12-7 所示的 PMSM 矢量控制变频调速系统动态结构框图，在其中加入了转速滤波和电流滤波等环节，并忽略了 i_d 的控制回路（假定 i_d 是恒定值），其中的 ASR 与 ACR 都采用 PI 调节器。u_c 作为 ACR 调节器的输出，用来控制逆变器输出电压 u_q，逆变器等效为图中所示的放大系数为 K_s 的一阶惯性环节。K_{te} 表示电动机的转矩系数，见式 12-4。

$$K_{te} = \frac{3}{2} n_p \psi_f \tag{12-4}$$

图 12-7 中的 T_m 为电动机的机械时间常数，见式 12-5。

$$T_m = J \frac{2\pi}{60} \tag{12-5}$$

图 12-7 中的 K_e 为电动机的反电动势系数，满足下式。

$$K_e = \frac{2\pi}{60} n_p \psi_d \tag{12-6}$$

图 12-7 所示变频调速系统动态结构图中包含了两个闭环控制，一个是转速的外环控制，另一个是电流的内环控制。对调速系统的转速、电流闭环调节器参数进行工程设计，可以遵循下述步骤：

1）用工程设计方法来设计转速、电流反馈控制的调速系统的原则是先设计内环再设计外环。

2）先从电流环开始，对其进行必要的变换和近似处理，然后根据电流环的控制要求确定其校正目标。

3）再按照控制对象确定电流调节器的类型，按动态性能指标要求确定电流调节器的参数。

4）电流环设计完成后，把电流环等效成转速环（外环）中的一个环节，再用同样的方法设计转速环。

图 12-7　PMSM 矢量控制变频调速系统动态结构框图

1. 电流调节器设计

从图 12-7 中可以看出，电动机反电动势与电流反馈的作用相互交叉，给设计工作带来麻烦。但是实际的电动机调速系统中由于较大的机械惯性，转速的变化往往比电流变化慢得多，对电流环来说，反电动势是一个变化较慢的扰动，在按动态性能设计电流环时，可以暂不考虑反电动势变化的动态影响。

图 12-8　忽略反电动势后的电流调节内环结构图

图 12-8 给出了忽略 q 轴电动机反电动势作用后的电流调节内环的结构图。

忽略反电动势对电流环作用的近似条件是：

$$\omega_{ci} \geq 3\sqrt{\frac{1}{T_m T_1}} \tag{12-7}$$

上式中的 ω_{ci} 是电流环开环频率特性的截止频率。

将图 12-8 进行等效变换，得到图 12-9 的结构图。图中除了 ACR 调节器外，还有 3 个惯性环节，其中的时间常数 T_{oi}、T_s 比 T_1 小得多，可以当做小惯性环节近似处理成图 12-10 所示的结构图。需要注意的是，近似处理需要满足式 12-8。

图 12-9　等效后的电流调节内环结构图

$$\omega_{ci} \leq \frac{1}{3}\sqrt{\frac{1}{T_{oi}T_s}} \tag{12-8}$$

图 12-10 中的时间常数 $T_{\Sigma i}$ 见式（12-9）。

$$T_{\Sigma i} = T_{oi} + T_s \tag{12-9}$$

在电流环的设计中，一般希望稳态情况下，电流调节无静差，并且能够较好地跟随电流指令值。在强调跟随性能下可以把电流环设计成如图 12-11 所示的典型 I 型系统。

图 12-10　近似处理后的电流环结构图　　　　图 12-11　典型 I 型系统结构图

对比图 12-11 与图 12-10 可知，电流调节器可以采用 PI 调节器，其传递函数为

$$W_{ACR}(s) = K_{pACR}\frac{\tau_{ACR}s + 1}{\tau_{ACR}s} \tag{12-10}$$

因为 $T_1 \gg T_{\Sigma i}$，所以选择

$$\tau_{ACR} = T_1 \tag{12-11}$$

可以用 PI 调节器的零点消去控制对象中较大时间常数对应的极点。一般情况下，希望电流超调量不要太大，通常选取阻尼系数为 0.707，此时图 12-11 的系统有

$$T = T_{\Sigma i} \qquad K_1 T_{\Sigma i} = 0.5 \tag{12-12}$$

对比图 12-11 与图 12-10，有

$$K_1 = K_{pACR}\frac{K_s/R}{\tau_{ACR}} \tag{12-13}$$

所以有

$$K_{pACR} = \frac{K_1\tau_{ACR}R}{K_s} \tag{12-14}$$

经过上述的 PI 调节器参数设计后，电流内环的闭环传递函数为

$$W_{cli}(s) = \frac{K_1}{T_{\Sigma i}s^2 + s + K_1} = \frac{1}{\frac{T_{\Sigma i}}{K_1}s^2 + \frac{1}{K_1}s + 1} \tag{12-15}$$

采用高阶系统的降阶处理方法，忽略高次项，式（12-15）可以近似为

$$W_{cli}(s) = \frac{1}{\frac{1}{K_1}s + 1} \tag{12-16}$$

近似的条件为

$$\omega_{cn} \leq \frac{1}{3}\sqrt{\frac{K_1}{T_{\Sigma i}}} \tag{12-17}$$

此时，电流控制内环结构图可以等效为如图 12-12 的结构图。

可以看出，电流的闭环控制把双惯性环节的电流环控制对象近似地等效成只有较小时间

常数的一阶惯性环节，加快了电流的跟随作用，这是局部闭环（内环）控制的一个重要功能。

需要注意的是，电流调节器参数设计后，要对以下条件是否成立进行校验：忽略反电动势变化对电流环动态影响的条件（式 12-7）；电流环小时间常数近似处理条件（式 12-8）。

2. 转速调节器设计

将电流环简化等效环节放入到图 12-7 的系统动态结构图后得到图 12-13 的动态结构图。

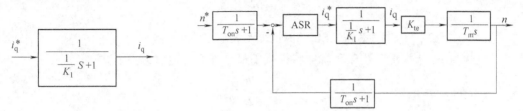

图 12-12　简化等效后的电流环　　　　图 12-13　代入电流环简化环节的转速环结构图

将图 12-13 中的滤波环节移入到前向通道上，得到图 12-14 所示的结构图。

图 12-14　具有单位负反馈的转速环结构图

将图 12-14 中两个惯性环节合并成为一个，图 12-14 的系统可以近似处理成图 12-15 的系统，其中 $T_{\Sigma n}$ 见式（12-18）。

$$T_{\Sigma n} = T_{on} + \frac{1}{K_1} \tag{12-18}$$

转速环小时间常数合并处理的条件是：

$$\omega_{cn} \leqslant \frac{1}{3} \sqrt{\frac{K_1}{T_{on}}} \tag{12-19}$$

在转速环的设计中，一般希望稳态情况下，转速调节无静差，并且具有较好的抗干扰能力，因此可以将转速环设计成典型 II 型系统，图 12-16 给出了典型 II 型系统的动态结构图。

图 12-15　近似处理后的转速环结构图　　　　图 12-16　典型 II 型系统结构图

对比图 12-16 与图 12-15 可知，ASR 转速调节器可以采用 PI 调节器，其传递函数如下：

$$W_{ASR}(s) = K_{pASR} \frac{\tau_{ASR}s + 1}{\tau_{ASR}s} \tag{12-20}$$

图 12-16 中系统的参数如下:

$$K_2 = \frac{K_{pASR} K_{te}}{\tau_{ASR} T_m} \qquad \tau = \tau_{ASR} \qquad T = T_{\Sigma n} \qquad (12\text{-}21)$$

通常情况下,针对 II 型的转速环,综合考虑跟随性能指标与抗扰性能指标,可以选取中频宽 $h = 5$,即

$$h = \frac{\tau_{ASR}}{T_{\Sigma n}} = 5 \qquad (12\text{-}22)$$

根据式(12-22)可计算出 ASR 的时间常数 τ_{ASR}。

根据"振荡指标法"中闭环幅频特性峰值最小准则,可以得出下式:

$$K_2 = \frac{h+1}{2h^2 T^2} \qquad (12\text{-}23)$$

从而可以计算出 ASR 的比例系数 K_{pASR}。

$$K_{pASR} = \frac{\tau_{ASR} T_m (h+1)}{2h^2 T_{\Sigma n}^2 K_{te}} \qquad (12\text{-}24)$$

需要注意的是,转速调节器参数设计后,要对以下条件是否成立进行校验:电流环简化条件(式 12-17);转速环小时间常数近似处理条件(式 12-19)。

图 12-17 将电流内环与转速外环的开环对数幅频特性进行了比较,可以发现:外环的响应要比内环更慢,这是设计多环控制系统的特点;需要注意的是,两个闭环控制的剪切频率要间隔一定的距离以避免两个闭环调节相互影响。

图 12-17　电流内环、转速外环开环对数幅频特性的比较

12.2.2　三相静止坐标系定子电流滞环控制 FOC 控制系统

图 12-3 的矢量控制系统建立在电动机 dq 轴电流的闭环控制上,此外 FOC 也可以建立在三相静止坐标系中电动机定子电流的闭环控制基础上。图 12-18 就给出了采用 CHBPWM 技术进行三相定子电流闭环控制的 FOC 调速系统的结构框图。

CHBPWM 是电流闭环控制中响应最快的一种 PWM 控制技术,进行仿真建模也比较容易实现。本书 12.3 部分 PMSM 调速系统的仿真建模分析就是针对图 12-18 展开的。

12.2.3　转矩控制的 FOC 控制系统

电动机调速系统中转速调节器的输出可以是电流指令,也可以是转矩指令,只要该变量

最终可以对电动机转矩施加影响进而调节转速即可。图 12-19 给出了转矩指令作为 ASR 输出的 PMSM FOC 控制系统原理图，可以看出电流指令值来源于图中的查表模块（LOOKUP TABLE）——根据电动机工作速度与转矩指令进行查表。

图 12-18　三相静止坐标系中定子电流闭环控制 FOC 控制系统

由于嵌入式 PMSM 的转矩不仅与 i_q 有关，同时与 i_d 密切相关；采用不同的 i_d、i_q 可以调节永磁转矩与磁阻转矩的比例，进而影响了电动机的转矩输出能力；不同的 i_d、i_q 组合对应电动机损耗也不同。所以设计合理的表格，可以控制电动机运行在更加适宜的电流工作点，进一步优化电动机的工作性能。

图 12-19 的控制系统在电动汽车中得到较多的应用。汽车在行驶中多数情况下是由司机本人负责控制车速，司机给出转矩指令值，电动机驱动系统是具体的执行机构。电动机驱动系统的控制软件中通常不含有图 12-19 中的 1 部分。当然如果汽车是工作在巡航情况下，车速由整车控制器负责调节（转矩指令则由整车控制器提供）。

图 12-19　某电动汽车用转矩控制 FOC 控制系统原理图

图 12-19 中的 1 是转速调节部分，2 是转矩指令部分，3 是电流指令值产生及其闭环控制部分，4 是调速系统的功率电路部分。

图 12-19 中的 3 部分可以根据本书前面章节分析的 PMSM 的工作特性得出，当电动机参数在较大范围内发生变化时，较难用一个恒定的解析式实现转矩到电流的变换，此时可以根据电动机测试结果，以查表的方式获取 i_d 与 i_q 电流指令值。

图 12-19 中的 2 部分是将 ASR 输出的转矩指令值 T_{eref}^* 经过适当的处理后变成真正的转矩指令值 T_{eref}，这里的处理指的是适当的限幅——随着电动机速度的提高，电动机工作区域从恒转矩区逐步过渡到恒功率区，所以要对电动机转矩指令进行限幅。当转矩指令值超出电动机输出能力时，电流的闭环控制将会失效。

12.2.4 电压解耦型 FOC 控制系统

在图 12-3 的控制系统中，u_{dref} 与 u_{qref} 尚不能真正实现对 d、q 轴电流的解耦控制。在添加图 12-20 中的解耦单元后，电动机 dq 轴电流的控制效果就会明显提高。

图 12-20　基于前馈型解耦的永磁同步电动机矢量控制系统结构框图

图 12-20 中的解耦单元内部框图如图 12-21 所示，其原理是根据定子电压方程的旋转电压添加了电压解耦单元。图 12-20 中在控制系统中对 i_d、i_q 进行闭环调节得到 u_{dref}^*、u_{qref}^*，再经过电压解耦处理以后才成为真正的控制量 u_{dref}、u_{qref}，见下式

$$u_{dref} = u_{dref}^* - \omega\psi_q$$
$$u_{qref} = u_{qref}^* + \omega\psi_d \tag{12-25}$$

图 12-21 的解耦单元借鉴了交流异步电动机的矢量控制技术，由于采用了电压前馈解耦型矢量控制技术，系统的 dq 轴电流响应更为迅速。

12.2.5　含逆变器直流电压闭环的 FOC 控制系统

采用电压型逆变器供电的永磁同步电动机工作在高速区域时，由于定子电压接近极限，所以电流调节器可能会出现饱和以致电动机电流处于开环控制，从而导致系统进入非可控状态，存在着较大的安全隐患。对此的改进措施是，当电流调节器进入饱和时，将调速系统对电动机定子电压的需求和逆变器直流侧电压进行对比，并产生一个额外的去磁电流分量（i_d）补偿到原电流指令值。

图 12-22 给出了含有逆变器直流电压闭环的永磁同步电动机矢量控制系统框图，里面除了前面介绍的速度闭环、两路电流闭环以外，还增加了一个电压闭环。新增电压闭环可以抵消电动机运行时对定子电压的额外要

图 12-21　前馈单元内部结构框图

求，从而避免定子电流调节器进入深度饱和，进而对定子电流实施更为有效的闭环控制，提高了系统的可控性。

图 12-22　含有逆变器直流电压闭环的永磁同步电动机矢量控制系统框图

图 12-23 给出了定子电流指令值发生器的内部框图，电动机转矩命令值首先经过预处理：一方面在不同运行区域内的转矩最大值受限，另一方面输出转矩受到直流电压的限制，当电压降低时，转矩指令需要相应减小。然后根据运行中的不同优化控制策略，将转矩指令转化为定子电流的命令值 i_{dref}^*、i_{qref}^*。高速运行的电动机受到电压极限的限制作用是比较明显的，所以根据图中电压调节产生的电流指令补偿量，最终形成真正的电流指令值 i_{dref}、i_{qref}。

下面针对采用图 12-22 的控制系统对电动机定子电阻、励磁电感等参数变化的抑制效果

进行了仿真。

图 12-24 中电动机运行于高速负载情况下，图中的箭头标注了不同的干扰：1—定子电阻逐渐增加；2—定子电感缓慢减小；3—定子电感快速减小；4—定子电阻逐渐减小，恢复正常。从中可以看出，随着电动机参数的变化，由于图 12-22 中的电流指令同步发生变化，所以电流调节器可以继续保持电流的闭环控制。

图 12-23　高性能电流命令发生器框图

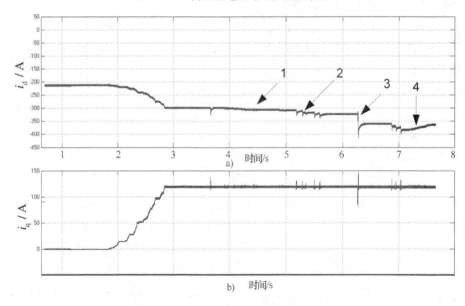

图 12-24　电压闭环控制效果

需要指出的是，由于电动机内部磁场饱和的影响，PMSM 中的 L_d、L_q 电感值与定子电流 i_d、i_q 大小有关，特别是 L_q 在定子电流较大时会有明显的下降，从而会显著影响电动机的转矩控制效果。对电动机转矩控制性能要求较高的场合（如电动汽车）需要考虑对电动机内部某些参数进行在线辨识。

12. 3　PMSM 矢量控制变频调速系统建模与仿真分析

12. 3. 1　FOC 控制变频调速系统仿真建模

前面章节中已经分析过 PMSM 变频调速系统中各单元（包括 PMSM 电动机建模、VSI 逆变器建模、PWM 控制技术仿真模型、PI 调节器参数设计等）的建模，这里对采用图 12-18 的基于三相定子电流滞环控制的 FOC 控制系统进行仿真建模与分析。

　　MATLAB/SIMULINK 仿真程序如图 12-25 所示。程序运行中使用到 4 个变量（逆变器直流侧电压 u_d、电流滤波器时间常数 t_{oi}、电流滞环宽度 delta_i、电动机极对数 p）在图 12-26 中进行了定义，该对话框可以在图 12-25 的 file 菜单的 model properties 中打开。打开图 12-26 选项卡 Callbacks 的 InitFcn 部分，在右侧模型初始化函数（Model initialization function）部分键入图示的变量初始化语句，在 mdl 文件运行前 MATLAB 会依据键入的语句自动初始化各变量。

图 12-25　三相电流滞环控制的 PMSM 矢量控制系统仿真程序

图 12-26　常量的初始化设置

图 12-25 中转速给定模块（Speed Ref）使用 SIMULINK 中的常数（Constant）模块，单位为（rad/s），该指令值是电气角速度指令。从电动机测量模块得到的机械角速度需要通过系数为 p 的增益模块变为电角速度。这里给定了 880rad/s 的电角速度指令，对应了电动机的定子频率为 880/2/pi≈140Hz。

PMSM 电动机参数设置对话框如图 12-27 所示，图 12-27a 中选择电动机为正弦（Sinusoidal）反电动势类型（Back EMF waveform）和机械端输入（Mechanical input）为转矩变量，在图 12-27b 中设置定子电阻（Stator phase resistance Rs）、dq 轴电感（Inductance）、定子绕组的永磁磁链（Flux linkage established by magnets）、电动机的转动惯量（Inertia）、电动机的转矩摩擦系数（friction factor）、电动机的极对数（pole pairs）、电动机的初始转速、位置、电流（Initial conditions）。需要注意的是，MATLAB 中对转子位置的定义和前面的分析略有不同，仿真中的零位置实际上是滞后本书定义的零位置 90° 电角度（如本书第 4 章所述）。因此，如果需要按照前面章节内容对 PMSM 进行 dq 轴变量分析，需要将仿真中的电动机转子位置电角度减去 90°。

图 12-25 中电动机测量单元的参数设置对话框如图 12-28 所示，这里选择了定子三相电流、转子机械角速度（$w_{\rm m}$，单位 rad/s）、转子机械位置角（thetam，单位 rad）、电磁转矩（$T_{\rm e}$，单位 Nm）。

a)

图 12-27　电动机参数设置对话框

b)

图 12-27　电动机参数设置对话框（续）

图 12-28　电动机测量模块输出变量

图 12-29 给出了图 12-25 中的转速 ASR 调节器的内部结构，可以看出这是一个带有内、外限幅的 PI 调节器，两个系数分别为 P、I，上、下限幅值变量为 max 与 min，采用一个名为 PI 的 Scope 模块进行波形观测。图 12-30 给出了对速度调节器子系统进行封装的界面，图 12-30a 中键入 disp（'PI'）可以在图 12-25 中的 ASR 模块上显示 "PI" 字符。图 12-30b 对

图 12-29 中的变量进行了定义。在图 12-30 和 12-31 中可以很容易看出变量的对应关系，min、max 两个变量来自于 sat 变量的两个分量。ASR 封装完成后，双击图 12-25 中的 ASR，则会弹出图 12-32 所示的调节器参数设置对话框。

图 12-29　ASR 转速 PI 调节器内部结构图

图 12-30　ASR 封装界面 1

图 12-31　ASR 封装界面 2

图 12-32　ASR 对话框参数设置

图 12-25 中的 dq2abc 子系统结构如图 12-33 所示，该模块的功能是将 dq 坐标系的电流指令值转换为三相静止坐标系的电流指令值。本仿真实例中的 d 轴电流指令值、零序电流指令值都设置为 0，q 轴电流指令值来自于 ASR 调节器。图 12-33 中采用了 mux 模块将坐标变换使用的 4 个变量综合到一起，然后在 3 个 Fcn 函数模块中通过语句进行坐标变换，4 个变量按照进入 mux 模块的顺序分别采用 u（1）、u（2）、u（3）、u（4）进行调用。3 个 Fcn 的输出又通过 mux 模块合成为一个向量作为子系统的输出。显然，采用 mux 模块可以减少模块之间的连线数量。

图 12-33　dq 轴电流指令变换为三相静止坐标系电流指令

图 12-34 给出了图 12-25 中 PWM VSI 子系统的内部结构。图中首先采用 demux 模块将电流指令值和电流反馈值进行分解，将某一相的电流指令值与实际值输入到一个 compare 子系统中进行比较并控制该相逆变器桥臂输出合适的相电压进行电流闭环控制。

图 12-35a 给出了一个 compare 子系统的内部结构图，图 12-35b 给出了 Relay1 模块的参数设置。时间常数为 toi 的传递函数模块（Transfer Fcn）对电动机相电流进行滤波，可以滤去 A 相电流中的高次谐波。继电器（Relay1）模块实现电流滞环控制功能，其输入为电流

指令值与电流反馈值的差值，输出为 A 相相电压数值。Relay1 的开通动作值（Switch on point）、关断动作值（Switch off point）分别为图 12-26 定义的电流滞环宽度（delta_i）的一半。Relay1 的开通输出值（Output when on）、关断输出值（Output when off）分别为图 12-26 定义的逆变器直流侧电压（ud）的一半。Relay1 实现的功能为：当电流指令值与电流反馈值的差值达到"开通动作值"时，输出高电平电压；当电流差值达到"关断动作值"时，输出低电平电压。

图 12-34　三相电流滞环控制及逆变器子系统模块的内部结构图

　　图 12-34compare 子系统输出信号为 SIMULINK 中的信号（即数值信号），它是不能与图 12-25 中的电动机模型直接相连接的，需要使用图 12-34 中的受控电压源（Controlled Voltage Source）把数值信号转换为 SimPowerSystems 中的物理信号。

图 12-35　电流滞环比较器内部结构及参数设置对话框

　　图 12-36 给出了图 12-25 中负载转矩模块（step）的参数设置，电动机的负载在 0.1s 时从 1Nm 阶跃变化为 5Nm。

图 12-36　负载转矩设置对话框

12.3.2　FOC 控制变频调速系统仿真结果与分析

图 12-37 给出了电动机转矩与转速的仿真波形图。可以看出，电动机的转矩可以较好地进行控制，并在稳态情况下与负载转矩相平衡。电动机转速可以进行较好地控制，具有较好的负载扰动能力。

图 12-37　电动机转矩与转速仿真波形图

图 12-38 给出了电动机的三相定子电流仿真波形图。在起动加速阶段，电流都保持在较大值，从而产生较大的转矩；当速度稳定下来后，由于负载较小，所以电流较小；0.1s 后，当负载转矩增加时，电动机电流迅速增加，从而产生较大转矩抵抗扰动，并最终与负载平衡。

图 12-38　电动机三相定子电流仿真波形图

图 12-39 给出了图 12-35 中 is_a 观测器的波形——A 相电流指令值与实际值波形。可以看出两者总体上比较接近，电流得到了较好的闭环控制。

图 12-39　电动机一相定子电流仿真波形图

图 12-40、12-41、12-42 分别给出了起动阶段、小负载稳定运行、大负载稳定运行时的定子电流波形图。从中可以明显看出，不同阶段的电流跟踪波形略有不同，这与本书前面分析的 CHBPWM 的特点相吻合——转速、电流、反电动势都会影响到实际电流的上升、下降规律。从图中可以看出在起动阶段存在实际电流与给定电流有较大偏离的情况，此时对应了

电动机速度较高、输出转矩较大，在逆变器直流侧电压较小的情况下，这种情况很容易出现。

图 12-40　起动阶段电动机定子 A 相电流波形

图 12-41　电动机稳定运行时定子 A 相电流波形（轻载）

图 12-43 给出了电动机定子绕组相反电动势与三相电流波形。由于图 12-25 中采用了 $i_d = 0$ 控制策略，所以定子相电流与相反电动势保持同相。重新设定 i_d 的指令值，修改为 $-5A$ 以后，仿真波形如图 12-44 所示，可以看出，电流的相位超前于绕组相反电动势，这是弱磁控制时的电流波形特点。

图 12-42　电动机稳定运行时定子 A 相电流波形（重载）

图 12-43　定子绕组相反电动势与三相电流波形（$i_d = 0$）

图 12-45 给出了图 12-29 ASR 中名为 PI 的 Scope 模块观测的波形，上图为比例调节器的输出，下图为积分调节器的输出。可以看出：

1）在转速调节的动态过程中，比例调节器响应速度明显高于积分调节器；

2）在转速无静差的稳态情况下，i_q 电流指令值的产生依赖于积分调节器；

3）比例调节器根据当前转速误差量直接产生电流指令值，而积分调节器需要根据转速变化的整个过程得到电流指令值，后者有较大的滞后。

图 12-44　定子绕组相反电动势与三相电流波形（$i_d = -5$）

图 12-45　ASR 调节器比例与积分作用的输出

　　表 12-1 给出了不采用与采用弱磁控制的 PMSM 电流、电压、磁链等变量的仿真数据。从中可以看出实施弱磁控制以后，定子电流从滞后于相电压变成了超前于相电压，所以以从吸收无功功率变成了发送无功功率，功率因数得到了提高。另外，从定子磁链幅值对比中可以看出定子磁链幅值得到了削弱；弱磁控制可以明显降低电动机定子电压的需求，在逆变器直流侧电压 u_d 恒定的情况下，增加了电动机电流的可控性。

表 12-1　不同 i_d 电流指令下电动机运行数据对比

i_q 电流/A	i_d 电流/A	定子电压幅值/V	定子电压相位/度	定子电流相位/度	定子磁链幅值/Wb
5	0	167	103	90	0.18
5	−5	134	110	135	0.14

　　下面采用 SIMULINK 中的 Powergui 图形用户程序对 A 相定子电流进行频谱分析。分析前需要将该变量通过 sinks 库中的 to workspace 模块按照 StructureWithTime 的格式保存到工作空间中，如图 12-46a 所示。在系统仿真结束后，双击图 12-25 左上角的 Powergui 图标，可以出现图 12-46b 所示的工具。

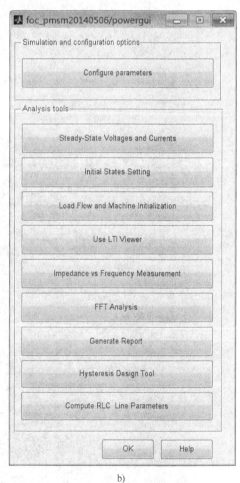

a)　　　　　　　　　　　　　b)

图 12-46　电流变量保存与 powergui 功能设置界面

单击 Powergui 中的 FFT Analysis 后出现图 12-47 的频谱分析界面。在右侧 Structure 下拉菜单中选择电流变量 sim_ia，在 Start time（s）中键入分析的起始时间，在 Number of cycles 中键入分析波形的周波数目，在 Fundamental frequency（Hz）中键入基波的频率。因为电动机速度稳定在 880rad/s，所以基波频率为 $880/2/\pi \approx 140$Hz。在 Max frequency（Hz）中键入待分析的最高频率，在 Frequency Axis 下拉菜单中选择横坐标为谐波次数（Harmonic order），在显示样式（Display style）中选择样式 Bar（Relative to Fund. or DC）。最后单击 Display，即可出现频谱分析的结果。

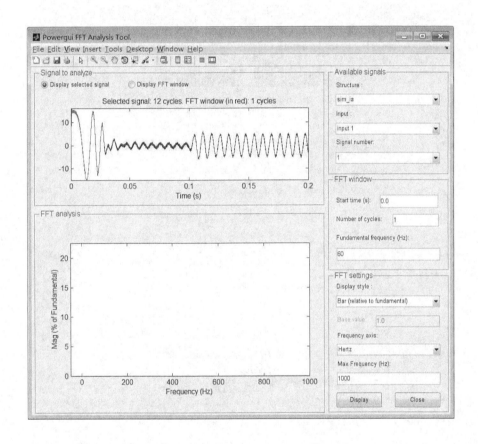

图 12-47　FFT Analysis 频谱分析界面

注意频谱分析界面左上角的图是时域波形图，横坐标为时间（s）。左下角的波形图为频谱分析结果，横坐标表示频率，纵坐标是以基波分量幅值为基值进行标幺化处理的结果，可以通过选择对话框最上方菜单中的编辑工具对图形进行编辑。

图 12-48 分别给出了 $i_d = 0$ 与 $i_d = -5$ 两种情况下的电流频谱分析结果。

a)

b)

图 12-48　FFT Analysis 频谱分析结果

小　　结

在固定于转子的 dq 坐标系中，PMSM 的数学模型得到了简化，由此可以看清楚电动机定子绕组中的两个性质截然不同的电流分量——一个是控制磁场的励磁电流，另一个是控制转矩的转矩电流。从电流矢量的角度出发，对电动机的磁场与转矩分别进行独立控制，这是 PMSM 矢量控制的核心思想。

经过了电流的解耦，调速系统的转速控制转化为永磁同步电动机电磁转矩 T_e 的控制，所以电动机的转矩控制是电气调速系统的核心任务。

　　本章详细分析了矢量控制变频调速系统的结构与各单元功能，给出了转速与电流 PI 调节器的参数设计流程。然后分别描述了 dq 坐标系电流闭环控制、三相静止坐标系中定子电流滞环控制、转矩控制、电压解耦型控制、直流侧电压闭环控制等典型的 PMSM 矢量控制变频调速系统。最后给出了采用 FOC 控制技术的 PMSM 变频调速系统仿真建模实例并进行了仿真分析。

　　【放下并不是丢失，而是为了更好的收获】

练　习　题

1. 简述 PMSM 矢量控制技术的含义。

2. 以电动汽车为例，何时会采用转速控制，何时会采用转矩控制？

3. 矢量控制系统中的电压解耦是何含义？如何实现电压解耦？

4. 为何在目前的电动汽车中，通常采用查表的方式求算出电动机电流的指令值？

5. 在不弱磁与弱磁两种控制方式下，试通过具体算例对比分析 PMSM 工作特性的不同。

6. 从 PMSM 数学模型可以看出，定子电流励磁分量 i_d 也可以用来调节转矩，转矩电流 i_q 也可以用来调节电动机磁场，对此如何理解？

第13章 PMSM 的直接转矩控制变频调速系统

20 世纪 80 年代中期，德国鲁尔大学 Depenbrock 和日本 Takahashi 学者相继提出直接转矩控制技术（DTC）。它是继矢量控制技术之后发展起来的一种高动态性能的交流电动机变压变频调速技术。DTC 技术首先应用于异步电动机的控制，后来逐步推广到弱磁控制和同步电动机的控制中。

PMSM 直接转矩控制变频调速系统如图 13-1，从系统结构上看，它与异步电动机的直接转矩控制系统比较相似。直接转矩控制技术对 PMSM 的控制原理是基于电压型逆变器输出的电压空间矢量对电动机定子磁场和电动机转矩的控制作用上。

13.1 直接转矩控制技术原理

图 13-1 的变频调速系统中，利用转矩闭环直接控制电动机的电磁转矩，因而得名"直接转矩控制"。经典的直接转矩控制是在定子静止坐标系中针对电动机的定子磁链和电磁转矩实施独立控制——通过在适当的时刻选择优化的电压空间矢量（通过查询电压矢量表获得）去控制电压型逆变器来实现两者近似解耦的控制效果。为配合该控制方法，定子磁链与电动机转矩的两个调节器不再选用 PI 调节器，而是采用具有继电器特性的砰砰调节器。控制系统具有较强的非线性特征，但系统的响应非常快速，可以充分发挥电压型逆变器的开关能力。

图 13-1 永磁同步电动机直接转矩控制系统原理图

经典直接转矩控制交流调速系统具有下述特点：

1) 基于静止坐标系对电动机进行闭环控制，控制系统简单，不需要磁场定向矢量控制技术中的旋转坐标变换。

　　2）没有电流调节单元，不需要磁场定向矢量控制技术中对定子电流的磁场分量与转矩分量进行闭环控制。

　　3）没有专门的对定子电压进行脉宽调制的单元，不像磁场定向矢量控制技术中采用了专门的 PWM 算法（如空间矢量脉宽调制技术或者电流滞环脉宽调制技术等）。

　　4）特有的电压矢量选择表。这在其他控制技术中通常不会见到。

　　5）对定子磁链幅值、电磁转矩均通过砰砰滞环调节器实施闭环控制，这也是经典直接转矩控制系统所特有的。

　　对交流调速系统进行高性能的控制，必须尽量缩短电动机的电磁暂态过渡过程。在电动机运行过程中，如果通过合适的控制使电动机的定子、转子或气隙磁场中有一个始终保持不变，那么电动机中的暂态电流就基本上不会出现。磁场定向矢量控制尽量保持转子磁场的恒定，而直接转矩控制则是力图保持定子磁场的恒定——这是直接转矩控制的基本原理之一。具体过程是引导定子磁链空间矢量的轨迹沿着一条预先设定好的曲线（如准圆形、六边形或者十八边形等轨迹）做旋转运动，并且预先设定了一个误差带，实际的定子磁链被控制在该误差带内，由于该误差带是很小的，所以可认为其幅值基本不变。同时应当看出，定子磁链幅值的细小波动正是驱动直接转矩控制技术产生 PWM 信号的动力。

　　直接转矩控制技术将电压型逆变器与交流电动机作为一个整体进行控制，其控制效果是建立在逆变器输出的电压空间矢量基础上的。因此，下面从电压空间矢量入手，着重分析它对 DTC 的控制目标——定子磁链与转矩的控制作用。

13.1.1　定子磁链控制原理

1. 基于静止坐标系的定子磁链幅值控制原理分析

永磁同步电动机在静止坐标系的定子电压矢量方程为

$$\boldsymbol{u}_1^{2s} = R_1 \cdot \boldsymbol{i}_1^{2s} + p\boldsymbol{\psi}_1^{2s} \tag{13-1}$$

　　忽略定子电阻的压降，略去右上角的坐标系符号，那么定子磁链矢量可以化简为（从 t_0 时刻到 t_1 时刻）：

$$\boldsymbol{\Psi}_1 = \int_{t_0}^{t_1} \boldsymbol{u}_1 \mathrm{d}t + \boldsymbol{\Psi}_1(t_0) \tag{13-2}$$

　　式 13-2 表明，当输入电压 $\boldsymbol{u}_1$ 为零矢量时，即 $\boldsymbol{u}_1 = 0$，定子磁链矢量保持 $\boldsymbol{\Psi}_{1(t_1)} = \boldsymbol{\Psi}_{1(t_0)}$ 不变；如果 $\boldsymbol{u}_1$ 是一个非零矢量，那么定子磁链矢量将在原有 $\boldsymbol{\Psi}_{1(t_0)}$ 基础上，沿着与输入电压矢量 $\boldsymbol{u}_1$ 平行的方向，并以正比于 $\boldsymbol{u}_1$ 幅值的线速度移动。所以在不同时刻，通过选择适当的电压矢量，就可以按照预定的规律（轨迹）对定子磁链进行有效的控制，从而获得旋转的定子磁场。

　　PMSM 变频调速系统中的两电平电压型逆变器输出的基本电压空间矢量在前面已经分析过，如图 13-2a 所示。显然图 13-1 中逆变器可以输出到电动机定子端部的电压空间矢量仅仅有 8 个，不仅数量有限，并且 8 个电压矢量的幅值和方向也都是固定不变的。

　　零电压矢量使定子磁链的幅值保持不变，但考虑到定子电阻压降以后，它还是逐渐减小的（相当于电路的零输入响应）。非零电压矢量对定子磁链圆轨迹的控制作用会因定子磁链所处位置不同而变化，下面以 U_6 矢量为例进行讨论。

　　首先把两相静止坐标平面360°空间均匀划分为6个扇区（sector），每个扇区为60°，如图13-2b中的$S_1 \sim S_6$。以定子磁链空间矢量逆时针旋转为正方向，当矢量端点处于图中A点时，在U_6的作用下，定子磁链矢量端点将会向右上角的圆外移动，显然该电压矢量能够使定子磁链幅值增加，同时也使其相角较快地增加。

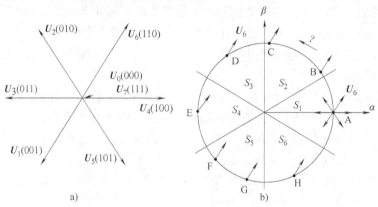

图13-2　两电平电压型逆变器输出的基本电压矢量与空间扇区的划分

　　当定子磁链分别位于图中A、B、C、D、E、F、G、H时，U_6对定子磁链矢量的作用规律见表13-1。

表13-1　不同位置的定子磁链受电压矢量U_6的影响

	A	B	C	D	E	F	G	H
定子磁链幅值	↑	↑↑	↑↑	↑	↓	↓↓	↓↓	↓
定子磁链相角	↑	~↑	~↓	↓	↓	~↓	~↑	↑

　　表中各符号的含义是：↑↑迅速地增加，↑较快增加，~↑略有增加，↓↓迅速地减小，↓较快地减小，~↓略有减小。
　　从表13-1可以知道：当定子磁链矢量处于不同位置时，即便是同一个电压空间矢量，它对定子磁链的调节作用也是不相同的，因此对整个空间划分为6个扇区是必要的。考虑到6个非零电压矢量以后，情况就更加复杂了。S_1内各电压矢量对定子磁链矢量的作用见表13-2，其余类推。

表13-2　扇区S_1内各电压矢量对定子磁链的影响

	U_1	U_2	U_3	U_4	U_5	U_6
定子磁链幅值	↓	↓	↓↓	↑↑	↑	↑
定子磁链相角	↓	↑	几乎不变	几乎不变	↓	↑

　　表13-1与13-2中电压矢量对定子磁链幅值的影响可用于定子磁链的闭环自调节，而相角的增加或减小则与电动机的转矩调节相关。
　　综上所述，要对定子磁链的幅值进行控制，只需要知道它当前所在的扇区以及磁链幅值控制目标（增大还是减小）即可。图13-3给出了采用DTC控制的电动机定子磁链的近似圆形轨迹仿真图。可以看出，在扇区 S_1 内交替采用 U_6 与 U_2 两个电压矢量引导定子磁链矢量端点沿着 A→B→C→D→E→F→G 路径移动，可以实现定子磁链矢量在空间的正向旋转。

2. 基于旋转坐标系的定子磁链幅值控制原理分析

上面的分析是建立在对公式 13-2 和图 13-2 的直观理解基础上的，下面根据电动机的数学模型通过相关公式进行分析。

图 13-3　电压空间矢量对磁链
轨迹的控制作用仿真图

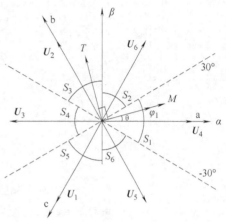

图 13-4　MT 坐标系以及空间扇区示意图

建立在以定子磁链矢量定位的同步旋转坐标系（这里称为 MT 坐标系，见图 13-4）中永磁同步电动机定子电压方程式的矢量形式为

$$u_1 = R_1 i_1 + p\psi_1 + j\omega_1\psi_1 \tag{13-3}$$

上式中 ω_1 为定子磁场坐标系的同步速度，将其改写为标量方程为

$$u_M = R_1 i_M + p\psi_M - \omega_1\psi_T$$
$$u_T = R_1 i_T + p\psi_T + \omega_1\psi_M \tag{13-4}$$

由于该 MT 坐标系是采用定子磁链矢量进行定位（M 轴与定子磁链矢量方向重合），所以下述关系式成立：

$$\psi_M = \psi_1$$
$$\psi_T = 0 \tag{13-5}$$

从而定子电压方程变为

$$u_M = R_1 i_M + p\psi_1$$
$$u_T = R_1 i_T + \omega_1\psi_1 \tag{13-6}$$

式 13-6 中的 u_M 和 u_T 是电压型逆变器输出电压空间矢量在 M、T 坐标轴上的分量。当定子磁链空间矢量在空间内旋转时，各电压矢量的 u_M 和 u_T 分量就会随 θ 变化而变化。图 13-5 给出了 u_M 和 u_T 在扇区 S_1 中随 θ（M 轴与 A 轴的夹角）的变化情况。图中的 $U_m = 2U_d/3 = |U_i|$ 为非零电压矢量的幅值（$i = 1 \sim 6$）。

重新列出 M 轴电压方程式 $u_M = R_1 i_M + p\psi_1$，由于定子绕组电阻一般都很小（大功率电机更是如此），可近似改写为

$$u_M \approx p\psi_1 \tag{13-7}$$

这就表明了电动机定子磁链的幅值 ψ_1 直接受到 u_M 的控制，正的 u_M 分量会增加 ψ_1；负

的 u_M 分量会减小 ψ_1。参考图 13-5 可以知道，扇区 S_1 内各电压矢量对定子磁链幅值的控制作用见表 13-3。

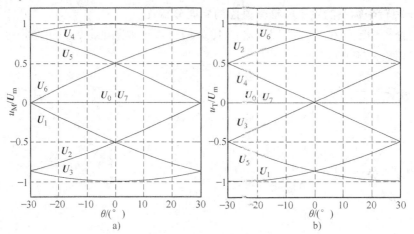

图 13-5　扇区 S_1 内 u_M、u_T 变化规律

表 13-3　扇区 S_1 中各电压矢量对定子磁链幅值作用表

电压矢量	U_1	U_2	U_3	U_4	U_5	U_6	U_0、U_7
定子磁链幅值	↓	↓	↓↓	↑↑	↑	↑	基本不变

其中 U_1、U_2 可以减小 ψ_M，U_5、U_6 则增加 ψ_1；而 U_3 急剧减小 ψ_1，U_4 则急剧增加磁链 ψ_1；U_0、U_7 保持 ψ_1 基本不变。该表格的内容与表 13-2 相符。

综上所述，当定子磁链矢量位于扇区 S_1 内时，若对其幅值进行控制，那么定子电压矢量的选择原则为：

1）若需要迅速建立磁场，可以选择 U_4（有可能会引起电流的冲击）。

2）若需要迅速减小磁场，可以选择 U_3（有可能会引起电流的冲击）。

3）若要保持磁场基本不变，可以选择零电压矢量 U_0 或 U_7。考虑到定子电阻的存在，实际的 ψ_1 会逐渐衰减的。

4）若需要小幅度增加磁场，可以选择 U_5 或 U_6。同时从图 13-5 中还可以看出它们对磁场的影响还是有区别的：U_5 在前 30°范围内的作用比较强，而在后 30°范围内的作用比较弱；U_6 则正相反。值得注意的是：如果在 −30°附近时选择 U_1 或者 U_6 的话，考虑到定子电阻的存在，那么就可能出现电压矢量对 ψ_1 的控制达不到预期控制效果的情况。

5）若需要小幅度减小磁场，可以选择 U_1 或 U_2。这时它们也存在前述的情况：电压矢量的实际控制效果会随着定子磁链矢量的位置有所变化。

在其余各扇区内，定子电压矢量对电动机定子磁链幅值的控制作用可以依次类推。

3. 定子磁链相角的控制原理分析

前面对式 13-2 的分析中指出：当定子输入电压为零矢量时，定子磁链矢量就保持不变；如果是一个非零电压矢量作用，定子磁链矢量端点将在原有基础上，沿着与输入电压矢量 u_1 平行的方向，以正比于 u_1 幅值的速度移动。式 13-2 表明定子磁链矢量端点移动的线速度就是定子电压矢量的幅值：$v_\psi = |u_1|$。对于非零电压矢量：$v_{\psi 1} = 2U_d/3$；对于零电压矢量，

有 $v_{\Psi 0} = 0$。非零定子电压矢量作用下定子磁链的瞬时旋转角速度为

$$\omega_{\Psi 1} = 2U_{d} / (3 \mid \Psi_{1} \mid) \tag{13-8}$$

零电压矢量作用下，定子磁链瞬时旋转角速度为

$$\omega_{\Psi 0} = 0 \tag{13-9}$$

图 13-4 中逆变器输出的非零电压矢量的幅值都很大，所以一旦选择其中一个矢量，那么定子磁链的瞬时旋转角速度将是很大的；若采用零电压矢量，瞬时旋转角速度就为零。

表 13-2 给出了扇区 S_1 内各非零电压矢量对定子磁链矢量相位角的控制作用，其余扇区可以依次类推。在定子磁链幅值没有较大的变化时，定子磁链相角的增加和减小是与交流电机定子、转子磁链矢量夹角的增大和减小是相对应的。表中 U_3、U_4 一般不用，它们会导致定子磁链幅值的显著变化，破坏了电动机转矩控制的前提，除非当定子磁链显著偏离给定值需要对其迅速调节。另外，零电压矢量 U_0、U_7 作用时，虽然磁链相角基本不变，但是在电动机转子转动的情况下，电动机的转矩角会减小。

13.1.2　电动机转矩控制原理

电动机转矩与定子磁链、转子磁连之间的关系为

$$T_{e} = \frac{3}{2} \frac{n_{p}}{L_{d}} \mid \Psi_{1} \mid \mid \Psi_{f} \mid \sin\theta_{sr} + \frac{3n_{p}}{4} \frac{1-\rho}{L_{q}} \mid \Psi_{1} \mid^{2} \sin2\theta_{sr} \tag{13-10}$$

公式中 $\mid \Psi_{1} \mid$ 是定子磁链的幅值，θ_{sr} 是定子磁场超前转子磁场的电角度。

在直接转矩控制中，定子磁链幅值一般保持不变，而 $\mid \Psi_{f} \mid$ 是常数，所以当定、转子磁链之间的夹角 θ_{sr} 保持在合适的范围内时，电动机的电磁转矩是可以通过改变该夹角来控制的。

由于采用合适的电压空间矢量可以快速地对该夹角进行调节，因此通过选择合适的电压空间矢量，直接转矩控制技术就可以实现对电动机转矩的有效控制。

需要指出的是，如果根据式（13-10）严格按照下述原则实施控制——需要增加转矩就增加夹角 θ_{sr}，那么就必须将 θ_{sr} 控制在一个合适的范围内。否则，当该角度超出某个范围时，增加 θ_{sr} 反而可能会导致电动机的转矩减小。图 13-6 给出了 PMSM（$L_{d} < L_{q}$）的矩角特性示意图。

另外，如同交流异步电动机的直接转矩控制原理，在基频以下，可以采用在非零电压矢量中插入零电压矢量的方法来改变定子磁链瞬时旋转角速度进而调节转矩。

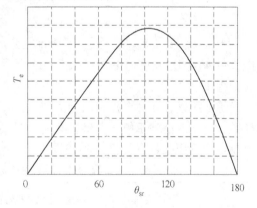

图 13-6　电动机转矩与 θ_{sr} 关系

但是在基频以上的时候，由于定子电压引起的定子磁链矢量旋转的速度（见式 13-8）相对转子速度不够大，那么就不能依靠该方法调节夹角 θ_{sr}。此时可以通过减小式 13-8 的分母（即弱磁的方式）对转矩实施控制。

13.1.3　PMSM 转矩增量分析

下面首先根据转子坐标系中永磁同步电动机的数学模型推导出在一个数字控制周期 T_s

内转矩的增量 ΔT_{e}（假定 $L_{d} = L_{q}$）。

dq 转子坐标系中 PMSM 定子电压矢量方程式为

$$u_{1} = R_{1}i_{1} + p\boldsymbol{\Psi}_{1} + j\omega\boldsymbol{\Psi}_{1} \tag{13-11}$$

而定子电流矢量可以表示为

$$i_{1} = \frac{\boldsymbol{\Psi}_{1} - \boldsymbol{\Psi}_{f}}{L_{d}} \tag{13-12}$$

那么在一个控制周期 T_{s} 内，施加在电动机定子上的电压矢量 $u_{1,k+1}$ 产生的新的定子磁链矢量为

$$\boldsymbol{\Psi}_{1,k+1} = \boldsymbol{\Psi}_{1} + T_{s}\left(u_{1} - \frac{R_{1}}{L_{d}}\ (\boldsymbol{\Psi}_{1} - \boldsymbol{\Psi}_{f})\ - j\omega\boldsymbol{\Psi}_{1}\right) \tag{13-13}$$

电动机的转矩可以描述为

$$T_{e} = \frac{3n_{p}}{2L_{d}}\mathrm{Im}\{\boldsymbol{\Psi}_{1} \cdot \boldsymbol{\Psi}_{f}^{*}\} = \lambda\ |\boldsymbol{\Psi}_{1}|\ |\boldsymbol{\Psi}_{f}|\sin\theta_{sr} \tag{13-14}$$

上式中 $\lambda = \dfrac{3n_{p}}{2L_{d}}$，$\mathrm{Im}\ \{\ \}$ 表示取复数的虚部。根据式（13-14）可以求出在 $(k+1)\ T_{s}$ 时刻的电动机转矩 $T_{e,k+1}$ 为

$$T_{e,k+1} = \lambda\,\mathrm{Im}\ \{\boldsymbol{\Psi}_{1,k+1} \cdot \boldsymbol{\Psi}_{f,k+1}^{*}\} \tag{13-15}$$

将式（13-13）代入式（13-15），一般 T_{s} 较小，忽略 T_{s} 的高次项后得到

$$T_{e,k+1} \approx T_{e,k} + \Delta T_{e1} + \Delta T_{e2} + \Delta T_{e3} \tag{13-16}$$

其中 $T_{e,k} = \lambda\,\mathrm{Im}\ \{\boldsymbol{\Psi}_{1,k} \cdot \boldsymbol{\Psi}_{f,k}^{*}\}$，表示 kT_{s} 时刻电动机的电磁转矩。这样可以得到电动机转矩的增量 ΔT_{e}，它由下面三部分组成：

$$\Delta T_{e1} = -T_{s} \cdot T_{e,k}/T_{1} \tag{13-17}$$

$$\Delta T_{e2} = -T_{s}\omega T_{e,k}\cos\theta_{sr}/\sin\theta_{sr} \tag{13-18}$$

$$\Delta T_{e3} = \lambda T_{s}\psi_{f}u_{1q} = \lambda T_{s}\ |\psi_{f,k}|\ \cdot\ |u_{1,k+1}|\ \cdot\sin\gamma \tag{13-19}$$

上式中：$T_{1} = L_{d}/R_{1}$，角 γ 是施加在永磁电动机定子端的电压矢量 $u_{1,k+1}$ 超前当前转子磁链矢量 $\psi_{f,k}$ 的电角度。电动状态下，前两项转矩增量为负，只有第三项在合适的 $u_{1,k+1}$ 下才可能为正。

综上所述，在一个控制周期 T_{s} 内电动机转矩增量 ΔT_{e} 的三个组成部分与电动机自身的参数、转子磁链的幅值、电动机在前一时刻的转矩、转子的速度、数字控制系统的控制周期以及定子电压矢量有关，见表 13-4。

表 13-4　影响电动机电磁转矩变化的各种因素

影响因素		电动机参数 $/\lambda$	控制周期 $/T_{s}$	电动机转矩 $/T_{e}$	转子速度 $/\omega$	转子磁链 $/\Psi_{f}$	定子磁链 $/\Psi_{1}$	定子电压矢量 $(u_{1,k+1})$
转矩增量	ΔT_{e1}	✓	✓	✓	×	×	×	×
	ΔT_{e2}	×	✓	✓	✓	×	✓	×
	ΔT_{e3}	✓	✓	×	×	✓	×	✓

注：表中的 ✓ 表示该因素对转矩增量有显著影响，× 表示它对转矩变化量基本没有影响。

使用表 13-4 可以对电动机转矩控制性能进行较详细的分析：

1）ΔT_{e1}、ΔT_{e3} 增量与电动机参数 λ 有关，因此可以通过设计或选取具有合适参数的电动机使调速系统获得较好的转矩性能指标。

2）三项转矩增量均与采样时间 T_s 成正比，因此通过减小采样时间可以减小转矩的脉动，从而对其实施更精确的控制。但这无疑对数字控制器的运算速度提出了更高的要求。同时 T_s 的选取还与系统数字控制器的运算量有关，不能一味地通过减小 T_s 提高转矩的控制性能。

3）kT_s 时刻的电磁转矩与两项负的增量有关系。

4）转子速度对后两项有影响。ΔT_{e2} 以与转速成正比的速度下降；在 ΔT_{e3} 中，当转子速度较高时，式中的 γ 不再保持恒定，而有着显著的变化（减少），即这一项正的转矩增量在高速时对转矩增加的贡献不如低速时大。

5）转子磁链对 ΔT_{e3} 有明显影响，而定子磁链的选取一方面会影响转矩的变化量 ΔT_{e2}（通过 θ_{sr} 起作用），另一方面可以优化系统的运行效率。

6）定子电压矢量直接对 ΔT_{e3} 起着重大的控制作用。通过选取不同幅值和相角的 $u_{1,k+1}$ 可以产生控制系统预期的转矩响应。

13.1.4　两种磁链轨迹控制方案

在交流电动机直接转矩控制技术的发展过程中，出现了两种不同磁链轨迹的直接转矩控制方案，一种是圆形磁链轨迹控制方案（见图 13-1），它是日本学者 Takahashi 提出的；另一种是德国学者 Depenbrock 提出的六边形磁链轨迹控制方案（见图 13-7）。前者的定子磁链轨迹为准圆形，电动机的定子电流呈现出较好的正弦度，但是逆变器的开关频率比较高，适合于中小功率等级的交流调速系统；后者采用六边形磁链轨迹方案，逆变器的开关频率大为降低，非常适合在大功率交流调速场合应用（如城市轨道交通列车交流电气牵引系统），但是定子电流中含有较多的 5、7 次等谐波。

1. 准圆形磁链轨迹的 Takahashi 方案

图 13-1 方案是现今研究较多的一种 DTC 方案，它采用查询电压矢量表的方法同时对定子磁链和电动机转矩进行调节：系统首先应用模型观测器观测出电动机的定子磁链和电磁转矩；然后对其同时进行滞环式砰砰调节，这样就可以得到两个控制目标 ΨQ 和 TQ；再根据定子磁链矢量所处的空间扇区位置（ST），控制器从电压型逆变器的 8 个电压矢量中直接选择出较为合适的一个，将其转换为逆变器的开关控制信号来控制 IGBT 器件的开通与关断。

两点式磁链滞环砰砰调节器的工作原理为

$$\Psi Q = \begin{cases} 1 & : \quad \Psi_1 - \Psi_1^* \geq \Delta\varepsilon \\ 0 & : \quad \Psi_1 - \Psi_1^* \leq -\Delta\varepsilon \\ 保持不变 & \quad 其他 \end{cases} \tag{13-20}$$

该调节器的目的是提供磁链闭环控制的目标 ΨQ：当 $\Delta\Psi_1 = \Psi_1 - \Psi_1^* \geq \Delta\varepsilon$，那么调节器的输出量 $\Psi Q = 1$，这意味定子磁链幅值过大，需要选择减小磁链的电压矢量；当 $\Delta\Psi_1 \leq -\Delta\varepsilon$，那么调节器的输出量 $\Psi Q = 0$，这标志定子磁链的幅值太小，需要选择增加磁链的电压矢量。转矩的砰砰滞环调节器的工作原理与其类似。

磁链与转矩的两个滞环调节器各自提供了一个数字量（即 ΨQ 与 TQ），根据它们的控制需求和定子磁链的扇区位置（$S_1 \sim S_6$）就可以选择合适的电压矢量，表 13-5 给出了一种可行方案。

表 13-5　电压矢量选择表

		S_1	S_2	S_3	S_4	S_5	S_6
$TQ=0$	$\Psi Q=1$	U_2	U_3	U_1	U_5	U_4	U_6
	$\Psi Q=0$	U_6	U_2	U_3	U_1	U_5	U_4
$TQ=1$		U_0 或 U_7					

图 13-3 是采用上述控制方案下的定子磁链矢量轨迹示意图。其外围的两个圆分别是预先设定的定子磁链空间矢量端点轨迹的波动范围。两圆之间的折线是实施直接转矩控制策略时定子磁链空间矢量端点的实际运动轨迹。右上角的箭头注明了定子磁场的旋转方向。

以扇区 S_1 为例，当定子磁链矢量端点运动到 A 点时，定子磁链幅值超出了设定的上限，因此根据表 13-5 选择 U_2；接下来的定子磁链由 A 点向 B 点移动，幅值逐渐减小。而到了 B 点后，定子磁链幅值超出设定的下限，所以改选电压矢量 U_6；然后定子磁链就会从 B 点运动到 C 点，定子磁链幅值又增加了。这样依次类推，定子磁链就可以沿着 A→B→C→D→E→F→G 运动，定子磁链的相角就可以不断地增加，转矩不停地增加。在上述过程中，一旦转矩要求减小（$TQ=1$），那么就选择 U_0 或 U_7（当然也可以采用别的矢量）来减小定子、转子磁链矢量的夹角进而减小电动机的转矩。

2. 六边形磁链轨迹的 Depenbrock 方案

图 13-7 为德国学者 Depenbrock 提出的直接转矩自控制（Direct Self Control，DSC）方案。其工作原理是：按照预先给定的定子磁链幅值指令和相位关系顺次切换六个非零电压矢量，从而实现了预设的六边形定子磁链轨迹控制——这是磁链自控制单元（图 13-7 虚线框内部分）的功能；同时根据转矩砰砰控制器的输出信号 TQ，适时地插入零电压矢量来调节电动机的转矩保持在合适的范围内——这是转矩自控制单元（ESS）的功能。

图 13-7　Depenbrock 提出的直接自控制方案

从上述两种方案中可以看出，虽然它们的定子磁链轨迹不同，但都是根据滞环调节器提供的简单控制目标（被控量是太大还是太小，控制目标是需要增加还是减小被控量）和定子磁链的近似空间位置，就可以选择出合适的定子电压矢量，系统的控制结构较矢量控制系统更为简单。

13.1.5　定子磁链观测器

定子磁链的观测是直接转矩控制的基础，也一直是电动机控制领域内的研究热点之一。

在定子磁链各种观测模型中较简单的模型是利用定子电压和定子电流的电压模型，在两相静止坐标系中，其理论依据见式 13-21。将该式与式 13-1 对比可知，模型对磁链的初始值比较敏感，这直接决定了该模型是否能够正确计算出定子磁链。

$$\hat{\psi}_{1\alpha} = \int (u_{1\alpha} - R_1 i_{1\alpha})\,\mathrm{d}t$$

$$\hat{\psi}_{1\beta} = \int (u_{1\beta} - R_1 i_{1\beta})\,\mathrm{d}t \tag{13-21}$$

此外，还有根据电动机定子电流和转子位置计算定子磁链的电流模型，如图 13-8 中左下角的虚线框所示。

有文献提出采用图 13-8 的混合模型，它将前面两种开环观测模型综合起来，通过 PI 调节器根据两种模型的观测误差对电压模型进行校正，从而改善观测结果。有学者提出通过对图中的观测结果再进行相位补偿，可以进一步改善电动机在中、高速运行时的磁链相位偏差。

图 13-8　基于混合模型的永磁同步电动机定子磁链观测器

13.2　传统直接转矩控制中 PMSM 转矩脉动分析

从式 13-17、13-18 和 13-19 可以看出：电磁转矩变化量的前两个分量 ΔT_{e1} 与 ΔT_{e2} 均为负值，并且它们只与电动机前一时刻的磁链、转矩及电动机的速度有关。只有 ΔT_{e3} 项可能为正，而它与 $u_{1,k+1}$ 密切相关——通过选取具有适当幅值和相角的 $u_{1,k+1}$ 可以使电动机产生预期的转矩响应。但是传统直接转矩控制中的电压矢量表仅由少量的电压矢量构成（例如两电平电压型逆变器只有 8 个），其大小与幅值都是恒定不变的；再者，从电压矢量表中查询到某个合适的电压矢量后，该电压矢量将在电动机定子上作用 T_s 时间。故而 ΔT_{e3} 的大小是难以控制的，这必然导致较大的转矩脉动。特别是低速时电动机需要的电压较低，通过查询矢量表得到的较大幅值的电压矢量会使转矩有很大的变化量，这就导致了稳态时转速有较明显的波动，极大地恶化了低速下电动机的控制性能。

图 13-9　定子磁链瞬时旋转角速度示意图

式 13-8 和 13-9 分别给出了非零电压矢量与零电压矢量作用在电动机定子后，定子磁链的瞬时旋转角速度。在传统直接转矩控制（Classical Direct Torque Control，CDTC）技术中，这两类电压矢量是交替作用在电动机定子上的。图 13-9 给出了电动机工作在不同速度时，定子电压矢量对定子磁链瞬时旋转角速度作用的示意图，图 13-10 则给出了对应的电动机转矩脉动示意图。

图 13-9a、图 13-9b、图 13-9c 分别对应了电动机转速逐渐减小的工况。当电动机运行于稳态情况下，定子磁链旋转的平均角速度总是与电动机转子的电角速度是相等的。图 13-9a 中的 $\omega_{\psi 1}$ 与 $\omega_{\psi 0}$ 交替出现，那么平均角速度约为 $\overline{\omega_\psi} = 0.5\omega_{\psi 1}$。此时电动机的转矩以较快的速度交替上升与下降，总的说来，此时的转矩脉动较小，见图 13-10a。

图 13-9b 中交流电动机的速度大约为 $\overline{\omega_\psi} = 0.167\omega_{\psi 1}$。根据前面的分析可知，由于电动机转子旋转速度较小，所以施加非零电压矢量时，与图 13-9a 相比，定、转子磁链之间的夹角在相同的时间（T_s）内会增加更多一些，因此电动机的转矩就会更加快速地增加。所以电动机的转矩在

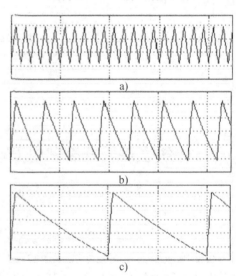

图 13-10　电动机电磁转矩脉动示意图

一个 T_s 内就有了较大的增加，如图 13-10b，因而转矩砰砰控制器决定了在下一个 T_s 范围内定子电压矢量改选为零电压矢量。此时定子磁链矢量基本不动，而由于电动机的转速较小，定转子磁链之间夹角的减小速度较图 13-9a 慢一些，所以转矩以较小的速度减小。在等到电动机的转矩减小到滞环调节器的下限过程中，图 13-9b 中已经插入了比 13-9a 更多的零电压矢量。与图 13-10a 相比，图 13-10b 中的转矩脉动已经有较大的增加。

再分析图 13-9，由于此时电动机的运行速度已经很低，约为 $\overline{\omega}_\Psi = 0.05\omega_{\Psi 1}$，一个控制周期 T_s 内非零电压矢量的作用就已经导致电动机的转矩有了特别大的增加，远远超出了误差带。所以接下来需要更多个周期的 $\omega_{\Psi 0}$（采用零电压矢量）才能使电动机的转矩回落到误差带范围内，随后又是一个循环。从整体上看，转矩也围绕着负载转矩上下变动。但从局部细节看，定子磁链旋转速度时而过大，导致转矩有过大的增加；时而很小，并且长时间采用零矢量，致使定子磁链幅值会有较大程度的减少，增加了电流中的谐波分量。电动机转矩的脉动经过较大惯性的机械系统的衰减后变为电动机转速的波动。但过大的转矩脉动就会使得电动机产生明显的振动，这对于生产机械来说极为不利，也恶化了调速系统运行的稳定性，这就是 CDTC 的一个较明显的缺点。

从上面的分析中可以看出：传统直接转矩控制技术中，所需的定子磁链角速度 $\overline{\omega}_\Psi$ 是要通过若干个 T_s 才能实现的，并且也只能是一些不连续的值（所以定子电流频谱的谐波分布比较宽）；而磁场定向矢量控制技术采用了成熟的 SVPWM 等脉宽调制技术，能够在一个 T_s 内产生所需的 $\overline{\omega}_\Psi$，所以能够在短时间内产生与负载相平衡的转矩，因此稳定了转速。这一点是 CDTC 方案性能改进的基础。

1. 传统直接转矩控制系统性能改进的思路

传统直接转矩控制技术并未使用电动机的全部参数，也不是经过精确的计算来得到电动机控制需要的定子电压矢量；而只是在估算出定子磁链的空间近似位置（扇区信息）、定子磁链及电动机转矩两者较模糊地控制目标（增加、减小）基础上直接选择电压矢量，所以计算量较小，控制系统结构简单。

正由于上述特点，CDTC 方案的 T_s 必须要足够小，才能够将电动机的定子磁链，特别是电动机的转矩控制在误差范围之内，这样又对数字控制器的运算速度提出了较高的要求。所以如果数字控制系统能够以足够小的 T_s 工作，那么 CDTC 就是一个较好的选择方案，其他方案都会或多或少地增加逆变器的开关频率。

CDTC 方案中调速系统性能的改善还可以从下述几个方面来考虑：

1）如果可以对直流环节电压 U_d 进行调节，那么定子磁链旋转角速度 ω_Ψ 就会因此而调整，特别是低速时系统的性能就会得到极大地改善。但这需要对交-直-交的主电路拓扑结构进行较大的调整。

2）前面的分析表明了 CDTC 方案难以对电压矢量在 T_s 内的占空比进行连续的控制，因此如果能在 CDTC 系统中加入精确电压空间矢量计算单元，然后通过对电压矢量占空比进行连续调节就可以实现类似 FOC 系统的调速性能。

3）从式 13-18 和表 13-4 可以看出，在满足转矩输出的前提下，如果能够适当调整定子磁链幅值，那么也可以在一定程度上减小转矩的脉动（但 θ_{sr} 会因磁链改变而变化）。

2. 传统直接转矩控制系统的设计要点

上面对传统直接转矩控制系统的性能进行了分析，该系统在设计过程中会遇到一些棘手的问题：

1）从式 13-17、13-18 和 13-19 都可以看出，较小的控制周期 T_s 可以实现对转矩的更精确地控制。但 T_s 不可能无限制减小。T_s 可以减小到多少，这主要是由其运算速度及其所需完成的工作量决定。同时它对逆变器的开关频率也有影响。

2）逆变器的开关频率可以达到多少，一方面要考虑电力半导体开关器件自身的性能，另一方面还要考虑到开关损耗、系统的散热条件等因素。

3）电气传动系统中电动机的电流谐波会影响其性能及使用寿命，所以设计中也需要考虑到。

因此，在设计采用直接转矩控制技术的交流调速系统时，需要综合考虑到上面三点和下面几个因素。

DTC 技术采用不同的电压矢量开关表、不同阶数滞环调节器以及不同滞环宽度的情况下，系统的性能都不尽相同。例如转矩的滞环宽度直接影响逆变器的开关频率，而定子磁链的滞环宽度则与电流的谐波分量密切相关（见后面的仿真分析）。

在整个系统的硬件设备都已经确定下来时，那么在硬件允许下，控制周期较小些，有利于提高系统的性能。同时依据调速系统对系统静态和动态性能指标的要求来选择合适的电压矢量表、电动机转矩与定子磁链的误差范围。

总的说来，交流电动机的 DTC 控制系统呈现强烈的非线性特征，该系统的分析与设计不像 FOC 控制系统有较多的理论公式作为定量分析的依据。若 CDTC 调速系统的某些性能达不到系统综合性能指标的要求，那么可以尝试采用下面分析的改进型直接转矩控制（Improved Direct Torque Control，IDTC）方案。

13.3　PMSM 直接转矩控制变频调速系统性能改善方案

13.3.1　基于扩充电压矢量表的改进方案

前面对电动机转矩脉动的分析表明了：当电动机转速较高时，所需的定子频率较大，CDTC 方案施加在定子绕组的平均电角频率也较大，所以转矩的脉动较小；当电动机转速较低时，所需定子频率较小，而 CDTC 方案的定子频率由于在一个闭环控制周期内不能改变，所以产生了较大的转矩脉动，并且会形成一种特有的低频脉动。当电动机转速越低时，上述的低频脉动越明显，这将导致系统运行性能的降低。如果可以利用 SVPWM 技术将两电平逆变器原有的电压矢量进行幅值上的调制，从而可以减小一个 T_s 内的定子平均电角速度，就可以改善电动机低速运行的性能。

根据本书前述 SVPWM 技术的分析部分，对两电平电压型逆变器的基本电压矢量进行拟合可以得到相角任意的、幅值较小的电压空间矢量，采用该技术可以扩充电压矢量表的矢量个数。例如，可以在原有（图 13-11a）电压空间矢量中增加 6 个幅值较小的同方向电压矢量（如图 13-11b），也可以在原有 6 个电压矢量错开 30°的位置扩充 6 个新电压矢量，如图 13-11c 所示，这样就可以得到图 13-11d 中共 19 种不同的电压空间矢量（包括零矢量）。

采用图 13-11 中小幅值电压矢量去扩充 CDTC 方案的电压矢量表，并且在较低速度的时候使用，就可以明显改善系统的转矩性能。图 13-12 给出了采用上述方法后调速系统的仿真结果。图 13-12a 给出的是 CDTC 方案的仿真结果；图 13-12b 采用图 13-11b 中小幅值电压矢量（幅值为基本电压矢量的 1/2）得到的结果；图 13-12c 给出了采用幅值为原电压矢量 1/5 的合成矢量后得到的仿真结果。从图 13-12 中看出，图 13-12b 比图 13-12a 的转矩波动有了一定程度地减小，但是由于电动机速度相当低，图 13-12b 方案中电压矢量幅值仍然比较大，所以相应的转矩波动没有非常明显的改善；而在图 13-12c 中，由于合成电压空间矢量的幅值仅为原来的 1/5，所以稳态时的转矩脉动已经有了较大改善。

图 13-11　电压矢量的扩充图　　　　　　　图 13-12　不同 DTC 方案分析结果

即便在转矩的动态过程中，图 13-12c 中改进后的方案仍然能够产生较快的转矩响应。但是本方案仅能够从扩充后的电压矢量表中挑选一个较合适的电压矢量，尚不能根据电动机实际运行工况来计算出幅值与方向更合适的电压矢量，仍有进一步改进的空间。

图 13-11d 非常类似于三电平电压型逆变器的电压矢量图。它与三电平逆变器的矢量图存在本质的不同：后者本身固有这 19 个基本电压矢量（逆变器处于一种导通状态时就可以输出图中的一个电压矢量），而两电平逆变器必须采用 PWM 技术才可以获得等效的电压矢量（需要在设定的开关周期内切换多个电压矢量）。

13.3.2　基于调节电压空间矢量占空比的改进方案

观察式 13-17、13-18、13-19 看出，转矩增量前两部分都为负，仅有 ΔT_{e3} 可以为正。如果能够连续改变定子电压矢量的幅值，那么就可以对 ΔT_{e3} 进行期望的控制。不仅能够满足在暂态时较大转矩的需求，还可以在稳态时保持较小的转矩脉动，新方案的系统框图见图13-13。

图13-13　基于占空比调节的交流电机直接转矩控制系统框图

图示系统框图与 CDTC 方案相比，少了转矩的滞环调节器，同时多一个占空比 δ 的调节单元。电动机模型单元求解出电动机定子磁链、电动机转矩、定子磁链所处扇区信号 ST。磁链滞环调节器输出 ΨQ 以提供定子磁链幅值的控制目标，用以对其进行滞环控制。采用 ΨQ 与 ST 通过电压空间矢量表13-6查询出对定子磁链幅值进行闭环调节的电压矢量。占空比单元用以对转矩进行闭环控制，它根据电动机的速度、转矩的误差量以及定子磁链幅值的误差量来确定在一个 T_s 周期内电压矢量作用的时间份额（即占空比）。这种控制系统的显著特点是：

1）占空比连续可调，因此该方案包含了 13.4.1 方案中小幅值电压矢量；

2）在 T_s 较大的情况下，仍然可以对交流电动机的转矩进行有效的控制。

表 13-6　定子电压矢量选择表

	S_1	S_2	S_3	S_4	S_5	S_6
$\Psi Q = 1$	U_2	U_3	U_1	U_5	U_4	U_6
$\Psi Q = 0$	U_6	U_2	U_3	U_1	U_5	U_4

图13-13 系统的关键环节是占空比的计算单元，该单元需要考虑以下几个因素：

1）考虑到交流电动机定子磁链幅值保持不变时，定子电压近似与电动机转速 ω 成正比，由此可以得到 δ 的主体部分：$\delta_1 = k_1 + \omega/\omega_0$。式中的 ω_0 为电动机的基频，k_1 是用来对 δ 进行适当提升的分量，另外还需对 δ_1 进行限幅，δ_1 的上限幅为1，下限幅为0。

2）为加速定子磁链的过渡过程，引入 $\delta_2 = k_2 \cdot \Delta\psi_1$。$\Delta\psi_1$ 是定子磁链幅值给定与其实际值的差值。δ_2 的上限幅为1，下限幅为0。

3）为加快电磁转矩在暂态过程中的响应速度，特别引入 $\delta_3 = k_3 \cdot \Delta T_e$。$\Delta T_e$ 是转矩给定值与实际值的差值。

控制系统计算的电压矢量占空比为 $\delta = \delta_1 + \delta_2 + \delta_3$，且上限幅设置为1，下限幅设置为0。

δ_1 是系统工作在稳态时的占空比主要部分，δ_2 与 δ_3 分别在磁场与转矩的暂态过渡过程中起主要作用，通过对它们的调试可以保证系统有较好的暂态性能。

图 13-14 是 $T_s = 50\mu s$ 时占空比调节新方案与 CDTC 方案的仿真结果。后者方案中设置转矩调节器滞环宽度为 5N·m，但从图 13-14b 可以看出，CDTC 中电动机转矩的实际波动比设定的滞环宽度要大一些。从图 13-14a 可以看出，虽然前者没有设置转矩的滞环调节，但是仍然能够对其进行很好的控制；由于占空比调节的自由度较大，所以电动机转矩的波动较图 13-14b 有所减小。尤为重要的是，根据前述占空比计算算法，即便是在转矩指令发生较大变化时，电动机转矩的响应仍然足够快速，并不比图 13-14b 逊色。

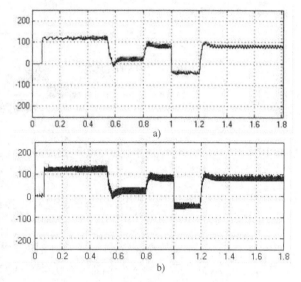

图 13-14　$T_s = 50\mu s$ 时不同控制方案的转矩波形
a) 新方案　b) CDTC

图 13-15 给出了各占空比分量的波形，图 13-15a 中的 δ_1 与电动机转速波形相似，它们之间基本上是成正比例的，当电动机运行于稳态时，它构成了 δ 的主体部分，$\delta \approx \delta_1$。图 13-15b 中的 δ_2 在定子磁链的建立过程中起了较大作用。它主要是为了加速定子磁链的暂态过渡过程，使磁链幅值更快地变化到指令值。当磁链幅值在给定值附近以后，δ_2 就变的很小，基本不起作用了。图 13-15c 中的 δ_3 主要在转矩变化过程中起到加速转矩变化的作用，它的正/负分别与增加/减小电动机转矩相对应。正是由于它的存在，一方面可以大大缩短转矩的过渡过程；另一方面在稳态下当转矩较大地偏离给定值时，也能够将实际的电磁转矩重新纠正到给定值附近。图 13-15d 给出了电压矢量实际作用的占空比。从 δ 波形中可以看出低速下的占空比是比较小的。

对上面的占空比 δ 图形进行分析，可以看出——在对转矩进行良好控制的前提下，并不总是需要较大幅值的定子电压矢量，特别是低速情况下较小幅值的电压矢量完全可以满足电动机控制的需求。而传统直接转矩控制技术中总是采用幅值恒定不变的非零电压空间矢量，对运行于低速情况时的交流电动机造成了较大的冲击，所以电动机转矩的波动要大得多。

图 13-15　占空比波形

此外，传统直接转矩控制技术中的 T_s 不能太大，否则定子磁链就会有明显的暂态过程出现，打破了其正常工作的机理。这里特意对较大 T_s 时基于占空比调节方案进行了仿真，结果如图 13-16 所示。

图 13-16　$T_s = 500\mu s$ 时占空比控制方案的转矩波形

图 13-16 中的波形是控制周期 T_s 扩大了 10 倍后电动机转矩的仿真结果。与图 13-14 相比，电动机转矩脉动有了明显的增加；但是转矩仍然可以得到较好地控制，所以该方案的优点是显而易见的。

从前述几种减小电动机转矩脉动的方案中，不难发现，电动机转矩脉动的改善往往是有代价的：①系统具有更加复杂的控制结构；②逆变器具有更高的开关频率。所以传统直接转矩控制方案中 VSI 的开关频率相对来说是比较低，但是会带来转矩、电流波动较大等不足，它们之间是有因果关系的。

直接转矩控制技术具有简单的控制结构、优良的转矩响应，一直是研究的热点。下面给出了另外两种 DTC 方案。

（1）基于定子磁链幅值调节的电动机高效运行方案

根据电动机运行原理可以知道，电动机高效运行出现在电动机铜耗与铁耗近似相等时。在大负载下运行，电动机的定子磁链幅值通常保持在较高的水平；当电动机运行在轻载下，若依然保持较大磁链，那么电动机的运行效率就会降低。所以可以根据电动机负载情况来适当调节定子磁链的幅值。该方案的原理如图 13-17 所示。

图 13-17　调节定子磁链幅值的直接转矩控制原理图

（2）基于电流闭环控制的直接转矩控制方案

PMSM 的定子电流 i_q 分量控制电动机的转矩，i_d 分量控制电动机的磁场，所以可以针对电动机的电流 i_d 与 i_q 实施砰砰控制，如图 13-18 所示，该方案也可以归为直接转矩控制的范围。

图 13-18　基于定子电流闭环的直接转矩控制原理框图

13.4　PMSM 直接转矩控制变频调速系统仿真建模与分析

下面针对 PMSM 进行 DTC 控制仿真建模。其中 PMSM 与逆变器的仿真建模前面已经介绍，这里不再赘述。

1. 电动机磁链与转矩观测单元

图 13-19 给出了电动机定子磁链与转矩观测单元的总体仿真图，其输入为电动机的两相电流与三相电压，输出为两相静止坐标系的定子磁链两个分量与电动机的电磁转矩。图 13-

图 13-19　电动机磁链与转矩观测模块总体图

20 给出了定子磁链（flux）观测子系统的内部仿真模型。PMSM 永磁体产生了 α 轴定子磁链的初始值，需要在图 13-20a 的 Integrator 中设置，设置对话框如图 13-20b 所示。图 13-21a 给出了电压变换矩阵系数（Matrix Gain），图 13-21b 给出了电动机转矩（torque）的观测模型。

图 13-20　定子磁链观测仿真模型

图 13-21　电压变换矩阵系数

2. 定子磁链扇区判定单元

图 13-22 根据磁链观测器提供的静止坐标系中两相定子磁链分量，利用 MATLAB 中提供的 4 象限反正切函数计算定子磁链的相位角。图中将相位角变换到 0 ~ 2π 的范围内。图 13-23 提供了一种利用 SIMULINK 分立模块通过一系列 switch 开关模块判断定子磁链扇区信号的仿真模型，注意必须要有清晰的扇区概念，否则极易弄错。图中共有 5 个 switch 模块，每个 switch 模块的动作阈值均是 π/3 乘以图中所示的 switch 模块的序号（图中序号分别为 5、4、3、2、1）。

判定扇区的另一种方法是利用 MATLAB function 编写一个简单的函数，这样逻辑关系会更加清楚，如图 13-24 所示。

图 13-24 中的函数示例如下：

functiony = sita1（st）

图 13-22　定子磁链相角计算模块($0 \sim 2\pi$)

图 13-23　分立模块方式实现扇区判定的仿真模型

% st: $0 \sim 360$

st = st $* 180/$pi;

if st < 60

y = 1;

elseif st < 120

y = 2;

elseif st < 180

y = 3;

elseif st < 240

y = 4;

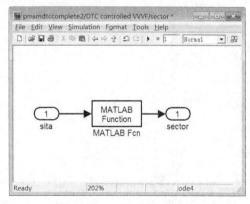

图 13-24　函数实现扇区判定的仿真模型

elseif st < 300

y = 5 ;

else y = 6 ;

end

3. 磁链和转矩砰砰比较器单元

磁链比较单元将给定磁链幅值和实际磁链幅值进行比较，如图 13-25 所示，如果实际值更大就产生一个"1"信号，反之则给出一个"0"信号。滞环环差值是在图中 Relay 模块中设置的。转矩比较单元与之相似。

图 13-25　磁链的滞环比较器模型

4. 开关表单元

开关表单元根据前面的磁链比较模块、转矩比较模块以及扇区判断模块的 3 个控制信号（teq、faiq、sector）确定逆变器三相开关信号（或电压矢量）。图 13-26 给出了一种可行的仿真模型。

图 13-26　开关表单元仿真模型

逆变器的开关信号（Sa、Sb、Sc）根据 3 个信息获得：转矩的控制目标 teq、磁链的控制目标 faiq 和磁链的位置 sector。做一个三维的表非常麻烦，所以可以使用两个二维的表格来建模。首先把 faiq 和 teq 通过一个二维的表格来进行综合，把它们可能的 4 种状态分别编号为 1、2、3、4。再将该信号与扇区信号 sector 通过查询一个二维开关表获得电压矢量的编号，最后通过一维查询表格分解得到三相的开关信号。各查询表的详细设置如图 13-27、图 13-28 所示。

图 13-27　二维查表模块的参数设置

图 13-28　一维查表模块的参数设置

这里有必要强调的是，Look-Up Table 的属性中，行数和列数的输入注意不要弄颠倒，否则将得不到正确的结果。

5. 调速系统总界面

如图 13-29 所示给出了对 PMSM 的 DTC 控制变频调速系统进行仿真的总界面。图中 DTC

controlled VVVF 模块的内部结构如图 13-30 所示，图中的各单元在前面都已经详细介绍过。

图 13-29　系统仿真总界面

图 13-30　DTC controlled VVVF 模块内部结构

图 13-29 中的 udc 常数模块设置了逆变器的直流电压，fai 常数模块设置了定子磁链幅值的给定值，step 设置了负载转矩，Manual Switch 模块设置了 VVVF 系统的工作方式——转速闭环或者转矩闭环，双击该模块可以进行模式的相互切换。图中所示为转速闭环方式，wr·设置了转速的给定，PID Controller 是速度调节器。

6. 电动机参数与调速系统变量设置

表 13-7 给出了仿真用电动机参数，图 13-31 给出了负载转矩与转速指令给定值。图 13-32 提供了转速 PID 调节器模块内部仿真模型图，可以看出，这里同时设置了内限幅与外限幅，限幅值的设定以及 PID 参数的设置如图 13-33 所示。

表 13-7　电动机参数表

R_1	2.875Ω	J	0.02kg · m²
L_d	8.5mH	B	0
L_q	8.5mH	n_p	4
Ψ_f	0.175Wb		

图 13-31　负载转矩与转速指令给定值

7. 调速系统仿真结果

根据上述的设置，系统轻载起动，起动中突加负载，加速到目标速度稳定运行后又减速到低速运行，仿真结果如图 13-34 所示。

从图中可以看出，电动机以最大转矩起动，转矩响应快速，电动机迅速起动。在 0.1s 突加负载以后，电动机继续以最大转矩加速运行。转速到达目标转速 300rad/s 后就稳定下来，这时的转矩也稳定下来，并与负载相平衡。

在 0.5s 时转速指令发生变化，变为 30rad/s。可以看到电动机转矩快速变化为最大制动转矩对电动机进行制动，电动机转速响应快速。从两相静止坐标系中电动机定子电流中也可以看出对应情况，电动机转矩为正时，α 轴电流超前 β 轴电流；当电动机转矩为负值时，两相电流的相序对应发生转变。仿真中设置的砰砰调节器的环差都很小，所以电流波形较好，电动机转矩脉动也较小。

图 13-32　转速 PID 调节器模块内部结构

图 13-33　转速调节器参数设置

8. 不同磁链滞环环差的仿真结果

　　DTC 控制技术领域的文献指出，直接转矩控制系统中两个滞环调节器的环差对于整个调速系统的性能会有显著的影响。这里以磁链环差的变化为例进行仿真分析，分别将磁链的总环差放大为 0.02 和 0.06。

　　从图 13-35 中定子磁链矢量端点轨迹曲线图中可以看出，滞环环差越大，磁链幅值的波动也就越大。两种环差下的转速、转矩及电流仿真波形分别如图 13-36 和 13-37 所示，可以看出电动机电流中的谐波分量会有明显的增加。

图 13-34　PMSM 调速系统仿真波形

图 13-35　不同滞环环差时的定子磁链矢量图

图 13-36　磁链滞环环差为 0.02 的仿真结果

图 13-37　磁链滞环环差为 0.06 的仿真结果

　　针对电动机运行在高速情况下，不同滞环环差对定子电流谐波影响的仿真结果如图 13-38 所示。

　　图 13-38a 是滞环环差为 0.06 时的定子电流谐波情况，图 13-38b 为滞环环差为 0.02 时定子电流的谐波情况。从图中可以发现滞环环差较小时，电流的低次谐波分量很小，只有在 23 次谐波的地方有一个峰值。而滞环环差较大时，较大范围内的低次谐波分量都较大，而且七次谐波分量竟然比基波分量更大——这表明定子电流已经发生了严重的畸变。因此，虽然滞环环差大一些可以降低逆变器的开关频率，但是会带来较多的电流谐波，对电动机的发

热、系统的运行效率等都会带来一系列的负面影响。

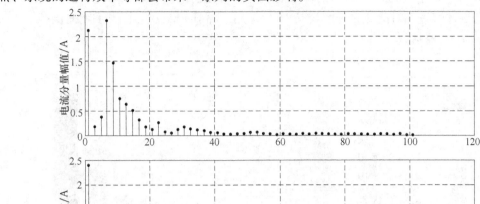

图 13-38　定子电流谐波分析结果图

13.5　DTC 与 FOC 的对比

　　直接转矩控制技术与矢量控制技术都可以针对交流电动机变频调速系统实施高性能的动态控制，是目前针对交流电动机的两种最为典型的控制技术，表 13-8 对两者进行了比较。

表 13-8　DTC 和 FOC 技术特点比较

特点	DTC	FOC
双闭环控制	定子磁链幅值与电动机转矩的双闭环	电动机定子励磁电流和转矩电流的双闭环
电动机转矩控制	转矩的直接闭环控制	无转矩的直接闭环控制
电动机磁链控制	需要定子磁链大致位置，定子磁链幅值闭环控制	需要转子磁链精确定向，转子磁链可以开环或者闭环控制
电流控制	无电流的闭环控制	有定子电流的闭环控制
坐标变换	静止坐标变换	静止与旋转坐标变换
闭环控制调节器	非线性滞环调节器	传统的 PI 线性调节器
动态转矩	响应更快	响应快
稳态转矩	脉动较大	较平滑
PWM 算法	特有的电压矢量表，仅能输出几个有限、离散的定子电压矢量	传统的 SPWM、SVPWM 等算法，较容易控制逆变器输出电动机期望的定子电压矢量

　　直接转矩控制技术的最大特点是其转矩动态响应的快速性。图 13-39a 给出了某试验测

试中, DTC 与 FOC 控制技术中电动机转矩响应时间对比图。从中可以看出, 前者响应时间明显较后者更加快速。对此的一种解释是 DTC 采用了滞环控制器, 相当于纯比例控制, 而 FOC 采用的是 PI 控制。

图 13-39　转矩响应时间、转矩纹波系数对比图

图 13-39b 给出了不同定子频率下电动机稳态运行时, 电动机转矩的纹波系数对比图。从中可以看出, 不同频率下 FOC 控制的电动机转矩纹波系数较 DTC 控制的要小, 特别是在较低速度和较高速度时都非常明显。

小　结

DTC 技术得名于在其控制系统内直接采用转矩闭环控制电动机的电磁转矩。

经典直接转矩控制交流调速系统具有下述特点:

1) 基于静止坐标系对电动机进行闭环控制, 控制系统简单。

2) 没有电流调节单元。

3) 没有专门的对定子电压进行脉宽调制的单元。

4) 特有的电压矢量选择表。

5) 对定子磁链幅值、电磁转矩均通过砰砰滞环调节器实施闭环控制。

DTC 技术特有的结构决定了它可以获得前所未有的动态性能, 但是转矩脉动较为明显, 故而致力于改进经典 DTC 性能指标的各种方案被相继提出。比较常见的就是通过引入 SVP-WM 技术来扩充电压矢量查询表的方案。通过对比可以发现, 各种优化方案都在一定程度上增加了逆变器的开关频率, 这就是代价。

本章对直接转矩控制技术理论基础进行了详细阐述, 推导并分析了定子电压矢量对定子磁链幅值及电动机电磁转矩的控制原理。本章对一个数字控制周期内的转矩增量进行了深入分析, 得到了影响电动机转矩增量的因素。基于此分析, 读者可以比较清楚地看出经典 DTC 技术中转矩脉动较大的原因, 还可以尝试新方法去减小电动机的转矩脉动。

【人生中的每一个选择都是独一无二的】

练 习 题

1. 直接转矩控制技术的思想是什么？
2. 对于 PMSM，DTC 是如何控制定子磁链幅值的，又是如何控制电动机的电磁转矩？
3. 在一个采样周期内，PMSM 的转矩增量与哪些因素有关？如果试图控制转矩增量，应如何做？
4. 六边形与准圆形磁链轨迹的 DTC 控制技术有何异同点？它们分别适用于哪些场合？
5. 经典 DTC 技术中电动机的转矩脉动比较明显，为什么？
6. 举例说明，哪些措施可以用来改进经典 DTC 技术的性能？
7. 请简单对比 DTC 与 FOC。

第14章　PMSM 变频调速系统应用实例

国家推荐标准 GB/T 19596—2004 电动汽车术语给出了电动汽车的 3 个分类：纯电动汽车、混合动力电动汽车与燃料电池电动汽车。电动汽车的能量来源于可消耗的燃料、可以充电/储能装置或者燃料电池，动力全部或者部分来源于电动机。在电动汽车驱动电动机的发展过程中，异步电动机曾得到广泛的应用。但是随着电动汽车电驱动系统技术要求的不断提高，永磁同步电动机（PMSM）驱动系统在国内外电动汽车中的应用日益得到重视和推广。电动汽车作为一种重要的交通工具，要求电动机具有高效率、高适应性的特点。由于成本及空间的限制，电动机的输出能力受到制约，所以电动机的高密度、小型轻量化和低成本对整车来说至关重要。采用强迫水冷结构、高电磁负荷、高性能磁钢、高转速以及超短端部长度绕组技术等措施，使永磁电动机进一步小型轻量化，从而实现高密度。目前，汽车用永磁同步电动机的功率密度可达 1.6kW/kg，通过稀土永磁材料和电动机的优化设计，汽车驱动电动机的最高效率可以达到 97%。

国家"863"计划对电动汽车不同类型驱动电动机的支持力度在不同时期是显然不同的，从"十五"到"十一五"，异步电动机驱动系统的比例从 56% 下降到 17%，永磁电动机驱动系统的比例从 22% 上升到 78%。表 14-1 给出了 2009 年与 2010 年参加新能源汽车驱动系统测试的电动机类型分布情况，可以看出永磁电动机（包括 PMSM 和 BLDCM）驱动系统的比例从 2009 年的 37% 增加到 2010 年的 74%。表 14-2 给出了国外目前应用于电动汽车的电动机类型情况，显然，永磁电动机驱动系统的比例高达 87%，占有绝对优势。

表 14-1　国内新能源电动汽车驱动系统测试电动机情况（百分比）

时间　　　　　电动机类型	异步电动机	永磁同步电动机	永磁无刷直流电动机	磁阻电动机
2009 年	59	11	26	4
2010 年	25	49	25	1

表 14-2　国外电动汽车驱动电动机应用情况

电动机类型	异步电动机	永磁同步电动机	永磁无刷直流电动机	磁阻电动机
百分比	13	70	17	0

表 14-3 给出了几款国内外电动汽车的驱动电动机性能指标。国内已经有一些电动汽车企业（如上海电驱动等）提供较高性能的永磁电动机驱动系统，但是仍需在产品的机电一体化集成度、整车制造能力、系统结构的优化与动力系统效率的进一步提高等方面继续努力。

表 14-3　几款电动汽车驱动电动机性能指标

相关厂商	上海电驱动	大众 Kassel	美国 Remy HVH250 HT	丰田 2010 Pruis
电动机类型	PMSM	PMSM	PMSM	PMSM

（续）

相关厂商	上海电驱动	大众 Kassel	美国 Remy HVH250 HT	丰田 2010 Pruis
峰值功率/kW	110	85	82	60
持续功率/kW	42	50	60	/
最高转速/（r/min）	12000	12000	10600	13500
峰值转矩/Nm	240	270	325	207
额定转矩/Nm	100	160	200	/
最高系统效率	94%	/	95%	95%
冷却系统	70℃水冷/12L	70℃水冷/8L	90℃油冷/5L	水冷＋油冷

14.1　PMSM 在国内电动汽车中的应用

14.1.1　国内的燃料电池电动汽车

我国燃料电池轿车研发以同济大学、上海燃料电池汽车动力系统有限公司和上汽集团为代表，先后历经 2003 年"超越一号"、2004 年"超越二号"、2005 年"超越三号"。其中"超越三号"燃料电池轿车最高车速达到 120km/h，0～100km/h 加速时间为 20s，最大爬坡能力 20%，一次加注续驶里程达到 230km，中国城市工况的氢气燃料消耗率百公里小于1.2kg。"超越二号"和"超越三号"燃料电池轿车分别参加了 2004 年上海和 2006 年巴黎国际必比登清洁能源汽车挑战赛，综合成绩名列前茅，而且燃料经济性和车外噪声测试指标位列第一。2006 年，新一代燃料电池轿车动力系统技术平台研制成功，并应用于上海大众帕萨特领驭等车型，如图 14-1 所示。与第三代燃料电池车辆动力系统相比，新一代燃料电池轿车各项指标均有大幅提高，最高车速达到 150km/h，0～100km/h 加速时间缩短为 15s，最大爬坡能力 20%，一次加注续驶里程达到 300km，中国城市工况的氢气燃料消耗率百公里小于1.2kg，燃料经济性指标在整车质量比"超越三号"重近 250kg 的前提下基本相当。

根据国家推荐标准 GB/T 24548—2009 燃料电池电动汽车中的定义，燃料电池（Fuel Cell）是将外部供应的燃料和氧化剂中的化学能通过电化学反应直接转化为电能、热能和其他反应产物的发电装置，而燃料电池电动汽车（Fuel Cell Electric Vehicle）是以燃料电池系统作为动力源或主动力源的汽车。燃料电池作为车用动力电源，具有效率高、污染小、传动系统结构简单等优点，但是由于燃料电池输出特性偏软，无法满足电动机控制器的需求。通常

图 14-1　燃料电池电动汽车

情况下，需要加入 DC/DC 变换器来改善燃料电池的输出特性，对其进行阻抗匹配。

另外，燃料电池启动时间较长，动态响应差，功率密度较低，无法回收车辆制动能量。通常需要加入车载蓄电池来弥补燃料电池的不足，图 14-2 给出了一种典型的燃料电池电动

汽车动力系统的结构示意图。由于采用了两种车载能源，也可称之为"混合动力"。

图 14-2　燃料电池（混合动力）电动汽车动力系统结构示意图

帕萨特领驭燃料电池轿车采用永磁同步电动机作为驱动电动机，电动机最大输出转矩为210Nm，最大输出功率为88kW，输出转速最高达到12000r/min，减速器变比采用9:1。电动机控制器、DC/DC变换器和高压安全管理系统共同组成功率集成单元，如图14-3所示。

图 14-3　燃料电池轿车动力系统单元

14.1.2　PMSM 电动机及控制器性能指标

前述88kW永磁同步电动机及其控制器的考核指标见表14-4，图14-4给出了PMSM转矩/转速的性能考核指标。

表 14-4　车用驱动电动机及其控制器性能考核指标

项　　目	性　能　指　标
额定直流母线电压	DC375V
正常运行电压范围	DC336~415V

（续）

项　　目	性　能　指　标
电动额定运行转矩曲线	恒转矩区：0～4000r/min，100Nm 恒功率区：4000～11500r/min，42kW
电动峰值运行转矩曲线	恒转矩区：0～4000r/min，210Nm 恒功率区：4000～11500r/min，88kW
电动机效率	最高效率大于 96%，高效区（效率大于 85%）占电动机整个运行区间 50% 以上
冷却方式	水冷
最高进水温度	70℃
质量	不超过 70kg
尺寸	小于 280mm×397mm
抗振性能	符合汽车电气设备基本技术条件（QC/T 413—2002）的相关要求
使用寿命要求	保证整车行驶距离大于 200000km

图 14-4　车用驱动电动机转矩/转速性能指标

图 14-5 给出了 88kW PMSM 样机在 4000r/min 时空载线反电动势波形实测波形和有限元仿真波形，实测线反电动势峰峰值为 318V，有限元仿真波形的峰峰值为 322V，仿真结果与实测数据基本吻合。

图 14-6 为电动机转速为 4000r/min、输出转矩为 210.6Nm 时的电流波形图。电动机的定子电流幅值为 532A，电流超前角为 37°。有限元计算结果为当转速 4000r/min、通入电流幅值 530A、电流超前角为 40°时，电动机输出转矩为 210.7Nm，两者基本吻合。

附录 J 给出了与电动汽车和永磁电动机等内容相关的一些国家标准，供读者参考。

图 14-5　空载时电动机线反电动势实测波形与仿真波形

图 14-6　转速为 4000r/min、输出转矩为 210.6Nm 时的定子电流波形

14.1.3　电动汽车控制系统实例分析

　　以某款电动汽车为例，其动力系统主要包括：车载动力蓄电池及电池管理、高压管理单元、电动机及驱动系统、整车管理系统及动力转向车体等，各单元之间通过 CAN 总线传递控制指令与状态信息。电动机驱动与整车控制的各种状态可用 000～111 表示，主要包括驱动状态、起步状态、待机状态、故障状态等，同时具有电动机使能信号、转向信号及转矩给定信号，电动机单元要随时上传相应的状态信息及转速、转矩等信息。例如：

　　（1）待机状态

　　电动机初始化完毕后，或者整车控制器发出驱动状态信号但电动机使能信号无效时设置的状态。此时电动机控制器已处于正常工作状态，但电动机尚且静止。

（2）起步状态

电动机的使能信号有效，电动机的高压已接通，电动机的转矩给定值为起步值。

（3）驱动状态

电动机的使能信号有效，电动机的高压已接通，电动机的转矩给定值由整车控制器给定，电动机此时按车辆的需求完成转向和转矩执行。

（4）故障状态

电动机故障可分为三级：一般故障、警告故障和严重故障。一般故障包括电动机自己定义的一般性故障，此时整车将适当降低功率、低速运行。电动机的警告故障下，整车自动降低最大转矩限制与最高转速限制，同时要求电动机尽快停止驱动。对于严重故障，整车将立即停止驱动，同时请求高压管理单元切断高压。

1. 抗饱和 PI 调节器

如图 12-7 所示，电动机控制器在转速调节与定子电流调节中往往采用合适的调节器对电动机转速和电动机电流进行闭环控制。转速调节器输出 i_q 命令值调节转矩从而对转速进行控制。定子 i_q 电流调节器输出 u_q 命令值，定子 i_d 电流调节器输出 u_d 命令值，两个电压命令值通过控制电压型逆变器的输出电压从而对 PMSM 定子电流的两个分量实施有效的闭环控制。

高性能的调节器在闭环控制中起到至关重要的作用。速度调节器的作用是对给定速度与实际速度之差按照一定的规律进行运算，并通过运算结果对电动机进行调速控制。由于电动机轴端负载转动惯量的存在，速度响应的时间常数较大，系统的响应较慢。电流调节器的作用有两个。一是在起动和大范围加、减速时起到电流调节和限幅的作用。因为此时速度调节器呈现饱和状态，其输出信号被限幅为极限值提供给电流调节器。电流调节器的作用效果是使绕组电流迅速达到并稳定在其最大值上，从而实现快速加、减速及限流作用。电流调节器的另一个作用是使系统的抗电源扰动和负载扰动的能力增强。如果没有电流环，扰动会使绕组电流随之波动，使电动机的速度受到影响。采用电流调节器会显著提高系统的调速性能。

上述三个调节器一般都采用 PI 调节器，其原理是根据给定值与反馈值的当前误差以及误差的历史累积值产生输出。在设计上述调节器的过程中必须考虑实际调速系统的限制条件，例如电源的额定电压、额定电流等限制，所以有必要对调节器的输出量进行限幅——将其限制在合理的范围内。同时为了提高调节器的性能，不仅要实施外限幅，更重要的是进行内限幅——就是限制调节器内部积分器的饱和，否则极易造成系统大幅度振荡、调节时间延长等结果。

图 14-7 给出了抗积分饱和的 PI 调节器，其基本原理是将限幅前后的输出求差，然后反馈到积分支路。图 14-7 中 y_r 为指令值，y 是反馈值，误差 $e(t) = y_r(t) - y(t)$。

$$u_o(t) = u_p(t) + u_i(t) \tag{14-1}$$

$$u(t) = \begin{cases} u_{max} & u(t) > u_{max} \\ u_{min} & u(t) < u_{min} \\ u_o(t) \end{cases} \tag{14-2}$$

$$u_p(t) = K_p e(t) \tag{14-3}$$

$$u_i(t) = \frac{K_p}{\tau} \int_0^t e\,dt + K_c(u(t) - u_o(t)) \tag{14-4}$$

式 14-1～14-4 中符号的含义如下：$u(t)$ 是 PI 调节器的输出；$u_o(t)$ 是 PI 调节器饱和处理前的输出；$e(t)$ 是参考指令值与反馈值的差；K_p 是比例增益；τ 是积分时间常数；K_c 是饱和校正增益。

图 14-7　抗积分饱和的 PI 调节器

2. 数字测速

（1）采用脉冲编码器对电动机速度进行检测

假定电动机的转子每转一圈，编码器产生 60 个脉冲，传感器的输出通道（A 和 B）直接与 DSP 控制器的 QEP 单元连接，控制器对脉冲的上下沿均进行计数。DSP 的片内 QEP 单元把脉冲数记录在计数器寄存器 T2CNT 中。在每个采样周期中，将该计数值存入变量 *count* 中。由于机械时间常数远大于电气时间常数，速度调节环的数字控制周期可以大于电流调节环的闭环控制周期。在电动机控制软件中，电流调节发生在每个 PWM 中断服务程序中，设定一个计数变量 *temp0* 对 PWM 中断次数进行计数。当其值达到预设的某一常数（*SPEEDSTEP*）时，将 QEP 得到的脉冲增量数保存到变量 *temp1* 中，然后开始执行速度调节算法。速度检测软件的流程如图 14-8 所示。

（2）通过旋变解码电路直接获得转子位置并进行速度计算

永磁同步电动机转子位置通过旋转变压器进行检测，旋转变压器输出的模拟信号经过解码芯片得到转子绝对位置的数字信号（12 位并行数据格式，即转子旋转一周对应 0000H～0FFFH），经过电平转换为 3.3V 信号送到 TMS320LF2407 DSP 中。电动机驱动系统在调试阶段可以测量并保存旋转变压器

图 14-8　速度检测与调节流程图

检测的转子零位置信号与控制系统定义的转子零电角位置之间的关系（两者相差 $\theta_{m(0)}$）。这样系统运行时，根据绝对位置检测电路检测的机械角位置信号 $\theta_{m(1)}$ 与电动机极对数 n_p 就可以知道转子的实际电角位置 θ_e。

$$\theta_e = rem(n_p(\theta_{m(1)} - \theta_{m(0)}),\ 1000H) \tag{14-9}$$

上述 rem( ) 函数表示对 1000H（即 4096）求余。以 360 为基值，那么式 14-9 计算的结果也就是电角度的标幺值（Q12 格式）。

图 14-9 给出了转子位置机械角度（标幺值）与转子位置电角度（标幺值）之间的关系（电动机的极对数为 4）。

转子旋转速度是转子机械角位置的导数，这里根据前后两次检测的转子位置（$\theta_{m(2)}$ 与 $\theta_{m(1)}$）可以求出转子的速度 n。转子位置传感器的分辨率为 12 位，那么转速为

$$n = \frac{\theta_{m(2)} - \theta_{m(1)}}{1000H \cdot \Delta t} \times 60 \qquad (14\text{-}10)$$

实际系统在处理中采用标幺值计算（数据保存格式为 Q12）。以 n_b 为基值，那么转速为

$$n^* = \frac{\left(\dfrac{\theta_{m(2)} - \theta_{m(1)}}{1000H \cdot \Delta t} \times 60 \right)}{n_b} \times 1000H \qquad (14\text{-}11)$$

图 14-9　转子机械角度与电角度示意图

若系统的 PWM 控制周期为 60μs，速度采样时间为 28 个 PWM 周期，取基速为 3000r/min，所以

$$n^* = \frac{\left(\dfrac{\theta_{m(2)} - \theta_{m(1)}}{28 \times 60\mu s} \times 60 \right)}{3000} = (\theta_{m(2)} - \theta_{m(1)}) \times 11.9 = k_{speed} \cdot (\theta_{m(2)} - \theta_{m(1)}) \qquad (14\text{-}12)$$

软件处理过程中，将速度系数以 Q8 格式存储，则 $k_{speed} = 11.9 \times 2^8 = 0BE6H$。

3. 数字滤波

在数字控制系统中，为减少采样值的干扰，常常采用数字滤波技术。

针对变化较快的量（如电动机的相电流）可采用滑动平均值滤波的方法。滑动平均滤波算法每次只采样一个点，将本次采样值和过去的若干次采样值一起求平均后使用。如果取 N 个采样值求平均，数字控制器的 RAM 中必须开辟 N 个数据的暂存区。每新采集一个数据后便存入暂存区，同时去掉一个最老的数据，保持这 N 个数据始终是最近的数据。这种数据存放方式可以用环形队列结构方便地实现。

针对变换过程比较慢的量（如逆变器温度、电动机温度和母线电压等），可采用一阶低通滤波方法。将一阶低通滤波器的微分方程用差分方程来表示，就可以用软件算法来模拟硬件滤波的功能。一阶低通滤波算法如式 14-13 所示。

$$Y_n = a \cdot X_n + (1 - a) \cdot Y_{n-1} \qquad (14\text{-}13)$$

式中，X_n 为本次采集值，Y_{n-1} 为上次的滤波输出值，a 为滤波系数（其值通常远小于 1），Y_n 为本次滤波的输出值。

由式 14-13 可以看出，滤波器输出值主要取决于上次滤波器输出值，本次采样值对滤波输出的贡献是比较小的（与 a 值有关）。这种算法模拟了具有较大惯性的低通滤波功能。滤波器的截止频率可由下式计算：

$$f_L = \frac{a}{2\pi t} \qquad (14\text{-}14)$$

式中的 t 为软件滤波算法的间隔时间。当目标量为变化很慢的物理量时,一阶低通滤波是很有效的。

4. 程序流程图

这里以 TMS320LF2407 为例给出了某电动机控制软件中的主要流程图。

(1)主程序流程图

如图 14-10 所示,控制系统上电或者复位以后,DSP 从主程序开始执行指令,首先进行系统控制与状态寄存器等环境的初始化,其次对系统使用的 I/O 端口进行设置,例如转子位置检测电路解码芯片的运行模式需要在此进行设置(确保为并行模式运行),然后对系统所用的变量进行初始化,对系统片上外设(如 AD 转换器、事件管理器、正交编码脉冲电路、CAN 控制器等)进行初始化设置。初始化完成以后系统进入自循环阶段,根据通信的需要执行相应的程序。

(2)AD 中断服务程序

AD 中断服务子程序是控制系统的重要环节。AD 转换是由事件管理器 EVA 中定时器 T_1 启动的,AD 转换结束后产生低优先级中断请求。系统响应该中断请求,进入中断服务子程序。在该程序中完成 FOC 控制算法,并设置好全比较单元的 3 个比较寄存器(CMPR1、CMPR2 与 CMPR3)。详细流程如图 14-11 所示。

图 14-10　主程序流程图　　　　　图 14-11　AD 中断服务程序流程图

（3）SVPWM 算法流程图

图 14-12 给出了控制系统采用的 SVPWM 算法的具体流程图。

（4）功率驱动保护中断

功率驱动保护对主电路的正常运行起到重要的保护作用，当电动机发生过电流或者 SCALE 驱动板上报故障的情况下，产生高优先级的驱动保护中断，系统响应该中断，进入中断服务子程序。流程如图 14-13 所示，清除相应的中断标志以后，设置事件管理器的全比较单元动作控制模式，且置 PWM 无效。

图 14-12　SVPWM 算法流程图

图 14-13　功率驱动保护
中断服务程序流程图

5. CAN 通信接口

电源板向控制电路板提供 5V 电源（该电源与其他控制电源隔离），信号传输采用两线差分传输。

CAN 通信收发器采用 PHILIPS 公司 PCA82C250 芯片，信号与 DSP 通信中采用 TLP115 光耦进行电气隔离。图中在 CAN 两根通信线之间接入防过电压二极管避免传输信号的干扰对芯片造成损坏。

6. 电动机电流调理电路

电动机的一相电流传感器的调理电路，如图 14-15 所示。该电路将电流传感器输出的正（或负）电压信号通过叠加一个直流电压信号变成正电压信号，然后经限幅后送至控制板。

图 14-14　CAN 通信电路图

7. 变量显示单元

在控制系统软件的具体调试过程中，将程序中的某些关键变量输送到硬件电路并显示在示波器上是十分有用的。为此可以在数据存储器中开辟一段区域，把待显示的变量送到该区域。然后利用 DSP 系统自带的通用定时器比较单元 T3PWM，将待显示的变量按比例变换到 0～512 范围内后作为调制波，定时/计数器的计数周期值设为 512，将定时/计数器内部的三角波作为载波，就可以利用 T3PWM 引脚把变量以 PWM 信号的形式输出。在此引脚上接入一阶 RC 低通滤波器，将调制波进行还原，则可以显示出相应变量。硬件电路如图 14-16 所示。

图 14-15　相电流信号调理电路

8. 测试系统与测试波形

图 14-17 给出了电动汽车驱动电动机性能测试系统平台的照片。图中可以清楚地看到试验台架以及安装在上面的驱动电动机、测功机、电动机控制器和恒温水箱。

图 14-18a 与 14-18b 给出了 IGBT 开通与关断过程的测试波形。黄色波形 1 为驱动电路板的输入 PWM 信号，蓝色波形 2 为驱动电路板输出到 IGBT 的 G、E 端子的驱动脉冲信号。

在 IGBT 驱动电路的设计中，需要估算供电电源的功率以保证驱动电路可靠的工作。当驱动电路工作环境温度较高时，很多电源模块会降功率运行，所以驱动电路的电源务必有足够的功率输出能力。

图 14-16　显示变量用 RC 低通滤波器

图 14-17　驱动电动机测试系统平台图片

a)　　　　　　　　　　　b)

图 14-18　IGBT 导通与关断过程波形

若已知驱动电路的关断电压 V_{GEoff}、导通电压 V_{GEon}、IGBT 的门极电荷 Q_G、PWM 的开关频率 f_s，可以按照式 14-15 计算出一个 IGBT 的驱动功率 P_{drv}。

$$P_{drv} = Q_G \cdot (V_{GEon} - V_{GEoff}) \cdot f_s \tag{14-15}$$

举例来说，当开关频率为 10kHz，导通电压为 15V，关断电压为 −15V，门极电荷为

8.5μC，那么该 IGBT 模块的门极电路驱动功率为

$$P_{drv} = 8.5 \times 10^{-6} \times (15 + 15) \times 10^4 = 2.55W$$

图 14-19 给出了控制电路输出的 PWM 波形经过一阶 RC 滤波处理后的电压波形，从中可以清楚地看到 PWM 波形的马鞍波调制波，波形中含有明显的三次谐波分量（三次谐波在三相逆变器输出相电压中出现，在线电压中就不存在了），这是 SVPWM 控制中比较典型的波形。

图 14-19　相电压的调制波形

图 14-20 给出了 PMSM 电动机的定子两相电流，从中可以看出，定子频率大约为 50Hz。图 14-21 给出了一相定子电流，可以看出定子频率大约为 100Hz。

图 14-20　中速时电动机定子两相电流测试波形图

图 14-21　高速时电动机定子相电流测试波形图

根据电动机性能测试试验结果绘制电动机的转矩/转速曲线，如图 14-22a 所示。电动机的性能测试结果表明，电动机性能达到了表 14-4 中的预期指标要求。低速运行时，电动机能输出 210Nm 的峰值转矩；高速运行中基本能维持 88kW 的峰值功率。图 14-22b 为驱动电动机的运行效率图。从图中可以看出，效率大于 85% 的高效区占整个工作区域的 80% 以上。

图 14-22　电动机的转矩转速曲线与运行效率 MAP

9. 电动机系统的故障诊断及失效处理

在电动汽车运行中，整车控制器对驱动电动机系统进行实时监控。如有故障，需及时进行故障记录和故障分析与诊断，并针对不同类别的故障及时进行必要的处理。表 14-5 给出了某电动汽车电动机系统的故障诊断及失效处理措施。

表 14-5　电动机系统故障处理

故障级别	故障描述	故障条件	MCU（电动机控制器）采取策略	整车控制器采取策略
断开高压回路	母线电流超过极限值	电流超过 400A	● 自动停止电动机当前操作 ● MCU 发送相应的故障标志或故障码 ● 故障恢复前禁止再次起动电动机	● 清除转矩指令 ● 电动机使能标志置为无效 ● 发出紧急关机状态 ● 断开直流回路
断开高压回路	堵转故障	转速低于 60r/min，转矩超过 100Nm，持续时间超过 6s	● 自动停止电动机当前操作 ● MCU 发送相应的故障标志或故障码 ● 故障恢复前禁止再次起动电动机	● 清除转矩指令 ● 电动机使能标志置为无效 ● 下电后重新上电后故障标志消除
MCU 自动停机	母线电压低于极限值	母线电压 <260V	● 自动停止电动机当前操作 ● MCU 发送相应的故障标志或故障码 ● 故障恢复前禁止再次起动电动机	● 清除转矩指令 ● 电动机使能标志置为无效 ● 发出紧急关机状态 ● 重新使能电动机，如果故障消失，则继续工作
MCU 自动停机	母线电压高于极限值	母线电压 >400V		
MCU 自动停机	MCU 温度超过极限值	电动机控制器温度 >85℃		
MCU 自动停机	电动机温度超过极限值	电动机温度 >120℃		
MCU 自动停机	模块故障	IGBT 模块故障		
MCU 自动停机	电动机过电流	电动机相电流峰值 >640A		
MCU 自动停机	电动机转速高于极限值	转速 >12500r/min		
MCU 自动停机	通信故障	连续未收到数据 >20 帧		
MCU 降功率运行	逆变器温度过高	逆变器温度 >80℃	● MCU 发出一般故障状态，并发出相应的故障标志或故障码 ● MCU 根据不同温度相应减少转矩	● 整车控制器发出降功率运行状态
MCU 降功率运行	电动机温度过高	电动机温度 >110℃		
MCU 降功率运行	电动机 A 相电流过载	A 相电流峰值 >600A		
MCU 降功率运行	电动机 C 相电流过载	C 相电流峰值 >600A		

14.2　PMSM 变频调速系统在城市轨道交通中的应用

目前，大功率永磁同步电动机在城市轨道交通列车牵引系统中应用很少。值得一提的是，株洲南车时代电气股份有限公司联合南车株洲电力机车有限公司和南车株洲电动机有限公司，共同研制开发了储能式电力牵引轻轨列车，于 2012 年 8 月在湖南株洲下线。该列车是采用超级电容器储存电能并作为主动力能源的城市轨道交通列车，可实现牵引、制动工况中电能和动能的高效循环利用。

14.2.1　列车概况

储能式电力牵引轻轨列车是利用储能系统（由超级电容器组件构成）储存电能，并以此作为牵引动力电源的一种轻轨列车。在车站内由地面充电系统快速（30s 内）完成储能系统的充电，列车行驶到下一个车站再次充电，实现列车无弓网运行，节约建设成本，并在电制动过程中，储能系统回收全部电制动能量。

列车由两节具有独立动力单元的动车构成，共有 3 个转向架，其中前后端为动力转向架，中间为铰接式非动力转向架，这种结构方便实现小半径转弯。电气牵引系统主电路由两套完全相同的主电路组成，如图 14-23 所示，分别对应两个动力转向架。两套主电路通过并联电路给 DC/DC 充电动机供电（输出 110V 作为控制系统供电电源，并给车载蓄电池进行充电）。

图 14-23　列车电气牵引系统原理图

列车牵引额定电压 DC 750V，允许波动电压范围 DC 500～900V。列车空车自重 44500kg，最大载客量（AW3）为 310 人。车轮的新轮、半磨耗轮、全磨耗轮的轮径分别为 680mm、640mm、600mm，齿轮箱传动比为 6.97，传动效率为 0.98。

列车的牵引性能如下：在半磨耗轮径 640mm、定员载荷 AW3、干燥清洁平直道线路、额定电压 DC 750V 情况下，0～30km/h 平均加速度为 0.9m/s²，0～80km/h 平均加速度为 0.34m/s²，0～70km/h 加速距离为 420m，常用制动减速度为 1.0m/s²，紧急制动减速度为

$1.5 \mathrm{m/s}^2$，$80 \mathrm{km/h} \sim 0$ 的制动距离为 $220 \sim 250 \mathrm{m}$，冲击极限为 $0.75 \mathrm{m/s}^3$。AW3 下的列车牵引力为 $F_{st3} = 60 \mathrm{kN}$，恒牵引力速度范围 $0 \sim 30 \mathrm{km/h}$，恒功速度范围 $30 \sim 50 \mathrm{km/h}$，自然特性速度范围 $50 \sim 80 \mathrm{km/h}$。

　　牵引系统充分利用轮轨粘着条件，并按列车载重从空车 AW0 到超员载荷 AW3 范围内自动调整牵引力的大小，使列车在 AW0 至 AW3 范围内保持起动加速度基本不变，并具有反应迅速、有效可靠的防空转控制。图 14-24 给出了在不同负载（不同数量乘客）下的列车牵引特性与电制动特性曲线图。

图 14-24　列车牵引特性与电制动特性曲线图

14.2.2　牵引电气系统

　　列车牵引电气系统主电路采用两电平电压型直交逆变电路。储能系统提供的 DC 750V 直流电经由 VVVF 逆变器变换成频率、电压均可调（VVVF）的三相交流电，向同步电动机供电。永磁同步电动机通过联轴节与齿轮传动装置连接，传递牵引或电制动转矩，在 VVVF 牵引逆变器的驱动下使列车前进或制动。

　　列车牵引电气系统主电路由储能系统、高压电器、储能管理系统、接地检测电路、电容器充放电单元、斩波及过电压抑制单元、逆变器单元、检测单元等组成。

　　每一节列车都有独立储能电源。储能电源由多个动力型超级电容器组件通过串并联方式构成。单台储能电源参数如下：额定工作电压 DC 750V，最高充电电压 DC 900V，终止放电电压 DC 500V，超级电容器单体 2.7V/7000F，采用 4 并 342 串的结构，储能电源总容量 82F，储能电源存储总能量 9.2kWh，储能电源工作总能量 6.4kWh，储能电源质量为 1600kg。

　　高压电器箱的设计参数如下：额定输入电压 DC 750V，输入电压范围 DC 500～900V，地面向车载储能装置充电电流 DC 900A（30s），防护等级 IP54。

　　VVVF 逆变器单元采用 IGBT 功率元件和两电平逆变电路。逆变器单元集成了两套三相逆变桥臂及斩波桥臂安装在同一个散热基板上构成逆变器模块，见图 14-23 中虚线框所示。逆变器输出三相交流电经过三相交流接触器后驱动各自的永磁同步电动机。逆变器模块采用抽屉式结构，通过热管散热器自然冷却。

　　再生制动时，若逆变器直流侧电容器两端电压上升至一定值使得储能系统无法吸收再生能量时，触发电阻制动斩波模块，调节开关元件的导通占空比将电容器两端电压稳定在一定的电压值。当电容器两端电压高于一定值时，切除电制动，此时列车采用空气制动。若电容器两端电压或电网电压回落，则再恢复再生制动。牵引或制动工况时，通过触发导通斩波模块能有效抑制因空转等原因引起的瞬时过电压。

　　列车的牵引控制单元（DCU）对牵引电动机采用空间矢量控制方式（SVPWM）。在低速起动区采用异步调制 SVPWM 控制技术，保证开关频率的充分利用，尽可能地降低 VVVF 逆变器输出电流的谐波含量，保证牵引传动系统的工作噪声处于较低的水平；DCU 在高速区和恒功区采用同步调制 SVPWM 控制技术来实现电动机的转矩控制，瞬时控制永磁同步电动机定子磁链和电磁转矩，实现高动态响应，将负载扰动对速度的影响降到最低。

　　由于超级电容器储能系统和永磁同步电动机的应用，储能式牵引系统具有电路形式更简单、系统重量更轻、效率更高、能耗更低等优点。储能式列车电气牵引系统与传统异步电动机列车电气牵引系统对比如表 14-6 所示。

表 14-6　储能式电气牵引系统对比

项目	储能式电气牵引系统	传统电气牵引系统
主电路形式	无线路电抗器、制动电阻	有线路电抗器、制动电阻
系统质量	约减小 900 kg	—
牵引传动效率	$0.96 \times 0.98 \times 0.98$	$0.92 \times 0.98 \times 0.98$
制动能量吸收率	0.95	0.72

小　结

　　国家推荐标准 GB/T 19596—2004 电动汽车术语把电动汽车划分为三类：纯电动汽车、混合动力电动汽车与燃料电池电动汽车。电动汽车作为一种重要的交通工具，要求驱动电动机具有高效率、高适应性的特点。由于采用强迫水冷结构、高电磁负荷、高性能磁钢、高转速以及超短端部长度绕组技术等措施，使永磁电动机逐步小型轻量化，所以 PMSM 驱动系统在国内外电动汽车中的应用日益得到重视和推广。

　　本章首先结合国内某典型的燃料电池电动汽车，介绍了电动汽车中电动机及控制器的主要性能指标，介绍了控制系统的一些具体实例，并给出了故障诊断与失效处理措施。然后结合近些年来发展尤为迅速的城市轨道交通，介绍了我国自行研发与生产的采用超级电容器储能的轻轨列车。该列车采用高循环寿命的超级电容器储存电能并作为主动力能源，可实现牵引、制动工况中电能的高效循环利用，有较好的应用前景。

【万事有度】

练 习 题

1. 电动机及控制器的主要技术指标有哪些?

2. 电动汽车的分类是怎样的? 为何说电动汽车是未来汽车的发展方向?

3. 举例说明 PMSM 变频调速系统在城市轨道交通中的应用。

4. 当逆变器直流侧电流超过允许值或者电动机出现堵转现象, 应如何应对?

第 15 章 PMSM 无位置传感器控制技术

高性能的交流调速系统一般需要在电动机的转子轴上安装机械式传感器以测量转子的速度和位置。这些机械式传感器常是编码器和测速发电机。机械式传感器可以提供控制电动机所需的转子信号，但也给传动系统带来一系列问题：

1）机械式传感器增加了电动机转轴上的转动惯量，加大了电动机的空间尺寸和体积，采用机械式传感器检测转子的速度和位置需要增加电动机与控制器之间的连接线和接口电路，使系统易受干扰，降低了可靠性。

2）受机械式传感器使用条件（如温度、湿度和振动）的限制，传动系统不能广泛适应于各种场合。

3）机械式传感器及其辅助电路增加了传动系统的成本，某些高精度传感器的价格甚至可以与电动机本身价格相比。

同步电动机的高性能控制与稳定、可靠运行更加离不开转子位置信息，并且还需要准确的转子绝对位置信息。采用电压型逆变器对电动机进行供电时，在逆变器的输出侧安装传感器可以测量到电动机定子的电压与电流，但电动机转子位置信息的获取往往需要在电动机侧安装位置传感器。为此，需要对该传感器进行供电，并对相关信号处理后送给控制系统。

如果能够设法取消该位置传感器，那么调速系统就无需在电动机侧安装位置传感器了，即是说可以对电动机进行无位置传感器控制（Position Sensorless Control），或者称之为无传感器控制。采用无传感器控制技术可以解决机械式传感器给调速系统带来的诸多问题，因此该技术成为电气调速领域内的前沿技术之一，国内外众多学者开展了无传感器控制技术的研究。

无传感器交流传动系统是指利用电动机绕组的有关电信号（如电压、电流等），通过适当方法估计出转子的速度和位置，取代机械式传感器，实现交流传动系统的速度闭环控制。总的说来，无传感器控制技术中常用的估算方法有：

1）利用定子端电压和电流直接计算转子速度和位置；

2）基于观测器的估算方法；

3）模型参考自适应（Model Reference Adaptive System，MRAS）方法；

4）扩展卡尔曼滤波器法（Extended Kalman Filter，EKF）；

5）基于电动机结构特征的速度与位置估算方法。

本章简要分析几种典型的无传感器控制技术。

15.1 电动机模型直接计算法

本方法利用从电动机定子的端部变量直接计算出转子位置与速度。首先根据 PMSM 在两相静止坐标系中的数学模型（参见附录 A），可以知道定子磁链方程为

$$\begin{pmatrix}\psi_\alpha\\\psi_\beta\end{pmatrix}=\begin{pmatrix}L_1+L_2\cos2\theta & L_2\sin2\theta\\L_2\sin2\theta & L_1-L_2\cos2\theta\end{pmatrix}\begin{pmatrix}i_\alpha\\i_\beta\end{pmatrix}+\begin{pmatrix}\cos\theta\\\sin\theta\end{pmatrix}\psi_f \tag{15-1}$$

将式 15-1 对时间求导，可以得到式 15-2。

$$p\begin{pmatrix}\psi_\alpha\\\psi_\beta\end{pmatrix}=\omega\begin{pmatrix}-2L_2\sin2\theta & 2L_2\cos2\theta\\2L_2\cos2\theta & 2L_2\sin2\theta\end{pmatrix}\begin{pmatrix}i_\alpha\\i_\beta\end{pmatrix}+$$
$$\begin{pmatrix}L_1+L_2\cos2\theta & L_2\sin2\theta\\L_2\sin2\theta & L_1-L_2\cos2\theta\end{pmatrix}p\begin{pmatrix}i_\alpha\\i_\beta\end{pmatrix}+\begin{pmatrix}-\sin\theta\\\cos\theta\end{pmatrix}\omega\psi_f \tag{15-2}$$

另外电动机的定子电压方程如下：

$$\begin{pmatrix}u_\alpha\\u_\beta\end{pmatrix}=\begin{pmatrix}R_1 & 0\\0 & R_1\end{pmatrix}\begin{pmatrix}i_\alpha\\i_\beta\end{pmatrix}+p\begin{pmatrix}\psi_\alpha\\\psi_\beta\end{pmatrix} \tag{15-3}$$

根据式 15-3 计算 $u_\alpha\cos\theta+u_\beta\sin\theta$，有

$$u_\alpha\cos\theta+u_\beta\sin\theta=\cos\theta R_1 i_\alpha+\cos\theta p\psi_\alpha+\sin\theta R_1 i_\beta+\sin\theta p\psi_\beta \tag{15-4}$$

将式 15-2 带入到式 15-4，消去 ψ_f 项后，利用三角函数变换，可以化简得到下式：

$$\tan\theta=-\frac{u_\alpha-R_1 i_\alpha-L_d p i_\alpha-2L_2\omega i_\beta}{u_\beta-R_1 i_\beta-L_d p i_\beta+2L_2\omega i_\alpha} \tag{15-5}$$

式 15-1 ~ 15-5 中的电感系数 L_1、L_2 为

$$L_1=(L_d+L_q)/2$$
$$L_2=(L_d-L_q)/2 \tag{15-6}$$

当电动机处于静止时，可以将式 15-5 中的速度项设为 0，可以得到电动机静止时的转子位置为

$$\tan\theta_0=-\frac{u_\alpha-R_1 i_\alpha-L_d p i_\alpha}{u_\beta-R_1 i_\beta-L_d p i_\beta} \tag{15-7}$$

该方法用来计算转子位置和速度的量都可以通过实际测量得到，计算过程简单直接，不需要复杂的收敛控制算法，动态响应比较快。但由于它在计算中用到了电流的微分，测量误差对转子位置的准确观测影响很大，再加上它是一种开环计算的方法，无法保证电动机在受到噪声干扰或当参数变化时仍能得到正确的结果。

另外，有文献指出，可以根据 PMSM 在定子两相静止坐标系下数学模型，推导出下式来计算定子绕组磁链为

$$\hat{\psi}_\alpha=\int(u_\alpha-R_1 i_\alpha)\mathrm{d}t$$
$$\hat{\psi}_\beta=\int(u_\beta-R_1 i_\beta)\mathrm{d}t \tag{15-8}$$

根据上式可以估算出静止坐标系中定子磁链的相位角观测值 $\hat{\theta}$ 及其幅值为

$$\hat{\theta}=\arctan(\hat{\psi}_\beta/\hat{\psi}_\alpha)$$
$$|\hat{\psi}_1|=\sqrt{\hat{\psi}_\alpha^2+\hat{\psi}_\beta^2} \tag{15-9}$$

所以同步角速度的估算值 $\hat{\omega}_1$ 为

$$\hat{\omega}_1 = \mathrm{d}\hat{\theta}/\mathrm{d}t = \frac{\dfrac{\mathrm{d}\hat{\psi}_\beta}{\mathrm{d}t}\cdot\hat{\psi}_\alpha - \dfrac{\mathrm{d}\hat{\psi}_\alpha}{\mathrm{d}t}\cdot\hat{\psi}_\beta}{\hat{\psi}_\alpha^2 + \hat{\psi}_\beta^2} = \frac{(u_\beta - i_\beta R_1)\,\hat{\psi}_\alpha - (u_\alpha - i_\alpha R_1)\,\hat{\psi}_\beta}{|\hat{\psi}_1|^2} \tag{15-10}$$

根据式 15-9 得到的电动机定子磁链矢量信息可以用来对 PMSM 进行定子磁链定向的矢量控制。

15.2　模型参考自适应法

1. MRAS 基本原理

在 S. Tamai 将模型参考自适应（MRAS）方法引入到交流电动机调速领域后，MRAS 很快在电动机的转速和参数辨识方面得到了广泛应用。

MRAS 方法使用两个模型，其一为不含有待观测变量（例如电动机转速）的参考模型，另一个是含有待观测变量的可调模型。两个模型均输出同一个变量，利用两个模型输出变量的差值对可调模型中的待观测变量进行快速调节，通过设计出合适的调节规则，那么就可以在足够短的时间内观测出未知变量。

将 dq 坐标系下 PMSM 电动机定子电压改写成如下形式：

$$p\begin{pmatrix} i_d + \dfrac{\psi_f}{L_d} \\ i_q \end{pmatrix} = \begin{pmatrix} -\dfrac{R_1}{L_d} & \omega\dfrac{L_q}{L_d} \\ -\omega\dfrac{L_d}{L_q} & -\dfrac{R_1}{L_q} \end{pmatrix}\begin{pmatrix} i_d + \dfrac{\psi_f}{L_d} \\ i_q \end{pmatrix} + \begin{pmatrix} \dfrac{1}{L_d}u_d + \dfrac{R_1}{L_d^2}\psi_f \\ \dfrac{1}{L_q}u_q \end{pmatrix} \tag{15-11}$$

并记一组新变量为

$$i_d^* = i_d + \frac{\psi_f}{L_d} \quad i_q^* = i_q \quad u_d^* = u_d + \frac{R_1}{L_d}\psi_f \quad u_q^* = u_q \tag{15-12}$$

可得

$$p\begin{pmatrix} i_d^* \\ i_q^* \end{pmatrix} = \begin{pmatrix} -\dfrac{R_1}{L_d} & \omega\dfrac{L_q}{L_d} \\ -\omega\dfrac{L_d}{L_q} & -\dfrac{R_1}{L_q} \end{pmatrix}\begin{pmatrix} i_d^* \\ i_q^* \end{pmatrix} + \begin{pmatrix} \dfrac{1}{L_d}u_d^* \\ \dfrac{1}{L_q}u_q^* \end{pmatrix} \tag{15-13}$$

根据电动机的状态方程式 15-11，得出以角频率为可调参数的可调模型状态方程如下：

$$p\begin{pmatrix} \hat{i}_d^* \\ \hat{i}_q^* \end{pmatrix} = \begin{pmatrix} -\dfrac{R_1}{L_d} & \hat{\omega}\dfrac{L_q}{L_d} \\ -\hat{\omega}\dfrac{L_d}{L_q} & -\dfrac{R_1}{L_q} \end{pmatrix}\begin{pmatrix} \hat{i}_d^* \\ \hat{i}_q^* \end{pmatrix} + \begin{pmatrix} \dfrac{1}{L_d}u_d^* \\ \dfrac{1}{L_q}u_q^* \end{pmatrix} \tag{15-14}$$

其中

$$\hat{i}_{d}^{*} = \hat{i}_{d} + \frac{\psi_{f}}{L_{d}} \tag{15-15}$$

$$\hat{i}_{q}^{*} = \hat{i}_{q}$$

定义广义误差 $e = i^{*} - \hat{i}^{*}$，以及 $A = \hat{A} + \Delta A$，可将式 15-13、15-14 分别写成如下形式

$$pi^{*} = A(\hat{i}^{*} + e) + Bu \tag{15-16}$$

$$p\hat{i}^{*} = \hat{A}\hat{i}^{*} + Bu = (A + \Delta A)\hat{i}^{*} + Bu \tag{15-17}$$

其中：i^{*}、$\hat{i}^{*}$ 分别为定子电流矢量的实际值和估算值，u 为定子电压矢量，A、$\hat{A}$、B 分别为

$$A = \begin{pmatrix} -\dfrac{R_{1}}{L_{d}} & \omega\dfrac{L_{q}}{L_{d}} \\ -\omega\dfrac{L_{d}}{L_{q}} & -\dfrac{R_{1}}{L_{q}} \end{pmatrix} \qquad \hat{A} = \begin{pmatrix} -\dfrac{R_{1}}{L_{d}} & \hat{\omega}\dfrac{L_{q}}{L_{d}} \\ -\hat{\omega}\dfrac{L_{d}}{L_{q}} & -\dfrac{R_{1}}{L_{q}} \end{pmatrix} \qquad B = \begin{pmatrix} \dfrac{1}{L_{d}} & 0 \\ 0 & \dfrac{1}{L_{q}} \end{pmatrix}$$

式 15-17 中 ΔA 为

$$\Delta A = (\hat{\omega} - \omega)\begin{pmatrix} 0 & \dfrac{L_{q}}{L_{d}} \\ -\dfrac{L_{d}}{L_{q}} & 0 \end{pmatrix} \tag{15-18}$$

由式 15-16、15-17 可得

$$pe = Ae - \Delta A\,\hat{i}^{*} \tag{15-19}$$

将式 15-19 化为标准前向环节状态方程为

$$pe = Ae - Iw$$
$$v = Ce \tag{15-20}$$

式中 $w = \Delta A\,\hat{i}^{*} = (\hat{\omega} - \omega)J\hat{i}^{*}$，$C = I = \begin{pmatrix} 1 & 0 \\ 0 & 1 \end{pmatrix}$，$J = \begin{pmatrix} 0 & \dfrac{L_{q}}{L_{d}} \\ -\dfrac{L_{d}}{L_{q}} & 0 \end{pmatrix}$。

以电动机本体为参考模型，根据式 15-20 构建的基于 MRAS 的永磁同步电动机矢量控制系统框图如图 15-1 所示。

根据 POPOV 超稳定性定理，要使式 15-20 误差系统稳定，必须同时满足以下两个条件：

1）该系统的传递函数矩阵 $G(s) = C(sI - A)^{-1}$ 正定

将 A、C 代入 $G(s)$，可得

$$G(s) = \frac{1}{\left(s + \dfrac{R_{1}}{L_{d}}\right)\left(s + \dfrac{R_{1}}{L_{q}}\right) + \omega^{2}}\begin{pmatrix} s + \dfrac{R_{1}}{L_{q}} & \omega\dfrac{L_{q}}{L_{d}} \\ -\omega\dfrac{L_{d}}{L_{q}} & s + \dfrac{R_{1}}{L_{d}} \end{pmatrix}$$

易得 $G(s)$ 正定。

图 15-1　基于 MRAS 的 PMSM 矢量控制系统框图

2）非线性时不变环节要满足 Popov 积分不等式

$$\eta(0, t_1) = \int_0^{t_1} \boldsymbol{v}^{\mathrm{T}} \boldsymbol{w} \mathrm{d}t \geqslant -\gamma_0^2 \quad (\gamma_0 \text{ 是一个有限正常数,且不依赖于 } t_1)$$

将 $\boldsymbol{v}$, $\boldsymbol{w}$ 代入积分不等式,可得

$$\eta(0, t_1) = \int_0^{t_1} (\hat{\omega} - \omega) \boldsymbol{e}^{\mathrm{T}} \boldsymbol{J} \hat{\boldsymbol{i}}^* \mathrm{d}t \tag{15-21}$$

记函数 $f(t)$ 满足下式

$$\dot{f}(t) = \boldsymbol{e}^{\mathrm{T}} \boldsymbol{J} \hat{\boldsymbol{i}}^* \tag{15-22}$$

取 F_1 与 F_2 为

$$F_1(\boldsymbol{v}, t) = k_1 \boldsymbol{e}^{\mathrm{T}} \boldsymbol{J} \hat{\boldsymbol{i}}^* , \quad F_2(\boldsymbol{v}, t) = k_2 \boldsymbol{e}^{\mathrm{T}} \boldsymbol{J} \hat{\boldsymbol{i}}^* \tag{15-23}$$

并取电动机转速的自适应调节律为如下的比例积分形式为

$$\hat{\omega} = \int_0^t F_1(\boldsymbol{v}, t, \tau) \mathrm{d}\tau + F_2(\boldsymbol{v}, t) + \hat{\omega}(0) \tag{15-24}$$

将式 15-24 代入式 15-21,可得

$$\eta(0, t_1) = \int_0^{t_1} \boldsymbol{e}^{\mathrm{T}} \left(\int_0^t F_1(\boldsymbol{v}, t, \tau) \mathrm{d}\tau + F_2(\boldsymbol{v}, t) + \hat{\omega}(0) - \omega \right) \boldsymbol{J} \hat{\boldsymbol{i}}^* \mathrm{d}t$$

$$= \int_0^{t_1} \boldsymbol{e}^{\mathrm{T}} \boldsymbol{J} \hat{\boldsymbol{i}}^* \left(\int_0^t F_1(\boldsymbol{v}, t, \tau) \mathrm{d}\tau + \hat{\omega}(0) - \omega \right) \mathrm{d}t + \int_0^{t_1} \boldsymbol{e}^{\mathrm{T}} \boldsymbol{J} \hat{\boldsymbol{i}}^* F_2(\boldsymbol{v}, t) \mathrm{d}t$$

令 $\eta = \eta_1 + \eta_2$,则有

$$\eta_1 = \int_0^{t_1} \boldsymbol{e}^{\mathrm{T}} \boldsymbol{J} \hat{\boldsymbol{i}}^* \left(\int_0^t F_1(\boldsymbol{v}, t, \tau) \mathrm{d}\tau + \hat{\omega}(0) - \omega \right) \mathrm{d}t$$

$$\eta_2 = \int_0^{t_1} \boldsymbol{e}^{\mathrm{T}} \boldsymbol{J} \hat{\boldsymbol{i}}^* F_2(\boldsymbol{v}, t) \mathrm{d}t \tag{15-25}$$

取下式

$$k_1 f(t) = \int_0^t F_1(\boldsymbol{v}, t, \tau) \mathrm{d}\tau + \hat{\omega}(0) - \omega$$

由不等式 $\int_0^{t_1} \dot{f}(t) \mathrm{d}f(t) = \frac{1}{2} [f^2(t_1) - f^2(0)] \geqslant -\frac{1}{2} f^2(0)$,可知,

$$\eta_1 = k_1 \int_0^{t_1} \dot{f}(t) f(t) \, \mathrm{d}t \geqslant -\gamma_0^2$$

另有

$$\eta_2 = \int_0^{t_1} \boldsymbol{e}^{\mathrm{T}} \boldsymbol{J} \hat{\boldsymbol{i}}^* F_2(\boldsymbol{v}, t) \, \mathrm{d}t = k_2 \int_0^{t_1} (\boldsymbol{e}^{\mathrm{T}} \boldsymbol{J} \hat{\boldsymbol{i}}^*)^2 \mathrm{d}t \geqslant 0$$

综上可得

$$\eta \geqslant -\gamma_0^2 \tag{15-26}$$

故该误差系统是稳定的。

将式 15-23 代入式 15-24，可得电动机转速的自适应律为

$$\hat{\omega} = \left(K_p + \frac{K_i}{p} \right) \left[\frac{L_q}{L_d} i_d \hat{i}_q - \frac{L_d}{L_q} i_q \hat{i}_d - \frac{\psi_f}{L_q} (i_q - \hat{i}_q) + \hat{i}_d \hat{i}_q \left(\frac{L_d}{L_q} - \frac{L_q}{L_d} \right) \right] + \hat{\omega}(0) \tag{15-27}$$

式 15-27 中的 p 是微分算子。

MRAS 的速度观测是以参考模型的准确为前提的，它直接影响到速度辨识及整个控制系统的工作成效，所以如何尽量减少电动机物理参数的变化对参考模型的影响，是 MRAS 辨识方法需要进一步解决的问题；同时 MRAS 方法目标是使控制系统对控制对象参数变化不敏感，以及对未建模部分的动态过程不敏感。当对象处于动态变化时，系统将试图马上感受这一变化并实时调节控制器参数或控制策略，所以控制系统中自适应算法的参数选取非常重要。

在模型参考自适应算法中，由于缺乏对测量误差和系统噪声等不确定因素的校正机制，使得这种方法对系统参数的依赖性比较强。

2. 仿真分析

下面基于 MATLAB 对 PMSM 的 MRAS 无位置传感器控制系统进行仿真分析，仿真用电动机参数见表 15-1。

表 15-1　仿真用电动机参数

定子电阻 （R_1/Ω）	2.875	转子磁链 （ψ_f/Wb）	0.175
d 轴电感 （L_d/mH）	8.5	极对数 （n_p）	4
q 轴电感 （L_q/mH）	8.5	转动惯量 （J/kgm^2）	8e-3

仿真程序界面如图 15-2 所示。

调速系统的给定转速为 1000r/min，负载转矩在 0.2s 时从 1Nm 阶跃变化为 4Nm。图 15-3 给出了转速 PI 子系统的内部结构，图 15-4 给出了 ASR 封装后的参数设置对话框。两个电流调节器的比例系数均为 10，积分系数均为 2000。

图 15-5 给出了利用 MRAS 的算法进行电动机速度观测的单元结构。

图 15-6 给出了电动机的转矩仿真波形图。可以看出调速系统有 3 个阶段：0 ~ 0.16s 内电动机加速起动，电动机输出转矩最大；0.16 ~ 0.2s 内电动机进入稳态，此时电磁转矩稳定在负载值；0.2 ~ 0.4s 内由于负载突加，电动机输出转矩迅速调整，转速波形较小，电动机重新进入稳态。图 15-7 给出了转速仿真波形图，图中有实际转速与观测转速，由于两者误差较小，波形相差不大。

图15-2 MATLAB仿真程序界面

图 15-3　转速 PI 调节器模型

图 15-4　ASR 封装子系统参数设置对话框

图 15-5　电动机转速观测单元

图 15-6　电动机转矩波形

图 15-7　电动机转速波形

图 15-8 给出了电动机实际转子位置与观测位置波形（单位是弧度），两者区别不大。图 15-9 给出了以角度为单位的两者误差，可以看到两者相差较小。

图 15-8　电动机转子位置波形

图 15-9　电动机转子位置误差波形

图 15-10 给出了电动机三相定子电流波形与三相绕组的反电动势波形图，图 15-11 给出了图 15-10 最后一段时间内的放大波形。从中可以很清楚地看出：电动机的定子电流与反电动势是同相的，这与图 15-2 中 $i_d = 0$ 的矢量控制策略是相吻合的。这意味着，电动机的定子电流全部是转矩分量，无励磁分量。

图 15-10　电动机三相定子电流与反电动势波形图

图 15-11　电动机三相定子电流与反电动势波形图（放大后）

15.3　扩展卡尔曼滤波器

卡尔曼滤波器是由美国学者 R. E. Kalman 在 20 世纪 60 年代提出的一种最小方差意义上的最优预测估计的方法，它的突出特点是可以有效地削弱随机干扰和测量噪声的影响。扩展卡尔曼滤波器是卡尔曼滤波在非线性系统中的一种推广形式。

扩展卡尔曼滤波从维纳滤波发展而来，它们都是以均方误差最小为准则的。扩展卡尔曼滤波以状态方程来描述控制对象，而不是维纳滤波的脉冲响应传递函数，使系统描述更加容易，同时它还解决了维纳滤波需要过去所有观测数据和当前观测数据来估计当前数据的缺陷，使其更适合计算机实现，从而使得扩展卡尔曼滤波被广泛运用在工业现场。

设线性离散随机系统为

$$\begin{cases} \boldsymbol{x}(k+1) = \boldsymbol{\Phi}(k+1,\ k)\boldsymbol{x}(k) + \boldsymbol{G}(k+1,\ k)\boldsymbol{u}(k) + \boldsymbol{w}(k) \\ \boldsymbol{z}(k) = \boldsymbol{H}(k)\boldsymbol{x}(k) + \boldsymbol{v}(k) \end{cases} \tag{15-28}$$

式中，$\boldsymbol{x}(k)$ 为 n 维状态变量；$\boldsymbol{\Phi}(k+1,\ k)$ 为状态转移矩阵；$\boldsymbol{G}(k+1,\ k)$ 为输入矩阵；$\boldsymbol{u}(k)$ 为 r 维控制向量（输入）；$\boldsymbol{w}(k)$ 为 n 维随机向量，代表了系统扰动和模型的不确定性；$\boldsymbol{H}(k)$ 为观测矩阵；$\boldsymbol{z}(k)$ 为 m 维观测向量；$\boldsymbol{v}(k)$ 为 m 维随机测量噪声向量。

PMSM 的状态方程为

$$pi_\mathrm{d} = -\frac{R_1}{L_\mathrm{d}}i_\mathrm{d} + \omega\frac{L_\mathrm{q}}{L_\mathrm{d}}i_\mathrm{q} + \frac{u_\mathrm{d}}{L_\mathrm{d}}$$

$$pi_\mathrm{q} = -\frac{R_1}{L_\mathrm{q}}i_\mathrm{q} - \omega\frac{L_\mathrm{d}}{L_\mathrm{q}}i_\mathrm{d} - \omega\frac{\psi_\mathrm{f}}{L_\mathrm{q}} + \frac{u_\mathrm{q}}{L_\mathrm{q}}$$

$$\frac{\mathrm{d}\omega}{\mathrm{d}t} = \frac{n_\mathrm{p}}{J}(T_\mathrm{e} - T_\mathrm{l})$$

$$\frac{\mathrm{d}\theta}{\mathrm{d}t} = \omega \tag{15-29}$$

如果 J 为无限大，则有 $\mathrm{d}\omega/\mathrm{d}t = 0$。当然，这种假设是不合实际的，但是在 EKF 中，可将这种不准确性作为系统的状态噪声来处理，在递推计算中由 EKF 予以必要的校正。并且数字控制系统的采样周期很短，在每个采样周期内的 ω 可认为是恒定的。

将状态方程和输出方程写成如下矩阵形式：

$$\begin{cases} \dfrac{\mathrm{d}\boldsymbol{x}}{\mathrm{d}t} = \boldsymbol{A}\boldsymbol{x} + \boldsymbol{B}\boldsymbol{u} \\ \boldsymbol{y} = \boldsymbol{C}\boldsymbol{x} \end{cases} \tag{15-30}$$

式中

$$\boldsymbol{x} = (i_\mathrm{d},\ i_\mathrm{q},\ \omega,\ \theta)^\mathrm{T}$$

$$\boldsymbol{u} = (u_\mathrm{d},\ u_\mathrm{q})^\mathrm{T}$$

$$\boldsymbol{y} = (i_\mathrm{d},\ i_\mathrm{q})^\mathrm{T} \tag{15-31}$$

$$\boldsymbol{A} = \begin{pmatrix} -\dfrac{R_1}{L_\mathrm{d}} & \omega\dfrac{L_\mathrm{q}}{L_\mathrm{d}} & 0 & 0 \\ -\omega\dfrac{L_\mathrm{d}}{L_\mathrm{q}} & -\dfrac{R_1}{L_\mathrm{q}} & -\dfrac{\psi_\mathrm{f}}{L_\mathrm{q}} & 0 \\ 0 & 0 & 0 & 0 \\ 0 & 0 & 1 & 0 \end{pmatrix} \tag{15-32}$$

$$B = \begin{pmatrix} \dfrac{1}{L_d} & 0 \\ 0 & \dfrac{1}{L_q} \\ 0 & 0 \\ 0 & 0 \end{pmatrix} \tag{15-33}$$

$$C = \begin{pmatrix} 1 & 0 & 0 & 0 \\ 0 & 1 & 0 & 0 \end{pmatrix} \tag{15-34}$$

将状态方程式 15-30 进行离散化处理, 可得

$$\begin{cases} x(k+1) = A'x(k) + B'u(k) \\ y(k) = C'x(k) \end{cases} \tag{15-35}$$

其中

$$A' = e^{AT_1} \approx 1 + AT_1 = \begin{pmatrix} 1 - T_1 \dfrac{R_1}{L_d} & \omega T_1 \dfrac{L_q}{L_d} & 0 & 0 \\ -\omega T_1 \dfrac{L_d}{L_q} & 1 - T_1 \dfrac{R_1}{L_q} & -T_1 \dfrac{\psi_f}{L_q} & 0 \\ 0 & 0 & 1 & 0 \\ 0 & 0 & T_1 & 1 \end{pmatrix} \tag{15-36}$$

$$B' \approx BT_1 = \begin{pmatrix} \dfrac{T_1}{L_d} & 0 \\ 0 & \dfrac{T_1}{L_q} \\ 0 & 0 \\ 0 & 0 \end{pmatrix} \tag{15-37}$$

$$C' = \begin{pmatrix} 1 & 0 & 0 & 0 \\ 0 & 1 & 0 & 0 \end{pmatrix} \tag{15-38}$$

相关雅可比矩阵如下:

$$G(k+1) = \frac{\partial}{\partial x}(A'x + B'u)\big|_{x = \tilde{x}(k+1)}$$

$$= \begin{pmatrix} 1 - T_1 \dfrac{R_1}{L_d} & \tilde{\omega}(k+1)T_1 \dfrac{L_q}{L_d} & T_1 \dfrac{L_q}{L_d}\tilde{i}_q(k+1) & 0 \\ -\tilde{\omega}(k+1)T_1 \dfrac{L_d}{L_q} & 1 - T_1 \dfrac{R_1}{L_q} & -\dfrac{T_1}{L_q}[L_d\tilde{i}_d(k+1) + \psi_f] & 0 \\ 0 & 0 & 1 & 0 \\ 0 & 0 & T_1 & 1 \end{pmatrix} \tag{15-39}$$

$$H(k+1) = \frac{\partial}{\partial x}(C'x)\big|_{x = \tilde{x}(k+1)} = \begin{pmatrix} 1 & 0 & 0 & 0 \\ 0 & 1 & 0 & 0 \end{pmatrix} \tag{15-40}$$

由此, 可得 PMSM 无位置传感器控制的扩展卡尔曼滤波递推中, 预测方程为

$$\tilde{x}(k+1) = A'\hat{x}(k) + B'u(k)$$

预测误差方差阵为

$$\tilde{p}(k+1) = G(k+1)\hat{p}(k)G^{\mathrm{T}}(k+1) + Q$$

最优增益矩阵方程为

$$K(k+1) = \tilde{p}(k+1)H^{\mathrm{T}}(k+1)\left[H(k+1)\tilde{p}(k+1)H^{\mathrm{T}}(k+1) + R\right]^{-1}$$

滤波方程为

$$\hat{x}(k+1) = \tilde{x}(k+1) + K(k+1)\left[y(k+1) - \tilde{y}(k+1)\right]$$

滤波误差方差阵为

$$\hat{p}(k+1) = \tilde{p}(k+1) - K(k+1)H(k+1)\tilde{p}(k+1)$$

其中，Q 称为过程励磁噪声协方差矩阵，R 称为观测噪声协方差矩阵。K 称为最优增益矩阵。

从上面可以看出，卡尔曼滤波是一种数据处理的递推算法，只要给定初始值 $x(0)$、$P(0)$，根据 k 时刻测量的 $u(k)$ 就可以推导计算出 k 时刻的状态估计 $x(k)$，十分适于数字计算机实现。把以上方程用图 15-12 所示框图表示，可以更清晰地看出卡尔曼滤波过程。图 15-12 左边部分可称之为滤波回路，对状态变量进行估计和校正，右边部分可称之为增益计算回路，对方差矩阵和增益矩阵进行更新。卡尔曼滤波器预测-校正的计算方式与校正系数的动态修正保证了其性能优于其他滤波算法。

图 15-12　卡尔曼滤波器框图

在滤波初值的给定上，欲保证 k 时刻滤波无偏，只要 $k=0$ 时刻滤波值无偏即可。当不了解实际系统的初始状态时，可取 $\hat{x}(0) = x(0) = 0$，$P(0) = \alpha I$，其中 α 是一个正数，I 为单位矩阵。在此条件下滤波器并不能保证无偏，但只要系统是一致完全随机可控和一致完全随机可观测的，卡尔曼滤波就一定是一致渐进稳定的。随着滤波迭代的进行，选取的初始值 $x(0)$、$P(0)$ 对 $\hat{x}(k)$，$P(k)$ 的影响将逐渐减弱直至消失，估计逐渐趋向无偏。

由上述公式即可实现无位置传感器的扩展卡尔曼滤波算法，基于 EKF 的永磁同步电动机无位置传感器控制调速系统原理框图如图 15-13 所示。

图 15-13　基于 EKF 算法的 PMSM 无位置传感器控制调速系统原理框图

图 15-14 为上述内容的 MATLAB 仿真图，调速系统采用 $i_d = 0$ 的矢量控制。仿真用电动机参数见表 15-2，矩阵 P 以及状态变量 x 的初始值都取 0，$Q = \mathrm{diag}[0.01, 0.01, 50, 0.01]$，$R = \mathrm{diag}[50, 50]$，$Q$、$R$ 均保持为常数。

图 15-14　基于 EKF 算法的 PMSM 无位置传感器控制调速系统仿真框图

表 15-2　仿真用电动机参数

定子电阻(R_1/Ω)	1.23	转子磁链(ψ_f/Wb)	0.09754
d 轴电感(L_d/mH)	4.365	极对数(n_p)	4
q 轴电感(L_q/mH)	4.365		

仿真中的初始给定速度为 314rad/s，在 0.4s 时加载额定负载 7Nm，在 0.7s 时给定速度增加到 628rad/s。图 15-15 为预测速度与实际速度波形，图 15-16 为预测转子位置（曲线 2）与实际转子位置（曲线 1）波形。从这两幅图来看，EKF 算法对电动机转子的实际速度与位置的跟踪都具有较高的精度，且具有很强的抗负载扰动能力。

图 15-15　仿真中电动机的预测速度与实际速度波形

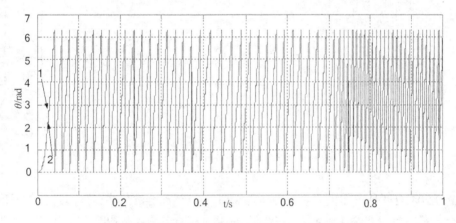

图 15-16　仿真中电动机预测位置与实际位置波形

15.4　无位置传感器控制芯片 IRMCK20X

IRMCK20X 系列电动机驱动集成芯片是美国国际整流器（IR）公司推出的基于纯硬件控制的电动机闭环控制专用芯片。其中，IRMCK203 是针对永磁同步电动机的高性能无传感器控制芯片。IRMCK203 采用 QFP80 封装，其引脚按功能可分为时钟接口、锁相环控制、SPI 接口、RS232 接口、并行接口、E²PROM 接口、PWM 驱动信号、IR2175 电流检测接口、AD 接口、基于 PWM 的 4 路 DA 输出接口、LED 状态指示、复位以及离散控制输入/输出（起/停、正/反转、故障指示、同步信号等）等 13 个功能组。IRMCK203 的内部原理框图如图 15-17 所示，其主要特点如下：

1）内部集成了基于同步旋转磁场坐标系的电动机转子位置观测器；

2）实施高性能电流闭环控制；

3）可配置的控制系统参数，如 PI 调节器增益、PI 输出限幅、PWM 载频、电流反馈定标等，以适应不同的永磁电动机；

4）集成了永磁电动机变频调速系统过电流、缺相、过速、直流母线电压故障等检测功能；

5）直流母线电压的自动限制；

6）芯片的最高工作时钟为 33.3MHz，用于无传感器控制的最大计算时间为 10μs；

7）芯片内部集成了基于损耗最小的 SVPWM 算法（可自动插入死区）。

图 15-17　IRMCK203 芯片的内部原理框图

IRMCK203 有两种工作模式：一种是与 MCU 或 PC 配合的从模式，其运行工况取决于主机的指令；另一种是自主工作模式，此时只要从 AD 通道输入 0～5V 的电压信号作为速度参考值，外加一片 1kbit 的串行 E^2PROM（如 AT24C01）来存储电动机系统的相关配置信息，系统上电后 IRMCK203 芯片可自行读取数据到其内部寄存器，并根据相关 I/O 线的逻辑状态对电动机进行闭环控制。

图 15-17 给出了采用 IR 公司 iMOTION 系列外围器件构成的 PMSM 电动机控制系统，其中 IRMCS2031 是基于 IRMCK203 控制芯片的无传感器控制永磁电动机控制系统设计平台。该平台包含了 2 片 IR2175 用于电流检测的高压 IC、IRAMY20UP60A IGBT 模块，该平台的 PWM 最高频率为 60kHz，电动机的速度精度为 0.01%，持续输出电流 5A，可针对 2 极电动机实施最高速度为 100000r/min 的控制。

小　结

高性能的交流调速系统一般需要在电动机的转子轴上安装机械式传感器以测量转子的速度和位置。同步电动机的高性能控制和稳定、可靠的运行离不开转子的位置信息。机械式传感器可以提供控制电动机所需的转子信号，但也给传动系统带来一系列问题。

采用电压型逆变器对电动机供电时，在逆变器的输出侧安装传感器可以测量到电动机的定子电压与电流。无位置传感器控制技术通过测量这些信息，采用软件估算出转子的位置而无需使用机械式位置传感器，有利于降低系统的成本，拓宽电动机的适用场合。

　　本章主要针对利用电动机模型直接计算法、模型参考自适应法、扩展卡尔曼滤波器的转子位置观测技术进行阐述，并介绍了一种实现无位置传感器控制的集成芯片 IRMCK20X。近些年来，为提高电动机驱动系统的鲁棒性，诸如反馈线性化、反步法、逆系统、无源理论和自抗扰技术等非线性控制理论已经开始应用到交流电动机调速系统中。

　　【既然你在这个时候来到这里，总会有些特别的发现吧？找找看，是什么？】

练　习　题

1. 什么是无位置传感器控制技术？
2. 什么是模型参考自适应法？
3. EKF 用于电动机的无位置传感器控制有什么特点？
4. 在阅读课外参考书的基础上，请尝试阐述用于电动机转子位置检测的高频注入法的原理。
5. 芯片 IRMCK20X 有何技术特点？

第 16 章 智能控制技术在 PMSM
变频调速系统中的应用

1956 年夏，一群分别从事数学、心理学、信息论、计算机和神经学研究的美国青年学者在美国达特茅斯（Dartmouth）大学举办了一次长达两个月的研讨会，会上认真讨论了采用机器模拟人类智能的问题，首次使用了人工智能（Artificial Intelligence，AI）术语。这标志了人工智能学科的诞生。

人工智能的定义有多种，一般情况下可以理解为智能机器所执行的通常与人类智能有关的行为，如判断、推理、证明、识别、感知、理解、通信、设计、思考、规划、学习和问题求解等思维活动。AI 的目的是把人的知识植入到计算机中，使计算机能像人一样思考问题，通常我们称一个具有嵌入式计算智能的系统为智能系统。人工智能的发展已经日益引起众多学科和不同专业学者们的重视，成为一门交叉与前沿科学，并广泛应用于诸如工业控制过程、医学、地质学、农业、信息管理、军事科学、空间技术等各个领域。

人工智能的发展及其应用的推广促进了自动控制向智能控制阶段的发展，图 16-1 给出了自动控制的发展过程。

智能控制是人工智能、自动控制、信息技术、运筹学四元素的结合，其目标仍是实

图 16-1　自动控制的发展过程

现自动控制，与传统的控制理论相比较，智能控制的基本特点是：

1）无需建立被控对象的数学模型，特别适合非线性、时变、复杂不确定的控制对象；

2）控制效果具有自适应能力，鲁棒性好；

3）具有学习能力，控制能力可以不断增强。

图 16-2 给出了智能控制系统的一般结构，其核心是"知识库"和"推理机制"，知识库中包括利用人类现有的控制知识和推理方法，也包括机器通过学习，结合计算得到的结论等。

常见的模糊控制（Fuzzy Control）、神经网络控制（Neural Network Control）、专家系统控制（Expert System Control）、遗传算法控制（Genetic Algorithm Control）等都属于智能控制的范畴。模糊理论适于处理人类的含糊性和灵活性；模拟人类脑

图 16-2　智能控制系统的一般结构

神经系统学习机能的是神经网络；对生物的生命进化进行模拟的是遗传算法。

16.1 模糊控制技术

模糊控制技术的核心思想是模糊集合（Fuzzy Set），由美国加州大学伯克利分校的计算机科学家 Lotfi Zadeh 于 1965 年提出。起先，模糊集合的思想受到多数专家的严厉批评，但是，慢慢地又为大多数专家接受了，并最终成为一种全新的人工智能原理。

图 16-3 给出了经典集合与模糊集合对集合边界的不同解释。对于经典集合 A，元素 a 属于或者不属于 A，两者必居其一。与此不同的是，元素 a 是以介于 0 和 1 之间的某个数 m 隶属于模糊集合 $\tilde{A}$，m 称为 a 在模糊集合 $\tilde{A}$ 中的隶属度（Membership）。

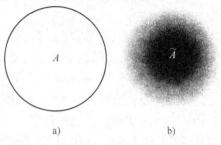

图 16-3　经典集合与模糊集和的边界对比
a）经典集合的边界　b）模糊集合的边界

模糊集合反映了人类模糊思维的本质。举例来说，天气温度 38℃ 算是热天，那么温度 37℃ 是否还算是热天？那么 36℃ 呢？那么 35℃ 呢……人们一般还不会否认。当温度到了 20℃ 呢？人们的答案就要动摇了。这里的"热天"就是一个模糊集合。人们对温度的感觉：很热、不是很热、有点热、不热了、很冷等等都可以算是不同的气温对"热天"这个集合 $\tilde{A}$ 的隶属度 m。明显，温度越低，隶属度越小，最后可以认为隶属度为 0——在温度极限点与传统集合相同。

需要计算机进行下述判断还是比较容易的：如果不下雨且气温低于 30℃，那么就出门旅游。但是如果希望计算机做如下推断呢——如果天气不错，且温度适中，那么就出门旅游。显然后面的判断难以做出，原因就在于它需要处理的是一个模糊集合。

模糊控制系统的结构如图 16-4 所示，其核心——模糊控制器包括模糊化单元、模糊推理单元、模糊规则库单元、去模糊化或者称为精确化单元 4 个部分。模糊化单元将输入精确值（传统集合）转化为模糊集合变量；根据模糊规则可以建立输入、输出模糊变量之间的多条关系；模糊推理决策单元对实际输入的模糊变量与模糊关系进行合成运算，得到模糊输出值；去模糊化单元与模糊化单元正好相反，它将模糊集合变量复原为精确值输出。

图 16-4　模糊控制系统的结构图

一个模糊控制系统的一般设计方法如下：

1）首先，分析待解决问题是否有必要应用模糊逻辑，否则采用常规方法，例如对一个数学模型已知且不存在参数变化或负载干扰的线性反馈系统，使用模糊控制没有太大优势。

2）从现场得到被控设备的所有控制信息。

3）如果被控设备的模型可以得到，开发一个常规控制的仿真程序并研究其性能。

4）确定可以应用模糊控制的功能部分。

5）确定模糊控制的输入与输出变量。

6）定义变量的论域。

7）定义模糊集，并选择相应的隶属度函数形状。对于一个灵敏的变量，选择更多的模糊集合是必要的。

8）制定规则表。上述两步骤的制定非常关键，需要凭借较多的直觉和经验。

9）如果被控设备的数学模型已知，那么可以对采用模糊控制器的系统进行仿真。在此基础上，调整模糊集合和规则表，直到系统性能最优。否则，只能保守地设计模糊控制系统，然后通过设备的运行结果进行调整。

10）实时地实现设计的控制器，并进一步改善其性能。

MATLAB 仿真软件中不仅提供了进行模糊运算的相关函数，并且还在 SIMULINK 软件包中提供了模糊控制工具箱（Fuzzy Control Toolbox），如图 16-5 所示。该工具箱提供了隶属度函数库（Membership Functions）、模糊控制器（Fuzzy Logic Controller）等建模单元，前者包含了多种常用的隶属度函数，后者则可以方便地以图形界面的方式建立起一个基于模糊逻辑的控制器。

MATLAB 用户一方面可以在命令窗口中通过 MATLAB 命令来构造一个模糊推理系统（Fuzzy Inference System, FIS），另一方面也可以使用图形用户界面（GUI）工具来构造 FIS。下面首先使用一个基于模糊控制的小费（tip）计算程序来简要说明模糊控制器的使用过程，然后结合电动机控制介绍其应用。

图 16-5　SIMULINK 中的 Fuzzy Control Toolbox 界面

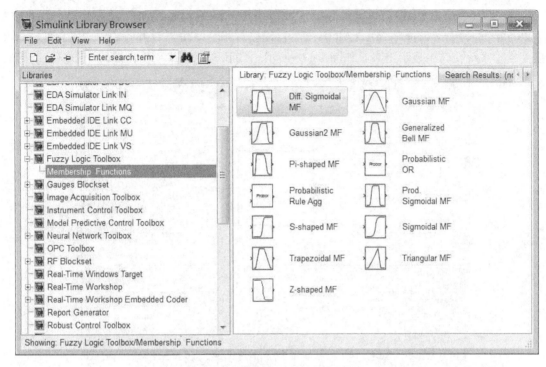

图 16-5　SIMULINK 中的 Fuzzy Control Toolbox 界面（续）

图 16-6 给出了 MATLAB 中用来构造模糊控制器的图形用户界面工具（Fuzzy Logic Toolbox Graphical User Interface Tools）的基本结构。它包括 5 个 GUI 工具：FIS 编辑器（FIS Editor）、隶属度函数编辑器（Membership Function Editor）、规则编辑器（Rule Editor）、规则浏览器（Rule Viewer）和曲面浏览器（Surface Viewer）。

图 16-6　MATLAB 中模糊控制工具箱的图形用户界面结构

在 MATLAB 的命令窗口中键入 fuzzy 后即可出现 FIS 编辑器界面，如图 16-7a 所示。也可以直接键入 fuzzy tipper，MATLAB 系统会自动打开 FIS 编辑器，并且将系统自带的 tipper 模糊推理系统在其中显示出来，如图 16-7b 所示。Tipper 是 MATLAB 自带的一个根据饭店的

a)

b)

图 16-7　FIS 编辑器界面

服务质量（service 变量）与食物质量（food 变量）进行模糊推理，以决定小费（tip）数量的 FIS 示例。

　　FIS 编辑器负责处理 FIS 系统应用层面的问题，例如系统有多少输入与输出变量？变量的名字是什么？可以在 file 菜单中设置 FIS 的保存，如图 16-8 所示将 FIS 保存到工作空间中。

图 16-8　保存 FIS 到工作空间或者文件界面

　　双击图 16-7b 中的输入变量（service、food）或者输出变量（tip）的图标后，均可出现图 16-9 所示的隶属度函数编辑器界面。

图 16-9　隶属度函数编辑器界面

隶属度函数编辑器用来定义与每个变量相关的隶属度函数的具体形状。本例中使用了 3 个模糊变量，其中 service 输入变量对应了 3 个隶属度函数：poor、good、excellent；food 输入变量对应了两个隶属度函数：rancid、delicious；tip 输出变量也对应了 3 个隶属度函数：cheap、average、generous。

双击图 16-7b 中间的 tipper（mandani）图标，可以打开模糊规则编辑器界面，如图 16-10 所示。规则编辑器用来对描述系统行为的一系列规则进行编辑。本例中根据某消费者的经验制定了三条模糊推理规则。

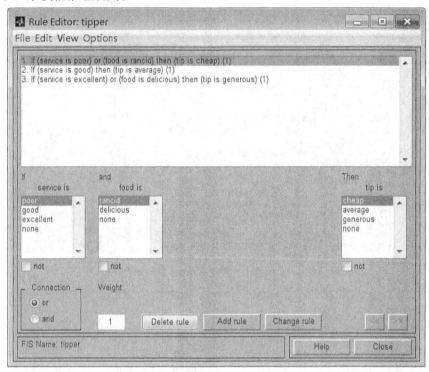

图 16-10　模糊规则编辑器界面

规则浏览器和曲面浏览器用来观察 FIS 的行为，它们是只读工具，不能用来对 FIS 进行任何编辑。规则浏览器是基于 MATLAB 计算环境的图形显示工具，可以用来对 FIS 系统进行诊断。例如，它可以显示哪些规则处于激活状态，还可以显示隶属度函数形状是如何影响到 FIS 的输出结果，如图 16-11 所示。

曲面浏览器用来显示系统的某个输出变量与任意一个或两个输入变量之间的关联性，即是说，它可以对 FIS 系统绘制输出曲面图，如图 16-12 所示。

将图 16-5a 中的模糊控制器拖放到一个新的 mdl 文件中，建立起图 16-13 所示的仿真文件。双击图中的 Fuzzy Logic Controller 后，出现图 16-14 的对话框。在里面键入前面刚刚保存的 tipper 模糊推理系统，然后就可以启动图 16-13 文件的仿真，并且可以看出模糊控制器已经计算出了建议的小费数量为 15。

在典型的交流电动机变频调速系统中，模糊控制器通常用作转速控制器、电流控制器、定子电阻的估算、电力电子变换器的 PWM 算法等单元中。

图 16-11　本例中的规则浏览器

图 16-12　本例中的曲面浏览器

图 16-13　采用模糊控制器的仿真文件

图 16-14　模糊控制器的 FIS 对话框设置

PMSM 的直接转矩控制系统中，电动机转矩与定子磁链的闭环控制是通过滞环比较器来实现的，这也可以采用模糊控制器来实现，如图 16-15 所示。图 16-16 中分别给出了转矩误差和定子磁链误差的模糊化隶属度函数。其中转矩误差变量定义了 NL、NS、ZO、PS、PL 等 5 个隶属度函数，定子磁链误差定义了 N、Z、P 共 3 个隶属度函数。表 16-1 给出了模糊化规则表格，表 16-2 给出了图 16-15 中的开关查询表格。

图 16-15　采用模糊控制器的 PMSM 直接转矩控制系统

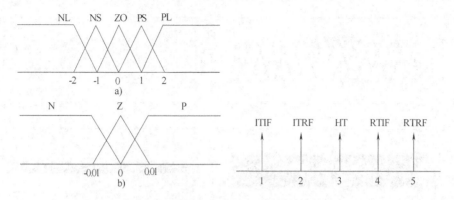

图 16-16　转矩误差、定子磁链误差和输出变量的隶属度函数

表 16-1　模糊规则表

e_F ＼ e_T	NL	NS	ZO	PS	PL
N	RTRF	RTRF	HT	ITRF	ITRF
Z	RTIF	HT	HT	ITRF	ITRF
P	RTIF	RTIF	HT	ITIF	ITIF

表 16-2　开关查询表

$C_{T\varphi}$ ＼ θ_s	1	2	3	4	5	6
ITIF	V_2	V_3	V_4	V_5	V_6	V_1
ITRF	V_3	V_4	V_5	V_6	V_1	V_2
HT	V_0	V_0	V_0	V_0	V_0	V_0
RTIF	V_1	V_2	V_3	V_4	V_5	V_6
RTRF	V_5	V_6	V_1	V_2	V_3	V_4

　　交流电动机的经典直接转矩控制系统中，电动机的转矩与定子磁链的幅值存在较大的脉动，一方面正是这些脉动量驱动开关查询表输出 DTC 控制技术特有的 PWM 波形，另一方面调速系统并不期望有太大的转矩脉动。采用模糊控制器的 PMSM 直接转矩控制系统的仿真结果如图 16-17 所示。可以发现采用了模糊控制器的 DTC 控制系统可以保持快速的动态响应，同时降低了定子电流的谐波分量、转矩脉动与磁链脉动量。

　　在具体应用中，模糊控制无须建立被控对象的数学模型，对于结构复杂、系统机理认识不清楚、非线性、时变系统都具有较好的控制效果。模糊控制系统设计简单，具有自适应性和鲁棒性，是一种简单、有效的智能控制方法，在工程实践中取得了大量的成功应用。日本日立公司为仙台研制的模糊控制地铁电力机车自动运输系统，使列车在实际运营中节省了10% 的燃料，并且停车误差也达到了较高的精度。

图 16-17　采用模糊控制器前后的直接转矩控制系统仿真波形对比

16.2　神经网络控制技术

  人类利用视觉、听觉、嗅觉、味觉和触觉等感觉器官，从外界获得信息，再通过大脑对信息进行处理，然后通过执行器输出到外界。在信息处理中，脑神经系统起着重要作用，它是由 100 亿个到 1000 亿个神经元形成的神经网络。虽然各神经元的处理速度不快，但是通过大量的神经元进行并行处理，就能够完成人类社会中的复杂判断和行动。

  生物神经元的结构如图 16-18 所示，神经元由分离的多个输入纤维和一条输出纤维构成，通过成千上万的树突接收来自其他神经元的信息并叠加一起，如果叠加的信号足够强大，那么神经元就被激励，从轴突产生一个输出信号，而轴突与其他众多神经元的树突相连。来自树突的信号需要经过一个突触——树突上的一个极小间隙，里面充满一种称为神经传递素的流体，具有加速

图 16-18　神经元结构示意图

或阻碍电荷流动的能力，而神经传递素的状态由大脑的记忆和学习决定。

　　人工神经网络（Artificial Neural Network，ANN）是模仿人类思考过程的一类最普通的人工智能，是通过电子电路或计算机程序等有限方法去模拟人脑的生物神经系统。ANN 的组成单元是人工神经元，其结构如图 16-19 所示，它类似于一个加法器。其中 X 是一系列的输入变量，每一个变量经过一个增益（即权重 W），它可正可负，表明了该变量的连接强度，相当于图 16-18 中的突触。累加器将经过权重作用后的信号进行累加，并加上偏置信号 b，再经过一个激励函数 F 后产生神经元的输出信号。

图 16-19　人工神经元结构

　　神经元的输出可以表示为

$$Y = F(S) = F\left(\sum_{k=1}^{N} X_k W_k + b\right) \tag{16-1}$$

　　图 16-19 中的神经元激励函数（也称为传递函数）一般具有非线性，其值一般在 0～1 或 -1～1 之间，图 16-20 给出了常用的几种激励函数 $F(S)$。其中图 16-20a 为施加了饱和限幅的线性函数；$F(S)$ 可以是阶跃或阈值类，如图 16-20b、图 16-20c 所示；图 16-20d 为常用的 S 型函数，图 16-20e 为双曲线正切函数。

　　人工神经网络是人工神经元之间互连形成的网络，其目的是通过模仿人类大脑的功能来解决科学、工程中的现实问题。总的说来，有两大类神经网络：前馈网络——如感知器（PERCEPTRON）、ADA-LINE、反向传播网络（BACK PROPAGATION NETWORK）、模糊神经网络等；反馈网络（递归网络）——如 HOPFIELD 神经网络等。

图 16-20　各种人工神经元激励函数

　　图 16-21 给出了一个三层神经网络，它包含输入层、隐含层和输出层，根据每层神经元个数可以将其定义为 4-3-4 网络。输入层和输出层神经元个数分别与系统的输入和输出变量个数相等。隐含层的作用在于连接输入层和输出层。输入层的神经元具有单位斜率的线性激励函数，且一般具有一个量化因子将其进行归一化处理。神经网络可以有多层隐含层，隐含层的层数及每层神经元数量由待解决问题的复杂程度决定。现在已经证明一个三层的 ANN 可以将输入

的任意连续函数转换为任意的期望函数来输出，因此，常称为万能函数逼近器。

神经网络在自动控制系统中所起的作用可以分为四类：1）在控制结构中充当对象的模型；2）在控制结构中充当非线性控制器；3）优化计算；4）与其他智能控制如专家系统、模糊控制相结合并为其提供非参数化对象模型、推理模型等。设计神经网络的关键是具体结构的设计和网络权重的学习优化。

图 16-21　三层神经网络结构图

在电力电子与电力传动领域，神经网络已经用于各种控制、辨识和估计，例如表格查询、变流器的 PWM 实现、神经网络自适应 PI 控制器、无延时滤波、模型参考自适应控制（MRAC）、反馈信号估计、在线故障诊断、快速傅里叶变换（FFT）等。

本书在讲解交流电动机磁场定向矢量控制技术时指出：电流的闭环控制是矢量控制技术实施的一个关键环节，下面举例说明基于神经网络的瞬时电流控制 PWM 的实现。

图 16-22 中 Δi_a、Δi_b、Δi_c 分别是三相定子电流的给定值与其反馈值之间的误差值，它们经过比例系数 K 后作为 ANN 的输入信号，ANN 的输出信号经过硬限幅器（将变量转换为 0、1 中一个）和采样保持电路（S&H）后得到的逻辑电平信号作为逆变器开关信号。经过学习训练后，ANN 可以实现表 16-3 的功能（δ 为电流滞环控制的滞环宽度）。

图 16-22　瞬时电流调节器的神经网络实现

表 16-3　神经网络输入、输出训练数据矢量

状态	输　入			输出
	Δi_a	Δi_b	Δi_c	S_a', S_b', S_c'
1	δ	δ	δ	（1，1，1）不合理
2	$-\delta$	δ	δ	（0，1，1）
3	δ	$-\delta$	δ	（1，0，1）
4	δ	δ	$-\delta$	（1，1，0）
5	δ	$-\delta$	$-\delta$	（1，0，0）
6	$-\delta$	δ	$-\delta$	（0，1，0）
7	$-\delta$	$-\delta$	δ	（0，0，1）
8	$-\delta$	$-\delta$	$-\delta$	（0，0，0）不合理

对于三相无中线连接的负载，不可能出现上表中的 1 和 8 状态。为此，采用图 16-22 中 SH_a、SH_b、SH_c 对采样保持后的信号进行激励，注意到图中 3 个激励信号的相位差。经过该处理后，逆变器就可以出现所有的 8 种开关状态，其中零电压矢量的作用可以减少逆变器的输出谐波分量。采用图 16-22 所示的瞬时电流控制 PWM 技术，逆变器的开关频率不会随电源电压、电动机参数和反电动势变化。开关频率的恒定减轻了逆变器的设计任务。

16.3　专家系统控制技术

专家系统（Expert System，ES）也称为经典 AI，是各类 AI 技术的先驱，一直以来都被认为是 AI 最重要的分支。20 世纪 80 年代专家系统的概念和方法被引入控制领域，从而产生了专家控制系统这一智能控制类型，它在控制领域已成功应用于控制系统的辅助设计、系统分析、故障诊断与处理、生产过程的决策与调度等方面。

本质上，一个专家系统就是植入了人类在某一领域内专门知识的智能计算机程序。一个 ES 的基本单元是知识库、推理机、解释机构和知识获取机构，如图 16-23 所示。

图 16-23 中的知识库是专家系统的核心，因此专家系统有时也称为基于知识的系统。专业知识从领域专家获取，并保存到计算机程序中。推理机通过前向链、后向链或者两者结合的混合链来测试规则。前向链规则也称前提规则，工作依据是逻辑演绎原理——先检查前提部分，如果为真，就激活该规则。后向链规则为结论规则，工作依据是逻辑归纳原理——先假设推断或规则的结论部分，然后反向推理前提条件是否为真。如同医生先假设病人患有某种疾病，然后与病人的症状比较来判断这个假设是否正确。而著名的医学诊断程序 MYCIN 就是关于传染病的专家系统程序，它是 20 世纪 70 年代由斯坦福大学开发的。

图 16-23　专家系统的结构框图

根据专家系统原理设计的控制器可以分为直接专家系统控制、间接专家系统控制两种，如图 16-24 与 16-25 所示。前者是由专家控制器根据其输入信息和知识库匹配后直接得到作用于被控对象的控制作用；而后者中专家控制器的输出则用来调整或选择控制算法。

一个典型的 ES 程序设计流程如图 16-26 所示。

在电气传动领域内，一个典型的 ES 系统如图 16-27 所示。图中采用专家控制器实现转速的自动调节功能。由于专家控制器没有直接

图 16-24　直接专家控制系统框图

输出转矩指令值，而是对 PI 调节器的 K_P 与 K_I 参数进行调节，所以这是一个间接专家控制系统。在图中 ES 帮助下，PI 调节器比例系数、积分系数可以实现增益自调整功能。最初的 PI 参数一般情况下可以保守一些，尽量使系统保持稳定。采用一个辅助测试信号——方波注入给定转速中，可得到误差的情况，控制器根据实际误差情况，依据专家知识库推断参数

K_P 和 K_I 如何调整。在二阶的电气传动系统中，减少 K_I 将减少回路增益，同时转折频率也会降低；而减少 K_P 只会降低转折频率，对回路增益没有影响。

图 16-25　间接专家控制系统框图　　　　图 16-26　专家系统程序开发流程图

ES 系统的典型规则如下：

1）如果阻尼系数小于 0.4，那么 K_I 减少 20%，K_P 增加 10%；

2）当系统的转速差处于大偏差情况下，如大于 20%，则停止积分环节，并调整比例环节系数，将调节器输出维持在最大，以充分发挥系统能力，缩短过渡过程时间；

3）在接近系统稳定点阶段，调整调节器系数以减少系统的振荡，尽快稳定下来。

图 16-27　电动机矢量控制系统中基于 ES 的转速 PI 调节器

所以，针对传统控制系统难以兼顾"稳、准、快"的内在不足，采用专家系统的智能控制系统可以使系统做到稳定性高、响应速度快、超调量小、动态性能指标好，且动态性能与控制对象参数无关，系统的鲁棒性更强。

与人类的稀缺专家相比，专家系统具有以下的优点：

1）专家系统的知识具有永久性；

2）专家系统的知识可以很容易地被传播和复制；

3）专家系统可以使知识形式化，而人类专家的知识往往只能非形式化、不能准确地说明对问题求解的推理过程，不便从中发现问题、总结经验、进行有效试验以提高求解水平；

4）专家系统可以博采众长，并且产生一致性更好的可重复结果；

5）专家系统的成本低。

小　　结

人工智能的发展及其推广应用促进了自动控制向智能控制阶段的发展。智能控制使得机器可以执行与人类智能有关的行为，如判断、推理、证明、识别、感知、理解、通信、设计、思考、规划、学习和问题求解等思维活动。人工智能的发展已经日益引起众多学科和不同专业学者们的重视，成为一门交叉与前沿科学，并广泛应用于诸如工业控制过程、医学、地质学、农业、信息管理、军事科学、空间技术等各个领域。

常见的智能控制有模糊控制、神经网络控制、专家系统控制、遗传算法等。专家系统分别与模糊控制、神经网络控制结合，形成了模糊专家系统、神经网络专家系统等混合型专家控制和决策支持系统，能很好地结合多种智能控制技术的特点，得到更好的控制效果，这是智能控制领域内的发展方向之一。

【世界不缺少美，关键是有一双能够发现美的眼睛，你也不会缺少梦想与未来，关键是自己要积极努力付出，不是每个人都能遇到伯乐的】

练　习　题

1. 什么是模糊控制？什么是模糊集合，它与传统集合的关系如何？举例说明它在 PMSM 变频调速系统中的应用。

2. 什么是神经网络控制技术？举例说明它在电动机变频调速系统中的应用。

3. 什么是专家系统控制技术？举例说明它在电动机变频调速系统中的应用。

附　录

附录 A：两相静止坐标系中 PMSM 数学模型

PMSM 在两相静止坐标系中的数学模型包括定子电压方程、定子磁链方程、电动机转矩方程和运动方程。

定子电压方程为

$$\begin{pmatrix} u_\alpha \\ u_\beta \end{pmatrix} = \begin{bmatrix} R_1 & 0 \\ 0 & R_1 \end{bmatrix} \begin{bmatrix} i_\alpha \\ i_\beta \end{bmatrix} + p \begin{bmatrix} \psi_\alpha \\ \psi_\beta \end{bmatrix}$$

定子磁链方程为

$$\begin{pmatrix} \psi_\alpha \\ \psi_\beta \end{pmatrix} = \begin{bmatrix} L_1 + L_2\cos2\theta & L_2\sin2\theta \\ L_2\sin2\theta & L_1 - L_2\cos2\theta \end{bmatrix} \begin{bmatrix} i_\alpha \\ i_\beta \end{bmatrix} + \begin{bmatrix} \cos\theta \\ \sin\theta \end{bmatrix} \psi_f$$

其中电感系数为

$$L_1 = (L_d + L_q)/2$$
$$L_2 = (L_d - L_q)/2$$

电机转矩方程为

$$T_e = 1.5 n_p (\psi_\alpha i_\beta - \psi_\beta i_\alpha)$$

运动方程为

$$T_e - T_1 = \frac{J}{n_p} \frac{d\omega}{dt}$$

附录 B：SIMULINK 分立模块搭建出 PMSM 仿真模型

图 B-1　PMSM 仿真模型

图 B-2　subsystem1 内部模块——坐标旋转变换模块

图 B-3　subsystem 内部模块

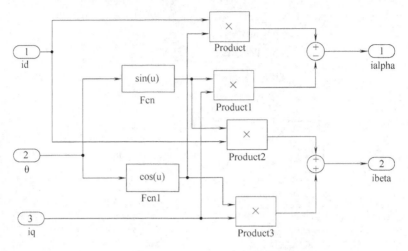

图 B-4　subsystem2 内部模块

附录 C：S-Function 实现 PMSM 仿真建模的程序

function [sys, x0, str, ts] = PMSMdq(t,x,u,flag,parameters,x0_in)

% PMSM model.

% parameters：

%　　ld, lq: inductance in dp reference of frame

%　　r：stater resistance

%　　psi_f：flux in webers by PM on rotor

%　　p : number of pole pairs

%　　j : inertia of motor and load

%　　mu_f : viscous friction

% inputs：

%　　ud,uq：voltages in dp reference of frame

%　　tl：torque of load

% inner variants：

%　　id, iq currents in dp reference of frame

%　　ud, uq：voltage int dp reference of frame

%　　wr：angular velocity of the rotor

%　　te：electromagnetic torque

%　　theta：position of rotor

% outputs：

%　　wr：angular velocity of the rotor

%　　te：electromagnetic torque

%　　id, iq currents in dp reference of frame

%　　theta : position of rotor

```
% -------------------------------------------------------
%   u( 1   2   3) =
%        ud uq tl
%   parameters(1   2   3 4       5 6 7   ) =
%                     ld lq r psi_f p j mu_f
%   sys(1   2   3   4   5   ) =
%          wr te id iq theta
%   x(1   2   3   4   ) =
%        id iq wr theta
switch flag
     case 0
          [ sys x0 str ts ] = mdlInitializeSizes( x0_in) ; %  Initialization
     case 1
          %  Calculate the derivatives
          sys = mdlDerivatives( x, u, parameters) ;
     case 3
        %  output
        sys = mdlOutputs( x, u, parameters) ;
     case { 2, 4, 9 }
        %  unused flags
        sys = [ ] ;
    otherwise
        %  Error handling
        error( [ ' Unhandled flag = ', num2str( flag) ] ) ;
   end
%  End of PMSMdq
% -------------------------------------------------------
%  mdlInitializeSizes
% -------------------------------------------------------
function [ sys, x0, str, ts] = mdlInitializeSizes( x0_in)
% -------------------------------------------------------
%   u(1   2   3) =
%        ud uq tl
%   parameters(1   2   3 4       5 6 7   ) =
%                     ld lq r psi_f p j mu_f
%   sys(1   2   3   4   5   ) =
%          wr te id iq theta
%   x(1   2   3   4   ) =
%        id iq wr theta
```

```
    sizes = simsizes;
    sizes. NumContStates = 4;
    sizes. NumDiscStates = 0;
    sizes. NumOutputs    = 5;
    sizes. NumInputs     = 3;
    sizes. DirFeedthrough = 0;
    sizes. NumSampleTimes = 1;
    sys = simsizes( sizes);
    x0 = x0_in;
    str = [ ];
    ts = [0 0];
% End of mdlInitializeSizes.
% ------------------------------------------------------
% mdlDerivatives
% Return the derivatives for the continuous states
% ------------------------------------------------------
function [sys] = mdlDerivatives( x, u, parameters)
% ------------------------------------------------------
%    u(1   2   3) =
%         ud uq tl
%    parameters(1   2   3 4      5 6 7  ) =
%                   ld lq r psi_f p j mu_f
%    sys(1   2   3   4   5    ) =
%           wr te id iq theta
%    x(1   2   3   4   ) =
%         id iq wr theta
% id ' = ud/ld -r * id/ld + lq * p * wr * iq/ld
    sys(1) = u(1)/parameters(1)-parameters(3) * x(1)/parameters(1) ...
             + parameters(2) * parameters(5) * x(3) * x(2)/parameters(1);
% iq ' = uq/ld-r * iq/lq-ld * p * wr * id/lq-psi_f * p * wr/lq
    sys(2) = u(2)/parameters(2) - parameters(3) * x(2)/parameters(2) ...
             -parameters(1) * parameters(5) * x(3) * x(1)/parameters(2)...
             -parameters(4) * parameters(5) * x(3)/parameters(2);
% te = 1.5 * p * [psi_f * iq + (ld-lq) * id * iq]
    te = 1.5 * parameters(5) * (parameters(4) * x(2) ...
             + (parameters(1)-parameters(2)) * x(1) * x(2));
% wr' = (te - mu_f * wr - tl)/j
    sys(3) = (te-parameters(7) * x(3)-u(3))/parameters(6);
% theta ' = p * wr
```

```
    sys(4) = parameters(5) * x(3);
%  End of mdlDerivatives
%-------------------------------------------------------
%  mdlOutputs
%  Return the block outputs.
%-------------------------------------------------------
function sys = mdlOutputs(x,u,parameters,te)
%-------------------------------------------------------
%   u(1  2  3) =
%        ud uq tl
%   parameters(1  2  3 4    5 6 7  ) =
%                 ld lq r psi_f p j mu_f
%   sys(1  2  3  4  5    ) =
%        wr te id iq theta
%   x(1  2  3  4  ) =
%        id iq wr theta
%  output wr
    sys(1) = x(3);
%  output te
%  te = 1.5 * p * [ psi_f * iq + (ld-lq) * id * iq ]
    te = 1.5 * parameters(5) * (parameters(4) * x(2) ...
         + (parameters(1) - parameters(2)) * x(1) * x(2));
    sys(2) = te;
%  output idq
    sys(3) = x(1); % id
    sys(4) = x(2); % iq
%  out theta
    sys(5) = x(4);
%  End of mdlOutputs
```

附录 D：采用类似 SPWM 方式实现 SVPWM 的仿真模型

图 D-1 给出了采用类似 SPWM 中正弦波与三角波比较的方式来实现 SVPWM 算法的 MATLAB/SIMULINK 仿真模型，其依据是第 9 章中的公式 9-22。

公式 9-22 中的电压均为标幺化的电压，其中基值电压为 $U_d/2$，在图 D-1 中可以清楚地看出。公式中的 λ 即是图 D-1 中的 0.5（即是说两个零矢量的作用时间是相等的）。图 D-1 中的 sine wave 模块的参数设置如图 D-2 所示，repeating sequence 模块的参数设置如图 D-3 所示，zero-order hold 模块的参数设置如图 D-4 所示。

图 D-1 中的 relay 模块的参数设置如图 D-5 所示，用来对 VSI 输出相电压进行 FFT 分析的 fourier 模块的参数设置如图 D-6 所示。仿真后，由图 D-1 中的 scope 观察到的 A 相电压 50Hz 基波分量的电压幅值波形如图 D-7 所示，可以看出，A 相 50Hz 电压幅值为 100V，这与图 D-2 中的参数设置是相吻合的。

图 D-1　仿真模型总界面

图 D-2　sine wave 模块参数设置

图 D-3　repeating sequence 模块参数设置

图 D-4　zero-order hold 模块参数设置

图 D-5　relay 模块参数设置　　　　　　图 D-6　fourier 模块的参数设置

图 D-7　scope 观测波形

附录 E：命 令 文 件

```
– stack 40                /＊定义堆栈长度＊/
MEMORY
{
PAGE 0：                  /＊程序空间＊/
    VECS：origin＝0000h，length＝0040h        /＊中断向量存储空间＊/
      PVECS：origin＝0044h，length＝0100h      /＊外围中断向量＊/
        PM：origin＝0150h，length＝7EF0h        /＊片内 FLASH 存储空间＊/
PAGE 1：                  /＊数据空间＊/
```

```
    BLOCK_B2: origin = 0060h, length = 0020h    /* 块 B2 */
    BLOCK_B0: origin = 0200h, length = 0100h    /* 块 B0 */
                                    /* 如果 CNF = 0, 块 B0, 则分配为片内
                                                   DARAM */
    BLOCK_B1: origin = 0300h, length = 0100h    /* 块 B1 */
    /* 如果正确配置 SCSR2 寄存器, 则此为数据空间中 2K 的 SARAM */
    SARAM: origin = 0800h, length = 0800h       /* 片内的 2K 数据 SRAM 区 */
    EX_DM: origin = 8000h, length = 8000h       /* 片外数据 RAM */
}
SECTIONS
{
    . vectors: {}  > VEC 头   PAGE 0              /* 程序段 */
    . data: {}  > BLOCK_B1 PAGE 1                 /* 数据段 */
}
```

附录 F: 中断向量文件

```
;;;;;;;;;;;;;;;;;;;;;;;;;;  本程序的文件名: pwm_generate_vec. h;;;;;;;;;;;;;;;;;
    . include " lf2407_regs. h"            ; 引用头部文件
                                          ; 建立中断向量表
    . sect " . vectors"                    ; 定义主向量段, 名称为 . vectors
Reset_VEC   B   _cy_begin                ; 系统的复位中断向量, 最高优先级, 程序地
                                           址 0000h
INT1        B   PHANTOM                  ; CPU 的第 1 级中断向量, 程序地址 0002H
INT2        B   GISR2                    ; CPU 的第 2 级中断向量, 程序地址 0004H
INT3        B   PHANTOM                  ; CPU 的第 3 级中断向量, 程序地址 0006H
INT4        B   PHANTOM                  ; CPU 的第 4 级中断向量, 程序地址 0008H
INT5        B   PHANTOM                  ; CPU 的第 5 级中断向量, 程序地址 000AH
INT6        B   PHANTOM                  ; CPU 的第 6 级中断向量, 程序地址 000CH
RESERVED    B   PHANTOM                  ; 程序空间保留, 地址是 000EH, 但是为了保
                                           证中断向量表的完整性, 一定要在此加入假
                                           中断向量 PHANTOM 以保证按照可控的方式
                                           运行
SW_INT8     B   PHANTOM                  ; 软件中断向量 8, 程序地址是 0010H
SW_INT9     B   PHANTOM                  ; 软件中断向量 9, 程序地址是 0012H
SW_INT10    B   PHANTOM                  ; 软件中断向量 10, 程序地址是 0014H
SW_INT11    B   PHANTOM                  ; 软件中断向量 11, 程序地址是 0016H
SW_INT12    B   PHANTOM                  ; 软件中断向量 12, 程序地址是 0018H
SW_INT13    B   PHANTOM                  ; 软件中断向量 13, 程序地址是 001AH
```

SW_INT14	B	PHANTOM	；软件中断向量14，程序地址是001CH
SW_INT15	B	PHANTOM	；软件中断向量15，程序地址是001EH
SW_INT16	B	PHANTOM	；软件中断向量16，程序地址是0020H
TRAP	B	PHANTOM	；TRAP 指令中断，程序地址是0022H
NMI	B	PHANTOM	；不可屏蔽中断，程序地址是0024H
EMU_TRAP	B	PHANTOM	；程序空间保留，地址是0026H
SW_INT20	B	PHANTOM	；软件中断向量20，程序地址是0028H
SW_INT21	B	PHANTOM	；软件中断向量21，程序地址是002AH
SW_INT22	B	PHANTOM	；软件中断向量22，程序地址是002CH
SW_INT23	B	PHANTOM	；软件中断向量23，程序地址是002EH
SW_INT24	B	PHANTOM	；软件中断向量24，程序地址是0030H
SW_INT25	B	PHANTOM	；软件中断向量25，程序地址是0032H
SW_INT26	B	PHANTOM	；软件中断向量26，程序地址是0034H
SW_INT27	B	PHANTOM	；软件中断向量27，程序地址是0036H
SW_INT28	B	PHANTOM	；软件中断向量28，程序地址是0038H
SW_INT29	B	PHANTOM	；软件中断向量29，程序地址是003AH
SW_INT30	B	PHANTOM	；软件中断向量30，程序地址是003CH
SW_INT31	B	PHANTOM	；软件中断向量31，程序地址是003EH

；建立中断子向量表

. sect " . pvecs" ；定义中断向量段

PVECTORS：

B	PHANTOM	；假中断向量，中断子向量地址偏移量0000H
B	PHANTOM	；高优先级模式的外部引脚中断1，中断子向量的偏移量0001H
B	PHANTOM	；假中断向量，中断子向量地址偏移量0002H
B	PHANTOM	；假中断向量，中断子向量地址偏移量0003H
B	PHANTOM	；高优先级模式的 ADC 中断，中断子向量地址偏移量0004H
B	PHANTOM	；高优先级模式的 SPI 中断，中断子向量地址偏移量0005H
B	PHANTOM	；高优先级模式的 SCI 接收中断，中断子向量地址偏移量0006H
B	PHANTOM	；高优先级模式的 SCI 发送中断，中断子向量地址偏移量0007H
B	PHANTOM	；假中断向量，中断子向量地址偏移量0008H
B	PHANTOM	；假中断向量，中断子向量地址偏移量0009H
B	PHANTOM	；假中断向量，中断子向量地址偏移量000AH
B	PHANTOM	；假中断向量，中断子向量地址偏移量000BH
B	PHANTOM	；假中断向量，中断子向量地址偏移量000CH
B	PHANTOM	；假中断向量，中断子向量地址偏移量000DH
B	PHANTOM	；假中断向量，中断子向量地址偏移量000EH
B	PHANTOM	；假中断向量，中断子向量地址偏移量000FH
B	PHANTOM	；假中断向量，中断子向量地址偏移量0010H
B	PHANTOM	；高优先级模式的外部引脚中断2，中断子向量的偏移量0011H

```
    B    PHANTOM      ; 假中断向量, 中断子向量地址偏移量 0012H
    B    PHANTOM      ; 假中断向量, 中断子向量地址偏移量 0013H
    B    PHANTOM      ; 假中断向量, 中断子向量地址偏移量 0014H
    B    PHANTOM      ; 假中断向量, 中断子向量地址偏移量 0015H
    B    PHANTOM      ; 假中断向量, 中断子向量地址偏移量 0016H
    B    PHANTOM      ; 假中断向量, 中断子向量地址偏移量 0017H
    B    PHANTOM      ; 假中断向量, 中断子向量地址偏移量 0018H
    B    PHANTOM      ; 功率驱动保护中断 B, 中断子向量地址偏移量 0019H
    B    PHANTOM      ; 假中断向量, 中断子向量地址偏移量 001AH
    B    PHANTOM      ; 假中断向量, 中断子向量地址偏移量 001BH
    B    PHANTOM      ; 假中断向量, 中断子向量地址偏移量 001CH
    B    PHANTOM      ; 假中断向量, 中断子向量地址偏移量 001DH
    B    PHANTOM      ; 假中断向量, 中断子向量地址偏移量 001EH
    B    PHANTOM      ; 假中断向量, 中断子向量地址偏移量 001FH
    B    PHANTOM      ; 功率驱动保护中断 A, 中断子向量地址偏移量 0020H
    B    PHANTOM      ; 比较器 1 中断, 中断子向量地址偏移量 0021H
    B    PHANTOM      ; 比较器 2 中断, 中断子向量地址偏移量 0022H
    B    PHANTOM      ; 比较器 3 中断, 中断子向量地址偏移量 0023H
    B    PHANTOM      ; 比较器 4 中断, 中断子向量地址偏移量 0024H
    B    PHANTOM      ; 比较器 5 中断, 中断子向量地址偏移量 0025H
    B    PHANTOM      ; 比较器 6 中断, 中断子向量地址偏移量 0026H
    B    PHANTOM      ; 定时器 1 周期中断, 中断子向量地址偏移量 0027H
    B    PHANTOM      ; 定时器 1 比较中断, 中断子向量地址偏移量 0028H
    B    T1U_ISR      ; 定时器 1 下溢中断, 中断子向量地址偏移量 0029H
    B    PHANTOM      ; 定时器 1 上溢中断, 中断子向量地址偏移量 002AH
    B    PHANTOM      ; 定时器 2 周期中断, 中断子向量地址偏移量 002BH
    B    PHANTOM      ; 定时器 2 比较中断, 中断子向量地址偏移量 002CH
    B    PHANTOM      ; 定时器 2 下溢中断, 中断子向量地址偏移量 002DH
    B    PHANTOM      ; 定时器 2 上溢中断, 中断子向量地址偏移量 002EH
    B    PHANTOM      ; 定时器 3 周期中断, 中断子向量地址偏移量 002FH
    B    PHANTOM      ; 定时器 3 比较中断, 中断子向量地址偏移量 0030H
    B    PHANTOM      ; 定时器 3 下溢中断, 中断子向量地址偏移量 0031H
    B    PHANTOM      ; 定时器 3 上溢中断, 中断子向量地址偏移量 0032H
    B    PHANTOM      ; 捕获器 1 中断, 中断子向量地址偏移量 0033H
    B    PHANTOM      ; 捕获器 2 中断, 中断子向量地址偏移量 0034H
    B    PHANTOM      ; 捕获器 3 中断, 中断子向量地址偏移量 0035H
    B    PHANTOM      ; 捕获器 4 中断, 中断子向量地址偏移量 0036H
    B    PHANTOM      ; 捕获器 5 中断, 中断子向量地址偏移量 0037H
    B    PHANTOM      ; 捕获器 6 中断, 中断子向量地址偏移量 0038H
```

B	PHANTOM	；定时器 4 周期中断，中断子向量地址偏移量 0039H
B	PHANTOM	；定时器 4 比较中断，中断子向量地址偏移量 003AH
B	PHANTOM	；定时器 4 下溢中断，中断子向量地址偏移量 003BH
B	PHANTOM	；定时器 4 上溢中断，中断子向量地址偏移量 003CH
B	PHANTOM	；假中断向量，中断子向量地址偏移量 003DH
B	PHANTOM	；假中断向量，中断子向量地址偏移量 003EH
B	PHANTOM	；假中断向量，中断子向量地址偏移量 003FH
B	PHANTOM	；高优先级模式的 CAN 邮箱中断，中断子向量地址偏移量 0040H
B	PHANTOM	；高优先级模式的 CAN 邮箱中断，中断子向量地址偏移量 0041H

附录 G：硬件法实现 SVPWM 算法的程序代码

本设计的 . asm 文件如下：

```
;;;;;;;;;;;;;;;;;;;;;;;;;;;;;;;;;;;;;;;;;;;;;;;;;;;;;;;;;;;;;;;;;;;;;;;;;;;;;;;;;;;;
;;;; 采用脉宽调制电路产生可在线调整的并带死区控制的 PWM 脉冲波
;;;; 本程序的文件名：m040389_svpwm_hard. asm
;;;;;;;;;;;;;;;;;;;;;;;;;;;;;;;;;;;;;;;;;;;;;;;;;;;;;;;;;;;;;;;;;;;;;;;;;;;;;;;;;;;;
    . include " lf2407_regs. h"        ；引用头部文件，包含 lf2407 所需的各种寄存器
    . include " pwm_generate_vec. h"   ；引用中断向量表和中断子向量表文件
    . def _cy_begin                    ；定义程序的入口地址
    . data
Temp_1 . word 12990                    ；常数，Q0 格式，意义见草纸
Temp_2 . word 00h                      ；用于计算中缓存数据
Temp_3 . word 00h                      ；用于计算中缓存数据
Temp_4 . word 00h                      ；用于计算中缓存数据
; 0 ~ 60 度 sin 表，Q14 格式
Sin_Head
        . WORD 0
        . WORD 286, 572, 857, 1143, 1428
        . WORD 1713, 1997, 2280, 2563, 2854
        . WORD 3126, 3406, 3686, 3964, 4240
        . WORD 4516, 4790, 5063, 5334, 5604
        . WORD 5872, 6138, 6402, 6664, 6924
        . WORD 7182, 7438, 7692, 7943, 8192
        . WORD 8438, 8682, 8923, 9162, 9397
        . WORD 9630, 9860, 10087, 10311, 10531
        . WORD 10749, 10963, 11174, 11381, 11585
        . WORD 11786, 11982, 12176, 12365, 12551
        . WORD 12733, 12911, 13085, 13255, 13421
```

```
        . WORD 13583, 13894, 13741, 14044
Sin_Tail  . WORD 14189
        . text                    ; 程序段开始
_cy_begin
  LAR   AR1, #0                   ; AR1 记录当前的角度，初始值为 0
  CALL system_init               ; 调用系统初始化程序
  CALL PWM_PWM_init              ; 调用 EVA 模块的 PWM 初始化程序
cy_WAIT:                         ; 系统初始化以后输出 PWM 波，不再占用 CPU 资
                                 ;   源，所以 DSP
  NOP                            ; 进入死循环，如果还要做其他工作，可在此添加
                                 ;   程序
  NOP
  B   cy_WAIT
system_init:                     ; 系统初始化程序
   SETC INTM                     ; 关闭系统的全局中断(状态寄存器 ST0 第 9 位)
   CLRC OVM                      ; 置系统溢出模式为 0，累加器的结果正常溢出
                                 ;   (ST0 的第 11 位)
   CLRC SXM                      ; 置符号扩展方式为 0，系统将抑制符号扩展(ST1
                                 ;   的第 10 位)
   CLRC CNF                      ; 使 CNF = 0，双口 DARAM 的 B0 段设置为数据存
                                 ;   储器
   LDP   #DP_PF1                 ; 指向 7000h ~ 707Fh 外设寄存器区
   SPLK #00FEh, SCSR1            ; CSR1 是系统控制/状态寄存器(地址 7018)
                                 ; 位 15 保留
                                 ; 位 14 置 0，CPU 工作时钟为 CLKOUT 输出，置 1
                                 ;   则 Watchdog 时钟为 CLKOUT 输出
                                 ; 位 13 ~ 12 是 LPM1 ~ 0，低功耗模式选择位 .00—
                                 ;   IDLE1(LPMO)模式，
                                 ; 01—IDLE2(LPM1)模式，0x—HALT(LPM2)模式
                                 ; 位 11 ~ 9 是 CLKPS2 ~ 0，PLL 时钟预定标志选择
                                 ;   位。000—4fin, 001—2fin,
                                 ; 010—1. 33fin, 011—1fin, 100—0. 8fin, 101—
                                 ;   0. 66fin, 110—0. 57fin, 111—0. 5fin
                                 ; 位 8 保留
                                 ; 位 7 0—关闭 ADC 的工作时钟，1—使能 ADC 的
                                 ;   工作时钟，模块正常运行
                                 ; 位 6 0—关闭 SCI 的工作时钟，1—使能 SCI 的工
                                 ;   作时钟，模块正常运行
                                 ; 位 5 0—关闭 SPI 的工作时钟，1—使能 SPI 的工
```

                ; 作时钟，模块正常运行

; 位 4 0—关闭 CAN 的工作时钟，1—使能 CAN 的工作时钟，模块正常运行

; 位 3 0—关闭 EVB 的工作时钟，1—使能 EVB 的工作时钟，模块正常运行

; 位 2 0—关闭 EVA 的工作时钟，1—使能 EVA 的工作时钟，模块正常运行

; 位 1 保留

; 位 0 是 ILLADR，非法地址检测位，当 CPU 对一个非法地址进行存取操作时置 1，同时引起 NMI 中断，当被置 1 后，用户可软件写 1 清除该位

```
        SPLK #0E8h, WDCR    ; 不使用 WDT(看门狗) WDCR 为 WD 控制寄存器，
                              地址 7029h
        LDP  #0             ; 指向数据页的第 0 区
        SPLK #0002h, IMR    ; 使能中断第 2 级 INT2，IMR 是中断屏蔽寄存器，
                              地址 0004h，0 禁止，1 使能
        SPLK #0FFFFh, IFR   ; 清除全部一级中断标志。IFR 是中断标志寄存器，
                              地址 0006h，写 1 清 0

        RET
PWM_PWM_init:               ; EVA 模块的 PWM 初始化程序
        LDP  #DP_PF2        ; 指向 7080h ~ 70FFh 外设寄存器区
        LACL MCRA           ; 把 I/O 复用控制寄存器 C 加载到累加器 ACC 中，
                              地址 7090H，6 ~ 11 位控制 pwm1 ~ 6
        OR   #0FC0h         ; IOPA[6 ~ 11]被置为基本功能方式，也即引脚输
                              出是 PWM[1 ~ 6]
        SACL MCRA           ; 累加器 ACC 加载至 MCRA
        LDP  #DP_EVA        ; 指向 7400h ~ 7480h 外设寄存器区
        SPLK #0FFFFh, EVAIFRA ; 清 EVA 模块全部中断标志寄存器。EVAIFRA 为
                              中断标志寄存器 B
```

; 地址 742FH，写 1 清 0。置 1 表明中断被使能

; 位 15 ~ 11 保留

; 位 10 是 T1OFINT FLAG，通用定时器 1 上溢中断标志位

; 位 9 是 T1UFINT FLAG，通用定时器 1 下溢中断标志位

; 位 8 是 T1CINT FLAG，通用定时器 1 比较中断标志位

; 位 7 是 T1PINT FLAG，通用定时器 1 周期中断标志位

```
                              ; 位 6 ~ 4 保留
                              ; 位 3 是 CMP3INT FLAG，比较器 3 中断标志位
                              ; 位 2 是 CMP2INT FLAG，比较器 2 中断标志位
                              ; 位 1 是 CMP1INT FLAG，比较器 1 中断标志位
                              ; 位 0 是 CMP0INT FLAG，比较器 0 中断标志位
        SPLK #0FFFFh, EVAIFRB ; 防止系统误触发其他不需要的中断。
                              ; 地址 7430H。
                              ; 位 15 ~ 4 保留
                              ; 位 3 是 T2OFINT FALG，通用定时器 2 上溢出中断
                                比较志位
                              ; 位 2 是 T2UFINT FALG，通用定时器 2 上溢出中断
                                比较志位
                              ; 位 1 是 T2CINT FALG，通用定时器 2 比较中断比
                                较志位
                              ; 位 0 是 T2PINT FALG，通用定时器 2 周期中断比
                                较志位
        SPLK #0FFFFh, EVAIFRC ; 防止系统误触发其他不需要的中断，地址 7431H
        SPLK #2666h, ACTRA    ; 输出 PWM 的 6，4，2 低有效，5，3，1 高有效。
                                ACTRA 地址 7413H。
```

; 位 15 是 SVRDIR，空间量 PWM 旋转方向。0 正向，1 负向。

; 位 14 ~ 12 是 D2 ~ D0，基本空间矢量位(仅用于空间适量 PWM 输出)

; 位 11 ~ 10 是 CMP6CAT1 ~ CMP6ACT0，比较事件发生时 PWM6 脚输出方式控制位。00 强迫低，01 低有效，10 高有效，11 强迫高

; 位 9 ~ 8 是 CMP5CAT1 ~ CMP5ACT0，比较事件发生时 PWM5 脚输出方式控制位。00 强迫低，01 低有效，10 高有效，11 强迫高

; 位 7 ~ 6 是 CMP4CAT1 ~ CMP4ACT0，比较事件发生时 PWM4 脚输出方式控制位。00 强迫低，01 低有效，10 高有效，11 强迫高

; 位 5 ~ 4 是 CMP3CAT1 ~ CMP3ACT0，比较事件发生时 PWM3 脚输出方式控制位。00 强迫低，01 低有效，10 高有效，11 强迫高

; 位 3 ~ 2 是 CMP2CAT1 ~ CMP2ACT0，比较事件发生时 PWM2 脚输出方式控制位。00 强迫低，01 低有效，10 高有效，11 强迫高

; 位 1 ~ 0 是 CMP1CAT1 ~ CMP1ACT0，比较事件发生时 PWM1 脚输出方式控制位。00 强迫低，01 低有效，10 高有效，11 强迫高

　　　　SPLK #0000h, DBTCONA ; DBTCONA 是死区定时器控制寄存器，位 15 ~ 12 保留

; 位 11 ~ 8 是 DBT3 ~ DBT0，死区定时器周期设置位，此 4 位定义了 EVA 模块 3 个死区定时器的周期值

; 位 7 是 EDBT3，死区定时器 3 使能位(比较单元 3 的 PWM5 和 PWM6 脚)。0 禁止，1 使能；

　　；位 6 是 EDBT2，死区定时器 2 使能位（比较单元 2 的 PWM3 和 PWM4 脚）。0 禁止，1 使能；

　　；位 5 是 EDBT1，死区定时器 1 使能位（比较单元 1 的 PWM1 和 PWM2 脚）。0 禁止，1 使能；

　　；位 4 ~ 2 是 DBTPS2 ~ DBTPS0，死区定时器时钟预定标志位。000-x/1；001-x/2，101-x/4，011-x/8，100-x/16，101-x/32，110-x/3，111-x/32

　　；位 1 保留

```
        SPLK #89,       CMPR1    ; 设置比较寄存器 1
        SPLK #636,      CMPR2    ; 设置比较寄存器 2
        SPLK #20000,    T1PR     ; 设置定时器 1 的周期寄存器，也即 PWM 载波周期为
                                   40000（连续增减）个定标的定时器时钟周期
        SPLK #9200h, COMCONA     ; 使能比较操作。COMCONA 是比较控制寄存器 A，地
                                   址 7411H，位 7 ~ 0 保留
```

　　；位 15(1) 是 CENABLE，比较使能位，0 禁止比较操作，比较单元其他寄存器（CMPRx，ACTRA）内容无效。1 使能比较操作

　　；位 14 ~ 13(00) 是 CLD1 ~ CLD0，比较寄存器 CMPRx 重新装载条件：00 为 T1CNT = 0 时，01 为 T1CNT = 0 或 T1CNT = T1PR 时，10 立即，11 保留

　　；位 12(1) 是 SVENABLE，空间矢量 PWM 模式使能位。0 禁止空间矢量 PWM 模式，1 使能

　　；位 11 ~ 10(00) 是 ACTRLD1 ~ ACTRLD0，方式控制寄存器 ACTRA 重新装载条件：00 为 T1CNT = 0 时，01 为 T1CNT = 0 或 T1CNT = T1PR 时，10 立即，11 保留

　　；位 9(1) 是 FCOMPOE，比较输出使能位，0 禁止 PWM 输出，1 使能

　　；位 8 对于 LF2407 保留

```
        SPLK #0,     T1CNT   ; 定时器 1 的计数寄存器清 0
        SPLK #41h, GPTCONA   ; 位 6（TCOMPOE）= 1，使能所有定时器的比较输出，
```

　　；位[1--0]（T3PIN）= 01，定时器 1 的比较输出是低有效；GPTCONA 是通用定时器全局控制寄存器 A，地址 7400H

　　；位 15，12 ~ 11，5 ~ 4 为保留位

　　；位 14 是 T2STAT，通用定时器 2 计数寄存器工作状态为（只读），0 向下计数，1 向上计数

　　；位 13 是 T1STAT，通用定时器 1 计数寄存器工作状态为（只读），0 向下计数，1 向上计数

　　；位 10 ~ 9 是 T2TOADC，使用定时器 2 的事件启动 ADC 模式配置位：00 定时器 2 的事件不启动 ADC，01 下溢出中断标志位的置位将启动 ADC，10 周期中断标志位的置位将启动 ADC，11 比较中断标志位的置位将启动 ADC。

　　；位 8 ~ 7 是 T1TOADC，使用定时器 1 的事件启动 ADC 模式配置位，用法同上。

　　；位 6 是 TCOMPOE，比较输出使能为。0 禁止所有通道定时器比较输出，1 使能。

　　；位 3 ~ 2 是 T2PIN，通用定时器 2 的比较输出极性配置位。00 强制低电平输出，01 比较有效时输出低电平，10 比较有效时输出高电平，11 强制高电平。

; 位 1～0 是 T1PIN，通用定时器 1 的比较输出极性配置位。用法同上。

    SPLK #0200h，EVAIMRA   ; 仅仅使能 EVA 模块的定时器 1 的下溢出中断 T1PINT。EVAIMRA 为 EVA 中断屏蔽寄存器 A，地址 742CH，位 15～11，6～4 保留

    ; 位 10 是 T1OFINT ENABLE，通用定时器 1 上溢中断使能位

    ; 位 9 是 T1UFINT ENABLE，通用定时器 1 下溢中断使能位

    ; 位 8 是 T1CINT ENABLE，通用定时器 1 比较中断使能位

    ; 位 7 是 T1PINT ENABLE，通用定时器 1 周期中断使能位

    ; 位 3 是 CMP3INT ENABLE，比较器 3 中断使能位
    ; 位 2 是 CMP2INT ENABLE，比较器 2 中断使能位
    ; 位 1 是 CMP1INT ENABLE，比较器 1 中断使能位
    ; 位 0 是 CMP0INT ENABLE，比较器 0 中断使能位

    SPLK #0000h，EVAIMRB   ; EVAIMRB 为 EVA 中断屏蔽寄存器 B，地址 742DH，位 15～4 保留

    ; 位 3 是 T2OFINT ENABLLE，通用定时器 2 上溢出中断使能位

    ; 位 2 是 T2UFINT ENABLE，通用定时器 2 下溢出中断使能位

    ; 位 1 是 T2CINT ENABLE，通用定时器 2 比较中断使能位

    ; 位 0 是 T2PINT ENABLE，通用定时器 2 周期中断使能位

    SPLK #0000h，EVAIMRC   ; EVAIMRC 为 EVA 中断屏蔽寄存器 C，地址 742EH，位 15～3 保留

    ; 位 2 是 CAP3INT ENABLE，捕捉单元 3 中断使能位

    ; 位 1 是 CAP3INT ENABLE，捕捉单元 2 中断使能位

    ; 位 0 是 CAP3INT ENABLE，捕捉单元 1 中断使能位

    SPLK #0842h，T1CON   ; T1CON 是定时器 1 控制寄存器，地址 7404H，位 13 保留

  ; 位 15～14（00）是 Free，Soft，定时器仿真状态位。00—当仿真挂起时定时器立即停止，10—当仿真挂起时定时器完成当前的计数周期后停止工作；1x—不管仿真是否挂起，定时器都自动运行。

　　; 位 12 ~ 11(01)是 TMODE1 ~ TMODE0, 计数模式选择位; 00—停止/保持模式, 01—连续增减计数模式, 10—连续增计数模式, 11—定向增减计数模式

　　; 位 10 ~ 8(000)是 TPS2 ~ TPS0, 输入时钟预定标位; 000-x/1, 001-x/2, 010-x/4, 011-x/8, 100-x/16, 101-x/32, 110-x/64, 111-x/128, 其中 x = CPU 时钟频率

　　; 位 7(0)是 T2SWT1/T4SWT3, 定时器 2/4 开始计数条件控制位; 0 使用自己的 TENABLE 位, 1 使用 T1CON/T3CON 的 TENABLE 位.

　　; 位 6(1)是 TENABLE, 定时器使能位. 0 禁止定时器操作, 计数寄存器停止计数, 同时预定标复位, 1 使能定时器操作

　　; 位 5 ~ 4(00)是 TCLKS1 ~ TCLKS0, 时钟源选择配置位, 00—内部时钟, 01—外部时钟, 10—保留, 11—保留(在 T1CON1 和 T3CON3 中), QEP 电路(在 T1CON2 和 T3CON4 中, 且 SELT1/3RP 为 0 时才有效)

　　; 位 3 ~ 2(00)是 TCLD1 ~ TCLD0, 定时器比较寄存器重新装载条件设置位. 00 计数寄存器值为 0 时, 01 计数寄存器值为 0 或等于周期寄存器值时, 10 立即, 11 保留

　　; 位 1(1)是 TECMPR, 定时器比较使能位. 0 禁止定时器比较操作, 1 使能定时器比较操作.

　　; 位 0(0)是 SELT1PR/SELT3PR, 周期寄存器选择控制位. 0 使能自己的周期寄存器, 1 使用定时器 1 的周期寄存器(对于定时器 2), 使用定时器 3 的周期寄存器(对于定时器 4)

```
            CLRC INTM           ; 打开系统全局中断
            RET                 ; 立即返回指令
GISR2:                          ; 优先级 INT2 中断入口
                                ; 保护现场
            LDP  #DP_PF1        ; 指向 7000H ~ 707FH
            LACC PIVR, 1        ; 读取外设中断向量 PIVR 的值并左移 1 位, 相当
                                  于乘 2, 所以偏移地址等于 2 * 偏移量(因为 B
                                  指令有 2 个字长), PIVR 是外设中断向量寄存
                                  器(只读)
            ADD  #PVECTORS      ; 再加上外设中断子向量的入口地址
            BACC                ; 根据累加器的值, 跳到相应的中断服务子程序
                                  中.
T1U_ISR:                        ; 通用定时器 1 的下溢出中断子程序入口
            LDP  #DP_EVA        ; 指向 7400h ~ 7480h 外设寄存器区
            SPLK #0FFFFh, EVAIFRA ; 清中断标志
                                ; 计算角度增量和扇区值
            LAR  AR0, #360      ; AR0 存放 360 周期值, 如果角度等于 360 则置当
                                  前角度为 0
            MAR  *, AR1         ; 修改当前辅助寄存器为 AR1
            CMPR 00             ; 比较两寄存器
            BCND PAND, NTC      ; 如果两寄存器值不相等则跳转到 PAND
            LAR  AR1, #0
```

```
PAND:   LDP  #6              ; 指向 300H ~ 37FH 的数据块 B1
        SAR  AR1, Temp_2      ; 将当前的角度装入 Temp_2
        LACC #300            ; 判断是否在第 6 区
        SUBB  Temp_2
        BCND SQ6, LT
        LACC #240            ; 判断是否在第 5 区
        SUBB  Temp_2
        BCND SQ5, LT
        LACC #180            ; 判断是否在第 4 区
        SUBB  Temp_2
        BCND SQ4, LT
        LACC #120            ; 判断是否在第 3 区
        SUBB  Temp_2
        BCND SQ3, LT
        LACC #60             ; 判断是否在第 2 区
        SUBB  Temp_2
        BCND SQ2, LT
        B  SQ1               ; 跳到第 0 区
SQ6:    LDP  #DP_EVA         ; 指向 7400h ~ 7480h 外设寄存器区
        SPLK #5666h, ACTRA   ; 放入新的 ACTRA 值
        LDP  #6              ; 指向 300H ~ 37FH 的数据块 B1
        LACC Temp_2          ; 将当前的角度装入 ACC
        SUB  #300            ; 减去 300, 执行后 ACC 中是地址在 SIN 表中的偏
                             ;   移量
        SACL Temp_2          ; 将偏移量装入 Temp_2
        B  JSCT              ; 跳到 JST, 来计算 CMPR1 和 CMPR2 的值
SQ5:    LDP  #DP_EVA         ; 指向 7400h ~ 7480h 外设寄存器区
        SPLK #4666h, ACTRA   ; 放入新的 ACTRA 值
        LDP  #6              ; 指向 300H ~ 37FH 的数据块 B1
        LACC Temp_2          ; 将当前的角度装入 ACC
        SUB  #240            ; 减去 240, 执行后 ACC 中是地址在 SIN 表中的偏
                             ;   移量
        SACL Temp_2          ; 将偏移量装入 Temp_2
        B  JSCT              ; 跳到 JST, 来计算 CMPR1 和 CMPR2 的值
SQ4:    LDP  #DP_EVA         ; 指向 7400h ~ 7480h 外设寄存器区
        SPLK #6666h, ACTRA   ; 放入新的 ACTRA 值
        LDP  #6              ; 指向 300H ~ 37FH 的数据块 B1
        LACC Temp_2          ; 将当前的角度装入 ACC
        SUB  #180            ; 减去 180, 执行后 ACC 中是地址在 SIN 表中的偏
```

		；移量
	SACL Temp_2	；将偏移量装入 Temp_2
	B　JSCT	；跳到 JST，来计算 CMPR1 和 CMPR2 的值
SQ3：	LDP　#DP_EVA	；指向 7400h ~ 7480h 外设寄存器区
	SPLK #2666h，ACTRA	；放入新的 ACTRA 值
	LDP　#6	；指向 300H ~ 37FH 的数据块 B1
	LACC Temp_2	；将当前的角度装入 ACC
	SUB　#120	；减去 120，执行后 ACC 中是地址在 SIN 表中的偏移量
	SACL Temp_2	；将偏移量装入 Temp_2
	B　JSCT	；跳到 JST，来计算 CMPR1 和 CMPR2 的值
SQ2	LDP　#DP_EVA	；指向 7400h ~ 7480h 外设寄存器区
	SPLK #3666h，ACTRA	；放入新的 ACTRA 值
	LDP　#6	；指向 300H ~ 37FH 的数据块 B1
	LACC Temp_2	；将当前的角度装入 ACC
	SUB　#60	；减去 60，执行后 ACC 中是地址在 SIN 表中的偏移量
	SACL Temp_2	；将偏移量装入 Temp_2
	B　JSCT	；跳到 JST，来计算 CMPR1 和 CMPR2 的值
SQ1	LDP　#DP_EVA	；指向 7400h ~ 7480h 外设寄存器区
	SPLK #1666h，ACTRA	；放入新的 ACTRA 值
	B　JSCT	；跳到 JST，来计算 CMPR1 和 CMPR2 的值
JSCT		；计算 CMPR1 值
	LDP　#6	；指向 300H ~ 37FH 的数据块 B1
	LACC #Sin_Tail	；Sin_Tail 表尾地址放入 ACC
	SUB　Temp_2	；减去偏移量，得到 SIN(60-X) 的值的地址
	MAR　*，AR2	；当前辅助寄存器为 AR2
	SACL Temp_3	；将以上地址值装入 Temp_3
	LAR　AR2，Temp_3	；将 Temp_3 值装入 AR2
	LT　*	；AR2 中的地址中的内容(即 SIN 值，Q14 格式)装入 TREG
	MPYU Temp_1	；Temp_1 为 Q0 格式，乘积放入 PREG，格式为 Q14
	SPM　3	；设置 PREG 的值输出时先要右移 6 位
	PAC	；把 PREG 的值放入 ACC，此时数据为 Q8 格式
	RPT　#7	；下条指令执行 7 + 1 次
	SFR	；右移动一次 ACC
	SACL Temp_4	；Ta/2 保留在 Temp_4 中，供以后计算使用
	LDP　#DP_EVA	；指向 7400h ~ 7480h 外设寄存器区

```
        SACL CMPR1              ; 计算出了 Ta/2 的值
                                ; 计算 CMPR1 的值
        LDP  #6                 ; 指向 300H～37FH 的数据块 B1
        LACC #Sin_Head          ; Sin_Head 表头地址放入 ACC
        ADD  Temp_2             ; 加上偏移量，得到 SIN(X) 的值的地址
        MAR  *, AR2             ; 当前辅助寄存器为 AR2
        SACL Temp_3             ; 将以上地址值装入 Temp_3
        LAR  AR2, Temp_3        ; 将 Temp_3 值装入 AR2
        LT   *                  ; AR2 中的地址中的内容（即 SIN 值, Q14 格式）
                                ; 装入 TREG
        MPYU Temp_1             ; Temp_1 为 Q0 格式, 乘积放入 PREG, 格式为
                                ; Q14
        SPM  3                  ; 设置 PREG 的值输出时先要右移 6 位
        PAC                     ; 把 PREG 的值放入 ACC, 此时数据为 Q8 格式
        RPT  #7                 ; 下条指令执行 7 + 1 次
        SFR                     ; 右移动一次 ACC
        ADD  Temp_4             ; 加上 CMPR1 的值
        LDP  #DP_EVA            ; 指向 7400h～7480h 外设寄存器区
        SACL CMPR2             ; 计算出了(Ta + Tb)/2 的值
        LAR  AR0, #18          ; AR0 中装入十进制数 18
        MAR  *, AR1            ; 当前辅助寄存器为 AR1
        MAR  *0 +, AR1         ; AR1 加上 18
                                ; 恢复现场
        CLRC INTM               ; 开总中断, 因为一进中断就会自动关闭总中断
        RET
; 假中断向量子程序
PHANTOM:
        LDP  #DP_PF1            ; 指向 7000H～707FH
        SPLK #05555h, WDKEY    ; 复位看门狗
        SPLK #0AAAAh, WDKEY
        NOP
        RET
        . end                  ; 汇编伪指令，表示汇编文件结束，终止汇编.
```

附录 H: 基于 MATLAB/SIMULINK 的 DSP 程序开发

　　附录 H 给出了本书 11 章中在 MATLAB/SIMULINK 中开发 DSP 程序的详细仿真实例。图 H-1 给出了 SIMULINK 仿真程序的顶层界面。

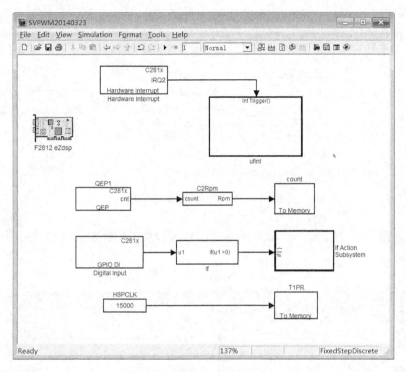

图 H-1　仿真程序顶层界面

图 H-2 给出了图 H-1 中 QEP1 与 count 模块的参数设置，图 H-3 给出了图 H-1 中 C2Rpm 子系统内部结构。

Source Block Parameters: QEP1

C281x QEP (mask) (link)

Configures quadrature encoder pulse circuit associated with the selected Event Manager module to decode and count quadrature encoded pulses applied to related input pins (QEP1 and QEP2 for EVA or QEP3 and QEP4 for EVB). Depending on the selected counting mode, the output is either the pulse count or the rotor speed (when a pulse signal comes from an optical encoder mounted on a rotating machine).

Parameters

Module: A

Counting mode: Counter

Initial count :

0

Sample time:

0.1

Data type: int16

OK　　Cancel　　Help

Sink Block Parameters: count

To Memory (mask) (link)

Write to sequential locations of the target memory starting at specified start address. Memory may be written into during initialization, termination and at every sample time. You can specify custom C source code to be inserted before and/or after the memory write instruction(s).

Parameters　｜　Custom Code

Memory address (hex):

80000

Data type: uint16

☐ Write at initialization

☐ Write at termination

☑ Write at every sample time

OK　　Cancel　　Help　　Apply

图 H-2　QEP1 与 count 参数设置

图 H-3   C2rpm 子系统内部结构

图 H-4 左图给出了图 H-1 中 digital input 的参数设置，右图给出了图 H-1 中 if 模块的对话框。

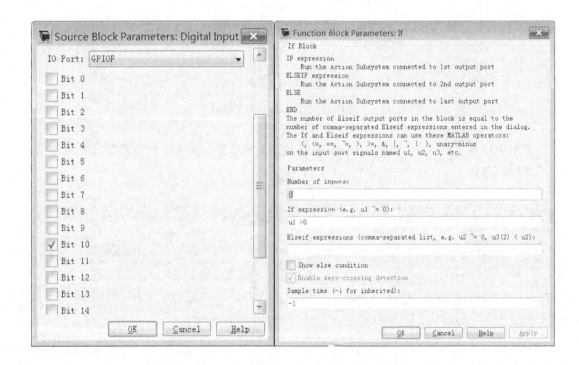

图 H-4   digital input 与 if 模块的参数设置

图 H-5 给出了图 H-1 中 if action subsystem 子系统的内部结构。图 H-5 中的 command 模块、current regulate 模块如图 H-6 所示，图 H-5 中的 run control 与 low-frequency 模块如图 H-7 所示，图 H-5 中的 given set 内部结构如图 H-8 所示。

图 H-7 中 run control 内部的 run 与 stop 控制模块的内部结构如图 H-9 所示。

图 H-1 中 T1PR 模块设置如图 H-10 所示。

图 H-5　　if action subsystem 内部结构

图 H-6　　command 与 current regulate 内部结构

图 H-7　　run control 与 low-frequency 内部结构

图 H-8　given set 内部结构

图 H-9　Stop 与 run 内部结构

图 H-10　T1PR 的参数设置对话框

图 H-11 中硬件中断参数设置如图 H-11 左图所示。当右键单击硬件中断模块时，在菜单中选择 look under mask，然后出现图 H-11 中右图所示界面，这即是该模块的内部结构。显然，它实际上就是一个 s 函数。

图 H-11　Hardware interrupt 设置界面

图 H-1 中的 ufint 子系统内部结构如图 H-12 所示。

图 H-12　Uint 触发子系统内部结构

图 H-12 中 speed set 与 u_b 参数设置如图 H-13 所示，图 H-12 中 flag1 参数设置如图 H-14 所示。

图 H-13　speed set 与 u_b 参数设置

图 H-14　flag1 参数设置对话框

　　图 H-12 中 a_calculate 子系统内部结构图如图 H-15 所示，图 H-15 中 switch case 模块的参数设置如图 H-16 所示。

图 H-15　　a_calculate 子系统内部结构

图 H-16　　switch case 参数设置对话框

　　图 H-15 中的 switch case action subsystem 子系统内部结构如图 H-17 所示，3 个子系统的区别仅仅在于 V-F H 查表单元的具体参数（用来设置不同的压频比曲线），如图 H-18 中 3 个对话框所示。

图 H-17　　switch case action subsystem 子系统内部结构

图 H-18　三个 switch case action subsystem 子系统中 V-F H 查表单元的具体参数

图 H-12 中 svpwm_calc 子系统内部结构如图 H-19 所示。

图 H-19　Svpwm 计算子系统

图 H-19 中的 Mode select1 子系统内部结构如图 H-20 所示，图 H-19 中的 V4 与 V2 子系统内部结构如图 H-21 所示，图 H-19 中 V 子系统内部结构如图 H-22 所示，图 H-19 中 V5 与 V1 子系统内部结构如图 H-23 所示，图 H-19 中 V6 子系统内部结构如图 H-24 所示。

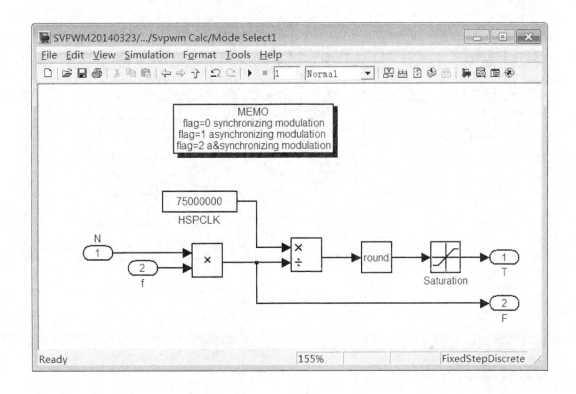

图 H-20　Mode select1 子系统内部结构

图 H-21　V4 与 V2 子系统内部结构图

图 H-22　V 子系统内部结构

图 H-23　V5 与 V1 子系统内部结构

图 H-24 中 V8 子系统内部结构如图 H-25 所示。

鼠标右键单击图 H-19 右上角 PWM1 模块，在菜单中选择 look under mask 后，出现如图 H-26 所示的对话框，它表明该模块是一个经过封装的 s 函数模块。

图 H-24　V6 子系统内部结构

图 H-25　V8 子系统内部结构

图 H-26　Pwm1 子系统内部结构

鼠标双击图 H-19 右上角 PWM1 单元，出现图 H-27 所示的参数设置对话框，在里面对 Timer、Outputs 选项卡进行设置；对 Logic、Deadband 选项卡设置的对话框如图 H-28 所示；对 ADC Control 选项卡设置的对话框如图 H-29 所示。

图 H-27　PWM1 参数设置对话框（Timer、Outputs）

图 H-28　PWM1 参数设置对话框（Logic、Deadband）

图 H-19 中的 DQ_U_TRANSFORM 与 Flux observer 子系统内部结构如图 H-30 所示，右图中的限幅模块的限幅值为 −2、2。

图 H-29　PWM1 参数设置对话框（ADC Control）

图 H-30　DQ_U_TRANSFORM、Flux observer 子系统内部结构

　　图 H-19 中 ADC 子系统内部结构如图 H-31 所示。图 H-31 中 ADC 模块的参数设置如图 H-31 中右图所示，SI2REAL 子系统如图 H-32 左图所示，三个 subsystem 子系统内部结构相同，如图 H-32 右图所示。

图 H-31　ADC 子系统内部结构

图 H-32　SI2REAL 与 subsystem 子系统内部结构

附录 I：SIMULINK 模块使用注意事项与常见问题调试

1. SIMULINK 模块使用注意事项

（1）goto

SIMULINK 中 goto 模块用来对某个信号进行数值传递，在信号的源头放置并连接 goto 模块，在信号的目的地放置并连接 from 模块，可以省去连接线，使得界面更加整齐、简洁。在使用 goto 模块时务必注意待传递信号的作用范围，如图 I-2 所示，选择不同作用范围（global、scoped、local）时，goto 模块中的变量显示是不同的，如图 I-1 所示，多数情况下可选取 global。

（2）display

Display 模块及其参数设置如图 I-3 所示，该模块可用来动态显示变量的数值，但是它会影响系统的仿真速度。

Goto1　　　Goto2　　　Goto3

图 I-1　不同类型的 goto 模块

通常不需要非常快速地显示变量值，因此可以在图 I-3 中参数设置对话框中将 decimation 设置为 100 等较大的数，这样就不会明显影响仿真速度了。

在仿真程序除法中的除数有时错误设置为 0（例如某些变量未被正确初始化），则会导致仿真出错。若把 Display 连至除法运算的结果处，则 Display 会在仿真时显示 NaN，方便我们调试程序。

图 I-2　goto 模块中变量的作用范围

图 I-3　display 模块及其参数设置对话框

（3）scope

图 I-4 中的 scope 模块是 SIMULINK 中观察波形时最常用的模块。为了在波形界面中显示变量名称，可以如图 I-4a 所示，在其输入连线附近用鼠标双击，随即会出现文本输入框。当输入 te 后，双击 scope 模块后出现的波形显示界面中就会在上方出现 te。另外在图 I-4b 中，鼠标右键单击黑色区域，在快捷菜单中选择 axes properties 后，出现了图 I-4c 所示的对话框。在该对话框靠下的一栏中也可以设置波形显示的变量名称。另外在对话框中可以设置波形显示界面中纵轴的范围。

图 I-4   scope 模块

在图 I-4 中，如果输入连线传递的是多个变量，那么在 scope 的波形显示界面中会按照默认的颜色顺序同时显示多个波形。如果不同变量的变化范围相差很多，那就不便于同时观察多个波形，此时希望采用图 I-5a 所示的上下两个或多个显示界面。此时可以在 scope1 图形显示界面上方快捷按钮中单击 parameters，随即出现图 I-5b 的对话框。在 general 选项卡中 axes 的 number of axes 中输入 2 即可，此时仿真文件中的 scope1 外观显示发生改变，如图 I-5c 所示。

在图 I-5b 中的 time range 中设置 0.1，目的是为了在仿真中波形动态显示的时间跨度为 0.1s。tick labels 中选择 all，目的是为了让上下两个显示界面中都显示时间的标记。在 sampling 的 decimation 中设置 100 的目的同 display 模块中该参数的设置目的是相同的。

图 I-5   分开显示两个波形的 scope 模块设置

另外，在图 I-6 中的 data history 选项卡中不勾选 limit data points to last 5000 的目的是不要把显示波形限制在最后的 5000 个数据点内，也即是说显示所有的波形，当然如果数据量太多，将会严重影响系统的仿真速度，甚至会出现内存溢出（out of memory）的问题。当然也可以将 5000 改写为更大的数值。SIMULINK 默认设置是勾选该复选框的。在图 I-6 下方还可以设置将显示波形数据以变量的形式保存到工作空间中，这需要勾选 save data to work-space。需要注意的是变量保存的具体格式（如 array、structure、structure with time）和引用方式是不同的。

图 I-6　scope 模块中波形显示范围（纵轴的最大值与最小值）设置

Scope 的图形界面中提供的功能较少，有时希望提供完整的菜单进行更多的设置。可以进行如下操作，在 MATLAB 的 Desktop 菜单中选择 figures 后出现图 I-7 左侧的界面，在其中 desktop 中选择 property editor 后，出现图 I-7b 下方的工具，单击右侧的 more properties 出现了图 I-7b 中间的属性设置界面。在其中找到 menubar 后，默认的设置为 none，修改为 figure。在仿真文件中双击 scope1 后即可出现如图 I-8 所示的带有菜单的图形显示界面。

a)　　　　　　　　　　　　　　　　　　　　b)

图 I-7　在 scope 中显示菜单的操作步骤

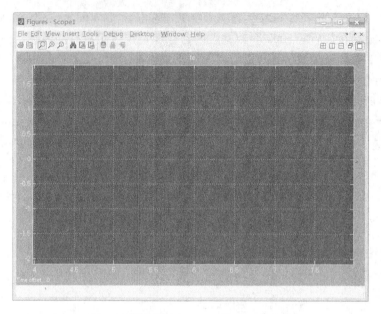

图 I-8　带有菜单的 scope 波形显示界面

（4）三角载波与直流/正弦调制

在控制 DC/DC 或 DC/AC 逆变器输出电压的控制环节中，经常使用到三角载波与直流电压调制波或者正弦电压调制波相比较，从而获得开关器件的 PWM 控制信号。如图 I-9 所示的系统中就采用了 PWM 控制的 DC/DC 直流变换器对直流电动机进行调压调速。

图 I-9　转速单闭环直流电动机调速系统动态结构图

为了有效地实施 PWM 控制，图中控制电压（u_c）的峰值不能超出三角载波的峰值。参考阮毅与陈伯时主编的《电力拖动自动控制系统》（第 4 版）33 页例题 2-5 的相关数据，有 $C_e = 0.2$，$T_m = 0.0419$，$T_1 = 0.01$，$T_s = 1.25\text{e-}4$，假定 BUCK DC/DC 直流侧电压为 300V，即 $K_s = 300$。根据参考书的公式，很容易计算出，调速系统的稳定条件是 $K_p < 0.22$。取 $K_p = 0.2$，可以计算出阶跃给定下的转速稳态误差，见下式：

$$\frac{\Delta n}{n^*} = \frac{1}{1 + K} = \frac{1}{1 + \dfrac{K_p K_s}{C_e}} \approx 0.03$$

可以看出，当给定转速为 1000r/min 时，稳态转速误差可以达到 30r/min。为了减小稳态误差，很容易想到的方法是增加 K_p。根据前面的计算结果，K_p 过大会导致系统不稳定，但图 I-9 的系统则不然。因为增加 K_p 后，会容易使得 $u_c > 1$，此时 BUCK DC/DC 变换器的输出电压最多为 300V，而并不能高于 300V，所以系统不会发散。最终在 ASR 的作用下，电动机的转速会有较大幅度的脉动，所以增加了 K_p 导致了系统的稳定性变差，但是在 DC/DC 本身能力的限制下，电动机的速度仍保持一种稳定振荡的状态。

在进行 SIMULINK 仿真建模与分析中需要注意这一点：过大的 K_p 使得系统的稳定性变差，此时 ASR 的作用非常类似于滞环调节器，失去了传统的线性调节器的作用。

（5）integrator

控制系统经常会使用到积分器（Integrator），SIMULINK 中不同的积分器单元如图 I-10 所示，图 I-11 与图 I-12 分别给出了 5 个不同功能积分器的模型参数设置对话框。

图 I-10　SIMULINK 中不同功能的积分器模块

其中 Integrator1 是一般功能的积分器，它的参数设置对话框如图 I-11 所示，可以看出它仅仅通过对话框设置了积分初始值。如果设置积分器的上下限幅值，就变成了 Integrator2，如图 I-11 右侧所示。如果需要对积分器进行复位（reset），需要图 I-12 左侧的对话框中选择合适的 external reset 条件，此时为 Integrator3。如果需要在外部设置积分器初始值，如图 I-12 中间对话框所示，此时为 Integrator4。如果同时需要设置外部积分初始值和外部复位信号，如图 I-12 右侧对话框所示，此时为 Integrator5。

图 I-11　Integrator1 与 Integrator2 参数设置对话框

2. 常见问题与调试

（1）nan

在 MATLAB 中，Nan 的含义是 not a number，往往在 0 为除数的情况下出现。因为此时不能进行运算，所以导致严重错误，此时 MATLAB 也会自动弹出运行错误的小窗口。为了找到错误的根源，可以找到运行错误窗口提示的模块，然后在与其相关的各条信号线上面连接 display 单元，可以观察到底是哪条信号线的数值有问题，然后逐一分析，直至找出问题所在。

图 I-12　Integrator3、Integrator4 与 Integrator5 参数设置对话框

（2）除零错误与 eps

除零运算是无法进行的，系统一定会报错。有时情况比较特殊——在某些特殊条件下，需要对两个绝对值非常小的数进行除法运算，正常情况下两个数都比较大。此时可以利用 MATLAB 中的 eps，它是 MATLAB 的一个内部常数，绝对值非常小的一个正数。采用合适的形式，把 eps 叠加在分子与分母后，就可以消除仿真错误了。

（3）rad/s 与 Hz

需要注意的是 SIMULINK 中需要设置频率参数的很多模块中，有的频率单位是 rad/s，有的则是 Hz，注意不要使用错误，否则结果只能出错。

（4）代数环问题

代数环（algebraic loop）问题有的时候并不严重，mdl 仿真程序可以进行仿真，但是仿真速度会大受影响；有的时候则不能进行仿真。它描述的是系统的输出与输入之间存在没有任何延时的环路——即代数运算环节，从而导致系统难以对其进行求解。有的时候，把模块的建模方式改变一下可以消除代数环；有的时候，可以考虑在适当的位置加入一个延时环节来消除代数环。另外，出现代数环时，MATLAB/SIMULINK 常常会有相应的问题描述，可以尝试一下仿真系统给出的问题解决方案。

附录 J：国内外电动机调速系统相关标准的标准号及名称

标准号	标　准　名　称
GB/T 156—2007	标准电压
GB/T 762—2002	标准电流等级
GB 755—2008	旋转电机　定额和性能
GB/T 999—2008	直流电力牵引额定电压

（续）

标准号	标准名称
GB/T 1032—2005	三相异步电动机试验方法
GB/T 1402—2010	轨道交通牵引供电系统电压
GB/T 2900.25—2008	电工术语　旋转电机
GB/T 2900.34—1983	电工名词术语　电气传动及其自动控制
GB/T 2900.36—2003	电工术语　电力牵引
GB/T 2900.60—2002	电工术语　电磁学
GB/T 3859.1—2013	半导体变流器　通用要求和电网换相变流器　第1-1部分：基本要求规范
GB/T 3859.4—2004	半导体变流器　包括直接直流变流器的半导体自换相变流器
GB/T 3886.1—2001	半导体电力变流器　用于调速电气传动系统的一般要求　第1部分关于直流电动机传动额定值的规定
GB 4208—2008	外壳防护等级（IP代码）
GB/T 4365—2003	电工术语　电磁兼容
GB/T 7180—1987	铁路干线电力机车基本参数
GB/T 7928—2003	地铁车辆通用技术条件
GB/T 10236—2006	半导体变流器与供电系统的兼容及干扰防护导则
GB/T 10411—2005	城市轨道交通直流牵引供电系统
GB/T 13422—2013	半导体变流器　电气试验方法
GB 14023—2011	车辆、船和内燃机　无线电骚扰特性　用于保护车外接收机的限值和测量方法
GB/T 14472—1998	电子设备用固定电容器　第14部分：分规范　抑制电源电磁干扰用固定电容器
GB 14711—2013	中小型旋转电机通用安全要求
GB 14892—2006	城市轨道交通列车　噪声限值和测量方法
GB/T 15287—1994	抑制射频干扰整件滤波器　第一部分：总规范
GB/T 15708—1995	交流电气化铁道电力机车运行产生的无线电辐射干扰的测量方法
GB/T 17007—1997	绝缘栅双极型晶体管测试方法
GB/T 17619—1998	机动车电子电器组件的电磁辐射抗扰性限值和测量方法
GB/T 17626.1—2006	电磁兼容　试验和测量技术　抗扰度试验总论
GB/T 17626.2—2006	电磁兼容　试验和测量技术　静电放电抗扰度试验
GB/T 17626.29—2006	电磁兼容　试验和测量技术　直流电源输入端口电压暂降、短时中断和电压变化的抗扰度试验
GB/T 17702—2013	电力电子电容器
GB/Z 18333.1—2001	电动道路车辆用锂离子蓄电池
GB/T 18384.1—2001	电动道路车辆安全要求　第1部分：车载储能装置
GB/T 18385—2005	电动汽车动力性能试验方法
GB/T 18387—2008	电动车辆的电磁场发射强度的限值和测量方法，宽带，9kHz～30MHz
GB/T 18487.3—2001	电动车辆传导充电系统　电动车辆交流/直流充电机（站）
GB/T 18488.1—2006	电动汽车用电机及其控制器　第1部分：技术条件

（续）

标准号	标 准 名 称
GB/T 18488.2—2006	电动汽车用电机及其控制器　第2部分：试验方法
GB/T 18655—2010	车辆、船和内燃机　无线电骚扰特性　用于保护车载接收机的限值和测量方法
GB/T 19596—2004	电动汽车术语
GB/T 19951—2005	道路车辆　静电放电产生的电骚扰试验方法
GB/T 20137—2006	三相笼型异步电动机损耗和效率的确定方法
GB/T 21418—2008	永磁无刷电动机系统通用技术条件
GB/T 21437.1—2008	道路车辆　由传导和耦合引起的电骚扰　第1部分：定义和一般描述
GB/T 22669—2008	三相永磁同步电动机试验方法
GB/T 22711—2008	高效三相永磁同步电动机技术条件（机座号 132~280）
GB/T 24338.1—2009	轨道交通　电磁兼容　第1部分：总则
GB/T 24338.3—2009	轨道交通　电磁兼容　第3—1部分：机车车辆　列车和整车
GB/T 24338.4—2009	轨道交通　电磁兼容　第3—2部分：机车车辆　设备
GB/T 24338.6—2009	轨道交通　电磁兼容　第5部分：地面供电装置和设备的发射与抗扰度
GB/T 24339.1—2009	轨道交通　通信、信号和处理系统　第1部分：封闭式传输系统中的安全相关通信
GB/T 24347—2009	电动汽车 DC/DC 变换器
GB/T 24548—2009	燃料电池电动汽车 术语
GB/T 25117.1—2010	轨道交通　机车车辆组合试验　第1部分：逆变器供电的交流电动机及其控制系统的组合试验
GB/T 25119—2010	轨道交通　机车车辆电子装置
GB/T 25120—2010	轨道交通　机车车辆牵引变压器和电抗器
GB/T 25122.1—2010	轨道交通　机车车辆用电力变流器　第1部分：特性和试验方法
GB/T 25123.2—2010	电力牵引　轨道机车车辆和公路车辆用旋转电机　第2部分：电子变流器供电的交流电动机
GB/T 25123.3—2011	电力牵引　轨道机车车辆和公路车辆用旋转电机　第3部分：用损耗总和法确定变流器供电的交流电动机的总损耗
GB/T 29307—2012	电动汽车用驱动电机系统可靠性试验方法
GB 30253—2013	永磁同步电动机能效限定值及能效等级
GB 50157—2013	地铁设计规范
GJB/Z 25—1991	电子设备和设施的接地、搭接和屏蔽设计指南
GJB/Z 35—1993	元器件降额准则
GJB 5240—2004	军用电子装备通用机箱机柜屏蔽效能要求和测试方法
IEC 478.4—1976	直流输出稳定电源除射频干扰外的试验方法
IEC 478.5—1993	直流输出稳定电源电抗性近场磁场分量的测量
EN 60349—4—2013	Electric traction. Rotating electrical machines for rail and road vehicles. Part 4：Permanent magnet synchronous electrical machines connected to an electronic converter.
JB/T 1093—1983	牵引电机基本试验方法
JB/T 6480—1992	牵引电机基本技术条件

（续）

标准号	标准名称
JB/T 7490—2007	霍尔电流传感器
JB/T 10183—2000	永磁交流伺服电动机通用技术条件
JB/T 10922—2008	高原铁路机车用旋转电机技术要求
QC/T 742—2006	电动汽车用铅酸蓄电池
QC/T 743—2006	电动汽车用锂离子蓄电池
QC/T 893—2011	电动汽车用驱动电机系统故障分类及判断
QC/T 896—2011	电动汽车用驱动电机系统接口
QJ 1417—1988	元器件可靠性降额准则
SJ 2811.1—1987	通用直流稳定电源术语及定义、性能与额定值
SJ 2811.2—1987	通用直流稳定电源测试方法
SJ/T 10691—1996	变频变压电源通用规范
SJ 20156—1992	电源中减小电磁干扰的设计指南
SJ 20392—1993	穿心电容器和射频滤波器插入损耗的测量方法
SJ 20454—1994	电子设备可靠性设计方法指南
SJ 20722—1998	热电阻温度传感器总规范
SJ 20790—2000	电流电压传感器总规范
TB/T 1449—1982	机车用直流电机基本技术条件
TB/T 1608—2001	机车车辆用三相异步电机基本技术条件
TB/T 1704—2001	机车电机试验方法　直流电机
TB/T 2436—2006	电力牵引　铁路机车车辆和公路车辆用除电子变流器供电的交流电动机之外的旋转电机
TB/T 2437—2006	机车车辆用电力变流器特性和试验方法
TB/T 2509—1995	电力机车总效率试验方法
TB/T 2513—1995	电力机车牵引电动机输入特性试验方法
TB/T 2990—2000	机车、动车的牵引电机悬挂和轮对传动系统及其推荐使用范围
TB/T 3001—2000	铁路机车车辆用电子变流器供电的交流电动机
TB/T 3034—2002	机车车辆电气设备电磁兼容性试验及其限值
TB/T 3075—2003	铁路应用　机车车辆设备　电力电子电容器
TB/T 3117—2005	铁路应用　机车车辆　逆变器供电的交流电动机及其控制系统的综合试验
TB/T 3153—2007	铁路应用　机车车辆布线规则
TB/T 3238—2010	动车组牵引电动机技术条件
TB 10072—2000	铁路通信电源设计规范
UL 458—2006	Power Converters-Inverters and Power Converter-Inverter Systems for Land Vehicles and Marine Crafts

上述标准号前缀的含义如下（最上面三个是国外标准，其余是国内标准）：

EN：欧洲标准

IEC：国际电工委员会标准

UL：美国保险商实验室标准

GB：强制性国家标准

GB/T：推荐性国家标准

GB/Z：国家标准化指导性技术文件

GJB：国家军用系列标准

JB/T：推荐性国家机械行业标准

QC/T：推荐性国家汽车行业标准

QJ：国家航天工业标准

SJ：国家电子行业标准

SJ/T：推荐性国家电子行业标准

TB：国家铁路行业标准

TB/T：推荐性国家铁路行业标准

参 考 文 献

[1] 张舟云，贡俊. 新能源汽车电机及驱动控制技术 [M]. 上海：上海科学技术出版社，2013.

[2] Seung-Ki Sul. 电机传动系统控制 [M]. 张永昌，等译. 北京：机械工业出版社，2013.

[3] R. Krishnan. 永磁无刷电机及其驱动技术 [M]. 柴凤，等译. 北京：机械工业出版社，2013.

[4] 阮毅，陈伯时. 电力拖动自动控制系统——运动控制系统 [M]. 北京：机械工业出版社，2012.

[5] 周扬忠，胡育文. 交流电动机直接转矩控制 [M]. 北京：机械工业出版社，2011.

[6] 罗兵，甘俊英，张建民. 智能控制技术 [M]. 北京：清华大学出版社，2011.

[7] Depenbrock M. Direct Self-Control（DSC）of Inverter-Fed Induction Machine [J], IEEE Transactions on Power Electronics, 1988, 3（4）：420-429.

[8] 王成元，夏加宽，杨俊友，等. 电机现代控制技术 [M]. 北京：机械工业出版社，2006.

[9] 叶金虎，现代无刷直流永磁电动机的原理和设计 [M]. 北京：科学出版社，2007.

[10] 李永东，交流电机数字控制系统 [M]. 北京：机械工业出版社，2003.

[11] 王兆安，黄俊. 电力电子技术 [M]. 北京：机械工业出版社，2000.

[12] 汤蕴璆，罗应立，梁艳萍. 电机学 [M]. 北京：机械工业出版社，2011.

[13] Bimal K. Bose. 现代电力电子学与交流传动 [M]. 北京：机械工业出版社，2004.

[14] 袁登科，陶生桂，龚熙国. 空间电压矢量脉宽调制技术的原理与特征分析 [J]. 变频器世界，2005.

[15] Joseflutz 等. 功率半导体器件——原理、特性和可靠性 [M]. 卞抗，等译. 北京：机械工业出版社，2013.

[16] 陶生桂，袁登科，毛明平. 永磁同步电动机直接转矩控制系统仿真 [J]. 变频器世界，2002.

[17] 张舟云. 电动汽车用高密度永磁无刷电机控制系统研究 [D]. 上海：同济大学，2006.

[18] 袁登科，陶生桂. 交流永磁电机变频调速系统 [M]. 北京：机械工业出版社，2011.

[19] 康龙云. 新能源汽车与电力电子技术 [M]. 北京：机械工业出版社，2010.

[20] A. E. Fitzgerald 等. 电机学 [M]. 第六版. 北京：清华大学出版社，2003.

[21] C. R. paul. 电磁兼容导论 [M]. 闻映红，等译. 北京：机械工业出版社，2006.

[22] Colonel We. T. Mclyman. 变压器与电感器设计手册 [M]. 龚绍文，译. 北京：中国电力出版社，2009.

[23] 孙大南，刘志刚，林文立等. 地铁牵引变流器直流侧振荡抑制策略研究 [J]. 铁道学报，2011，33（8）：52-57.

[24] 马伟明，张磊，孟进. 独立电力系统及其电力电子装置的电磁兼容 [M]. 北京：科学出版社，2007.

[25] 钱照明. 电力电子系统电磁兼容设计及干扰抑制技术 [M]. 杭州：浙江大学出版社，2000.

[26] 李崇坚. 交流同步电机调速系统 [M]. 北京：科学出版社，2006.

[27] 王志福，张承宁等. 电动汽车电驱动理论与设计 [M]. 北京：机械工业出版社，2012.

[28] 刘哲民. 横向磁通永磁同步电机研究 [D]. 沈阳：沈阳工业大学，2006.

[29] Mathworks 公司，simscape 功能 [EB/OL]，2014-11-10 [2014-12-30].
http：//cn. mathworks. com/products/simscape/features. html#% E4% B8% BB% E8% A6% 81% E7% 89% B9% E6% 80% A7.

[30] Maxwell 公司，Ultracapacitor Overview [EB/OL]，2014-09-10 [2014-11-30].
http：//www. maxwell. com/products/ultracapacitors.

［31］ 艾迪捷信息科技（上海）有限公司，JMAG-Express［EB/OL］，2014-06-10［2014-09-30］.
http：//www. idaj. cn/product/show/id/243/subid/192

［32］ ROHM 公司，无肖特基势垒二极管的 SiC-MOS 模块开始量产［EB/OL］，
2012-12-25［2014-03-30］. http：//www. rohm. com. cn/web/China/news-detail？news-title = 2012-
12-25_ news&defaultGroupId = false.

［33］ Infineon 公司，IGBT modules［EB/OL］，2013-12-25［2014-01-30］.
http：//www. infineon. com/cms/en/product/power/igbt/igbt-module/channel. html？channel =
ff808081 12ab681d0112ab69e66f0362.

［34］ 谢锦桂毓. 做自己是最深刻的反叛［M］. 北京：首都师范大学出版社，2011.